JN209696

新・数理/工学ライブラリ［数学＝6］

理工学のための
数値計算法
［第3版］

水島　二郎
柳瀬眞一郎　共著
石原　　卓

数理工学社

第3版　まえがき

2002年に数理工学社から出版された本書は多くの読者に支えられ，2009年での第2版への刷新を経て，第2版7刷まで発行されてきた．この間，読者からのご意見や本書を教科書あるいは参考書として採用していただいた全国の大学・高等専門学校の先生方からのご意見を参考にして，増刷のたびにさらに理解しやすく，より正確な記述となるように推敲を重ねてきた．

このたび，第3版の出版を機に，大規模数値シミュレーションの専門家である石原が3人目の著者として加わり，精度の高い数値シミュレーションについて説明を追加した．今回の改訂では，数値シミュレーションのみならず，種々の計測や診断に不可欠な「三角関数による補間」と「離散フーリエ変換」についての説明を第2章に追加した．さらに離散フーリエ変換と逆変換を数値シミュレーションに応用する「擬スペクトル法」による偏微分方程式の解法を第7章に加えた．また，行列の固有値計算の基本的な方法である「べき乗法」と大規模行列の固有値を計算するための「アーノルディの方法」を第5章に追加した．これらの追加によるページ数の増加を抑えるため，第2版まで付録に掲載していたマシン・イプシロンの計算，ルジャンドル多項式の0点の計算，2重指数型積分を行うためのFortranプログラムを割愛し，数理工学社のホームページ（https://www.saiensu.co.jp/）に掲載することとした．

本書の内容が充実するのは喜ばしいことである反面，独学で数値計算法を学ぶ読者には学ぶべき項目が広がりすぎて，読破するのに時間が足らなくなることも考えられる．そのようなときには，自分の目標を明確にして，学びたい項目に順位づけを行って計画的に読んでいただきたい．

本書を通じて数値計算を楽しみ，専門科目の学習や仕事あるいは研究に本書を役立てていただければ幸いである．

2019年9月　　著　者

ホームページ（本書のプログラム例を含む）

水島二郎：http://www.eonet.ne.jp/~jiro-jmizushima

石原　卓：http://www.mtds.okayama-u.ac.jp/faculty_members/ishihara

第２版　まえがき

本書は多くの読者に支えられ，初版第６刷まで出版されるに至った．この間，増刷のたびに誤植の修正だけでなく，説明をよりわかりやすくするために文章の推敲と修正を行ってきたが，ページ数の制限により十分な加筆・修正が困難であり，私たちは歯がゆさを禁じえなかった．

このたび，数理工学社より修正版を出版する機会を与えていただき，これまで抱いてきた私たちの希望が叶えられた．修正版で加筆・修正を行った箇所は，主に第１章と第５章である．第１章の数値誤差の記述を少し改めた．第５章には大幅な修正を加えた．この章の章題を「線形計算」とし，コレスキー分解の説明を追加し，共役勾配法の内容をわかりやすく書き改めた．さらに固有値問題の解説のために新たな節を設けた．また，第６章の常微分方程式の解法では，厳密解の求まる場合について誤差の評価を行った．最後に付録で，チェビシェフ多項式とルジャンドル多項式の公式を導いた．枚挙にいとまがないので詳細を省略するが，それ以外にも多くの細かな修正を施した．

この改訂によって，本書が数値計算法に対する最新の要望に応える内容となっているものと信じている．

2009 年 4 月

著　者

まえがき

本書では数値計算法の初歩について，多くの具体例を示すことによりわかりやすく説明している．対象としている読者は理工系の大学2年生から大学院修士課程の学生であり，1セメスターで修得できる程度の内容を想定している．したがって，取り扱う範囲を限定し，最低限必要と考えられる計算法すなわち数値誤差，関数近似，数値積分，非線形方程式の解法，線形方程式，常微分方程式，偏微分方程式に限って比較的詳しく説明を行った．それでも1セメスターでは分量が多すぎるかもしれない．その場合は，例えば2.3節，3.2節，3.3節，4.3節，5.5節，6.2節，第7章などを省略しても，初心者にとっては必要な内容は網羅されている．本書には随所に新しい数値計算の息吹を取り入れており，理工系大学院生や研究者および技術者が実際に研究や開発を行う際の実用書としても役立つものと確信している．

近年出版される多くの数値計算法の教科書には Fortran や C などのプログラムが添付されているが，本書ではプログラムを添付することをとりやめた．その理由は，近年プログラミングの方法は多様化し，Fortran などのコンパイル言語に C++ や JAVA などのオブジェクト指向言語が加わり，非コンパイル言語の Basic も多く使われ，さらに表計算ソフトウェア Excel などでも容易にほとんどの数値計算を実行することができる．これらの言語を網羅することは不可能で，したがっていたずらに本の分量を増すようなことはやめ，その代わり，著者たちのホームページには Fortran や C などのプログラムを掲載することにした．関心のある読者はそれを参照していただきたい．

本書の内容は著者たちが長年にわたり，それぞれ同志社大学と岡山大学で講義を行った経験をもとにしていて，講義に参加してくれた学生諸君の意見が反映されている．また，本書中で使われている図の作成には両大学の学生諸君のお世話になった．ここで改めて感謝する．著者たちは学生時代に京都大学数理解析研究所におられた森正武先生の講義を聞き感銘を受けたことが数値解析に興味をもつきっかけとなった．プリンストン大学のオルスザク（S. A. Orszag）教授の著書や講演から著者たちが受けた影響も大きい．岡山大学の山本恭二教授，東京大学の山田道夫教授，核融合科学研究所の木田重雄教授，鳥取大学の藤村薫教授など数多くの人たちとの議論によって著者たちの興味が拡がり，これらの人たちから多くの教えを受けた．これらの人たちに心から感謝する．

最後に本書で勉強を始める学生の方々にぜひお願いしたい．数値計算法はもちろん数学的理論が基になっているが，実際に数値を出してその結果を見て，あるいはグラフにかいてから考えることも非常に大切である．とにかく自分で計算を試みていただきたい．数値計算法の修得には，焼き物を作るときに粘土を手でこねてかたち作っていくように，体で体験して覚えていくという側面が重要でもある．本書の中に，そのような側面を感じ取っていただければ著者の欣快とするところである．

2002 年 4 月

著　者

目　　次

第1章
計算と誤差

　コンピュータを用いて数値計算をすると，プログラムや計算方法に間違いがあっても何らかの答が得られる場合がある．数値計算により方程式などの解を求めたときには，その解が正しい解であるかどうか，あるいは，正しい解であってもその数値解はどの程度の精度をもっているのか調べておくことが大切である．この章では数値計算において誤差が生じる原因と誤差の評価の方法，少ない計算回数で精度の高い解を求めるための方法を簡単な例を通して学ぶ．

第1章の内容

誤差の種類と起源

計算精度を調べる方法

無限級数の計算

1.1 誤差の種類と起源

方程式の解などを解析的[*1]に求めたときには，得られた解を元の方程式に代入して真の解であることを確かめることができる．しかし，解を手計算やコンピュータを利用して数値的に求めるとき，真の解が得られるとは限らない．また，数値的に解を求めたときはその精度を知ることが重要である．この節では，**誤差**が生じる理由と解の精度の評価法について説明する．

整数間の和差積の演算では誤差は生じない．しかし，実数間の演算や整数間の商を数値的に求める場合には，誤差を生じる可能性がある．一般に，物理量などを実数で表すときには測定誤差や実数を有限精度で表すことによる誤差が含まれている．誤差は次のように大別できる．

(1) 測定誤差 (gross error)

測定などによって生じたデータ中の誤差を測定誤差という．

(2) 丸め誤差 (round-off error)

数を有限の桁数で表現することによる誤差を丸め誤差という．例えば，2次方程式 $9x^2 - 6x + 19 = 0$ の根

$$\frac{1}{3} \pm i\sqrt{2}$$

は数学的には正確であるが，数値計算では有限桁しか計算できないから，必ず丸め誤差が発生する．特にコンピュータを用いて数値計算をするときは，普通は単精度計算（4バイト (bytes)[*2]）では10進数に換算して約7.2桁，倍精度計算では約16桁で実数を表現するので，正しくはこれらの桁よりも長い桁数で表現しなければならない数をコンピュータで計算するときは丸め誤差が生じる．

(3) 打切り誤差 (truncation error)

無限回または多数回の演算をある有限回で打ち切るときに発生する誤差を打切り誤差という．例えばある関数 $f(x)$ が，無限級数で表されるとき，有限項で打ち切ることにより発生する誤差が打切り誤差である．

[*1] 四則演算や微分・積分などの公式を使って式変形により解を求める方法を，ここでは解析的方法とよぶことにする．

[*2] 1バイトは2進数で8桁（8ビット）．1ビット (bit) は2進数で1桁（0または1）．

現実には，計測や計算で求めた数値 x に対する真値（正しい値）x_1 を知ることができない場合が多い．ただし，その正しい値を推定する方法は，先に説明した3つの誤差の発生源を考えれば見つけることができる．例えば，丸め誤差を小さくして，より正しい値を求めるためには，計算機で計算する際に単精度計算ではなく，倍精度計算あるいは4倍精度計算を行う．ここでは，ある実数 x に含まれていると見込まれる誤差を Δx とする．真値 x_1 がわかっているときは，$\Delta x = x - x_1$ である．このとき，Δx を**絶対誤差** (absolute error) といい，誤差と真値 x_1 との比 $\Delta x/|x_1|$ を**相対誤差** (relative error) という．ただし，一般には真値は不明なので，相対誤差を $\Delta x/|x|$ で表す．また，真値が 0 のときや，0 に近いときは相対誤差を考えない．さらに，$|\Delta x|$ を**絶対値誤差** (absolute value of error) とよぶ．誤差 Δx が $-\varepsilon_x < \Delta x < \varepsilon_x$ であるとき，ε_x (> 0) を（**絶対**）**誤差限界**，$\varepsilon_x/|x|$ を**相対誤差限界**という．

誤差を含む2つの数 x と y の和差積商にはどの程度の誤差が含まれているだろうか．x に誤差 Δx が含まれ，誤差限界が ε_x であるとき（ここでは $|x| \gg \varepsilon_x > 0$ を仮定)，正しい数 x_1 は $x - \varepsilon_x < x_1 < x + \varepsilon_x$ の間にある．y にも誤差 Δy（誤差限界 ε_y）が含まれ，その正しい数を y_1 とするとき，x と y の和または差の正しい値 $x_1 \pm y_1$ は

$$x \pm y - (\varepsilon_x + \varepsilon_y) < x_1 \pm y_1 < x \pm y + (\varepsilon_x + \varepsilon_y) \tag{1.1}$$

の範囲にあり，和または差の誤差限界はそれぞれの数 x と y の誤差限界の和となる．また，x と y の積の正しい値 x_1y_1 は

$$xy - (\varepsilon_x\cdot |y| + \varepsilon_y\cdot |x|) < x_1y_1 < xy + (\varepsilon_x\cdot |y| + \varepsilon_y\cdot |x|) \tag{1.2}$$

の範囲にあり，これを書き換えると

$$-\left(\frac{\varepsilon_x}{|x|} + \frac{\varepsilon_y}{|y|}\right) < \frac{xy - x_1y_1}{|xy|} < \left(\frac{\varepsilon_x}{|x|} + \frac{\varepsilon_y}{|y|}\right) \tag{1.3}$$

となって，積の相対誤差限界はそれぞれの数の相対誤差限界の和となる（第1章の問題3)．また，x と y $(|y| \gg \varepsilon_y > 0)$ の商 の正しい値 x_1/y_1 は

$$\frac{x}{y} - \left|\frac{x}{y}\right|\left(\frac{\varepsilon_x}{|x|} + \frac{\varepsilon_y}{|y|}\right) < \frac{x_1}{y_1} < \frac{x}{y} + \left|\frac{x}{y}\right|\left(\frac{\varepsilon_x}{|x|} + \frac{\varepsilon_y}{|y|}\right) \tag{1.4}$$

となり，商の相対誤差限界もそれぞれの数の相対誤差限界の和となる．

次に x の2乗の誤差について調べる．x の真値を $x_1 = x + \Delta x\ (-\varepsilon_x < \Delta x < \varepsilon_x)$ とおくと，$x_1^2 = (x+\Delta x)^2 = x^2 + 2(\Delta x)x + (\Delta x)^2 \cong x^2 + 2(\Delta x)x$ が得られる[*3]．ここで，$(\Delta x)^2$ は $2(\Delta x)x$ に比べて小さいので無視した．したがって

$$x^2 - 2|x|\,\varepsilon_x < {x_1}^2 < x^2 + 2|x|\,\varepsilon_x$$

となり，x の2乗の相対誤差限界は x に含まれる相対誤差限界の2倍になる．

同様に，$x\ (>0)$ の平方根の誤差を調べるために，$\sqrt{x_1}$ を計算すると

$$\begin{aligned}\sqrt{x_1} &= (x+\Delta x)^{1/2} = x^{1/2}\left(1+\frac{\Delta x}{x}\right)^{1/2}\\ &\cong x^{1/2}\left(1+\frac{1}{2}\frac{\Delta x}{x}\right) = x^{1/2} + \frac{1}{2}(\Delta x)x^{-1/2}\end{aligned}$$

となる．したがって

$$x^{1/2} - \frac{1}{2}\varepsilon_x\,x^{-1/2} < {x_1}^{1/2} < x^{1/2} + \frac{1}{2}\varepsilon_x\,x^{-1/2}$$

が得られる．これより，$\sqrt{x}$ の相対誤差限界は x の相対誤差限界の $1/2$ となる．

例題 1

$x\ (>0)$ に誤差 Δx が含まれるとき，$\log x$ に含まれる誤差を評価せよ．

解答　正しい値を $x_1 = x + \Delta x\ (-\varepsilon_x < \Delta x < \varepsilon_x)$ とおく．

$$\log(x+\Delta x) = \log\left\{x\left(1+\frac{\Delta x}{x}\right)\right\} = \log x + \log\left(1+\frac{\Delta x}{x}\right) \cong \log x + \frac{\Delta x}{x}.$$

これより，$\log x - \dfrac{\varepsilon_x}{x} < \log x_1 < \log x + \dfrac{\varepsilon_x}{x}$ であり，$\log x$ の (絶対) 誤差限界は x の相対誤差限界となる．□

計算機内部では実数や複素数の計算は**浮動小数点方式**（ふどう）で行われる．浮動小数点方式で実数 x を表すと，a_1 を自然数，$a_2, a_3, \cdots, a_n, b$ を非負整数として，**仮数部**（かすう）とよばれる $a = a_1.a_2a_3\cdots a_n$ と，**指数部**とよばれる $10^{\pm b}$ により

$$x = \pm a \times 10^{\pm b} \tag{1.5}$$

の形になる．n を**有効桁数**とよぶ．**単精度計算**では $n = 7 \sim 8$ で，**倍精度計算**では $n \approx 16$ である．なお実際の計算機内では通常 **16 進法**（または **2 進法**）

[*3] 本書では，式として近似的に等しいことを示す記号として $\cong$ を用い，数値として近似的に等しいことを示す記号としては $\approx$ を用いることにする．

をもとにしているので 16 のべき（または 2 のべき）で計算される．したがって，10 進法では表現の簡単な数，例えば $x = 1.1$ でも，計算機内部ではそれほど簡単な表現にはならない．

浮動小数点方式を用いるコンピュータ内部で表現できる実数 x は，b がある範囲内の数だけであり，それに対応してその絶対値が $E_1 \le |x| \le E_2$ の間にある数だけである．計算途中で計算値 x の絶対値が E_1 より小さくなると**アンダーフロー**が生じたといい，一応エラーではあるが $x = 0$ とおき換えられて計算が続けられる．一方，計算途中で計算値 x の絶対値が E_2 より大きくなると**オーバーフロー**が生じたといい，エラーが発生したとして計算は停止する．計算機による計算途中のエラーの原因の多くが，非常に小さな数や 0 で割り算をしたときに発生するオーバーフローである．

1.2　計算精度を調べる方法

前節では計算結果に含まれる誤差を評価したが，数値計算で求めた解に含まれる誤差を理論的に評価できないこともある．そのような場合には一度の計算だけで終わるのではなく，次のように方法や手段を変えて何度か計算を行い，それらの結果を比較することによりその精度が予測できる．

(1)　計算精度を倍精度または 4 倍精度で計算し，単精度の結果と比較する．

(2)　漸近的性質を調べる．問題に含まれているパラメータがある特別な値の場合には手計算で簡単に答が求められることがある．その特別な場合に手計算による厳密な値を数値計算による値と比べることにより，近似計算の精度を求めてそれ以外の場合の精度を推定する．

(3)　打切り項数を変えて計算を行い結果を比較する．

(4)　計算の方法を変えて，いくつかの方法で計算を行い，結果を比較する．

例題 2

2 次方程式 $1.376x^2 - 285.2x + 0.1141 = 0$ の根をコンピュータにより，単精度計算で有効数字 4 桁まで求めよ．

解答　2 次方程式 $ax^2 + bx + c = 0$ の 2 根 x_1 と x_2 を与える公式は

$$x_1 = \frac{1}{2a}(-b + \sqrt{b^2 - 4ac}), \quad x_2 = \frac{1}{2a}(-b - \sqrt{b^2 - 4ac}) \tag{1.6}$$

であるが，$x_1 x_2 = c/a$ に注意すると別の公式

$$x_1 = \frac{1}{2a}(-b + \sqrt{b^2 - 4ac}), \quad x_2 = \frac{c}{ax_1} \tag{1.7}$$

が得られる．公式 (1.6) を用いると $x_1 = 207.3$, $x_2 = 0.0003982$ となるが*4)，公式 (1.7) を用いると $x_1 = 207.3$, $x_2 = 0.0004001$ となる．より正確な値を倍精度で計算すると，$x_1 = 207.267042$, $x_2 = 0.00040007089845$ であり公式 (1.7) を用いたほうが正確である．■

例題 3

級数の和 $\displaystyle\sum_{i=1}^{100000} \frac{1}{\sqrt{i(i+1)}}$ をコンピュータにより単精度で数値的に計算し，正しい答と比較せよ．

解答 正しい値を得るために，倍精度計算により，$i = 1$ から 100000 までと $i = 100000$ から 1 までの 2 通りの方法で計算しておくと，13 桁まで正しい値 11.531964005336 が得られる．単精度で $i = 1$ から 100000 まで $1/\sqrt{i(i+1)}$ を加えると 11.53265 となり約 4 桁の精度である．逆に $i = 100000$ から 1 まで加えると 11.53197 となり，約 6 桁の精度で計算ができる．$i = 1$ から 100000 まで加えたとき，なぜ，真値との誤差が生じるか考えよ．■

例題 4

$x = 0.00002311$ のとき $\dfrac{1}{\sqrt{1-x}} - \dfrac{1}{\sqrt{1+x}}$ の値をコンピュータにより，単精度で有効数字 4 桁まで計算せよ．

解答 $x \ll 1$ なので，テイラー展開（付録 B）により計算すると

$$\frac{1}{\sqrt{1-x}} - \frac{1}{\sqrt{1+x}} \cong x + O(x^3)$$

となる．ここで，$O(x^3)$ は x^3 程度の数*5)，すなわち今の場合 ($x \sim 10^{-5}$) はお

*4) ここで示した x_1, x_2 の値は，使用する計算機やコンパイラの種類によって多少異なる．

*5) $O(*)$ はオーダー（order，程度）を表す記号であり，正確には $O(x^3)$ は大きさが x^3 と同程度以下の数を示す．

よそ 10^{-15} 程度の数を表す[*6]．したがって，問題で与えられた式の有効数字4桁までの正確な値は 0.00002311 である．

直接に数値計算を行うと

$$\frac{1}{\sqrt{1-x}}-\frac{1}{\sqrt{1+x}}=\frac{\sqrt{1+x}-\sqrt{1-x}}{\sqrt{1-x^2}}=0.00002313$$

となるが，式を

$$\frac{1}{\sqrt{1-x}}-\frac{1}{\sqrt{1+x}}=\frac{2x}{\sqrt{1-x^2}(\sqrt{1+x}+\sqrt{1-x})}$$

と変形してから計算すると 0.00002311 となり，有効数字4桁まで正しい値が求められる． ■

1.3 無限級数の計算

数値計算における誤差の集積を調べ，計算法の改善を考えるためには，**無限級数**（単に**級数**ともいう）の計算は大変適当な題材である．ここでは，特に**円周率** π を与える級数をもとにして，この問題を考えてみよう．

円周率や，そのべきを与える有名な無限級数には次のようなものがある．

$$\frac{\pi}{4}=1-\frac{1}{3}+\frac{1}{5}-\cdots=\sum_{k=0}^{\infty}\frac{(-1)^k}{2k+1}=0.7853981634, \tag{1.8}$$

$$\frac{\pi^2}{6}=1+\frac{1}{2^2}+\frac{1}{3^2}+\cdots=\sum_{k=1}^{\infty}\frac{1}{k^2}=1.6449340668. \tag{1.9}$$

最初に無限級数 (1.9) について調べよう．部分和 S_n を

$$S_n=\sum_{k=1}^{n}\frac{1}{k^2} \tag{1.10}$$

として普通に k の小さいほうから加えていく．倍精度で計算すると $n=1$ 億で $S_n=1.6449340578$ となりこれ以上 n を増しても増加しなくなり真の値に近づかない．この理由は，級数を大きい数から順に加えたため，後から加えた小さな数は，たとえそれらの多くの項の和は無視できない大きさをもつもので

[*6] $x\sim10^{-5}$ は x が 10^{-5} 程度の数であることを表す．

あっても個々の数の絶対値が小さいため，はじめの大きな絶対値をもつ項の和の丸め誤差の中に埋もれてしまって級数の和に影響を与えることができないからである．このときの部分和は項の和を

$$S_n = \left(\cdots\left(\left(\frac{1}{1^2}+\frac{1}{2^2}\right)+\frac{1}{3^2}\right)+\cdots+\frac{1}{n^2}\right) \tag{1.11}$$

と計算している．したがって，この困難を避けるためには項の和を逆方向に，絶対値の小さな項からとり

$$S_n = \left(\cdots\left(\left(\frac{1}{n^2}+\frac{1}{(n-1)^2}\right)+\frac{1}{(n-2)^2}\right)+\cdots+\frac{1}{1^2}\right) \tag{1.12}$$

とすればよいことは容易にわかる．実際このように逆方向から和をとると，右のように，非常に緩慢であるが極限値 1.6449340668 に近づいていく．

$$
\begin{aligned}
S_{2\,億} &= 1.6449340618\\
S_{3\,億} &= 1.6449340635\\
S_{4\,億} &= 1.6449340643\\
S_{5\,億} &= 1.6449340648\\
S_{6\,億} &= 1.6449340652
\end{aligned}
$$

なお，コンピュータによる計算において 1 に対して 0 と見なされない**最小絶対値数** K_1 が存在する[*7]．この数 K_1 は**マシン・イプシロン** (machine epsilon) ともよばれ，通常の計算機で Fortran コンパイラを用いると倍精度計算での値は $K_1 \approx 10^{-16}$ 程度になるが，使用する計算機のハードウェアやソフトウェアに依存して多少異なる（プログラム例は付録 F.1 を参照）．K_1 がこのように 10 進法では複雑な表現をとる理由は，先に述べたように計算機内部では通常 16 進法を用いているからである．

1.3.1 級数の和の加速法

前の例からわかるように，無限級数 (1.9) はあまりに収束が遅く，円周率 π の計算には実用的でない．それに対して，無限級数 (1.8) は**交代級数**[*8]なので比較的収束が速いが，それでも大変遅い．級数の収束を速くするため，各種の**加速法**が考えられている．

[*7] コンピュータで，K_1 を与えて $K_2 = 1 + K_1$ を計算したとき，$K_2 > 1$ となる最小の数がマシン・イプシロンである．上の例 $(1.6449\cdots)$ の場合は $K_1 = 2.2204461 \times 10^{-16}$ である．

[*8] 1 項ごとに符号が入れかわる級数を交代級数という．

(1) エイトケン加速

最初に無限級数 (1.8) の収束を速くしてみよう．そのため発見法的な方法を用いる．まず

$$S_n = \sum_{k=0}^{n} \frac{(-1)^k}{2k+1} \tag{1.13}$$

とおき，数列 S_n の極限を $S = \lim_{n\to\infty} S_n$ とする．次に

$$S_n = S + \alpha q^n \tag{1.14}$$

であると仮定する．ここで，α, q は適当な正数で $|q| < 1$ であるとする．証明は省くが，実際，無限級数 (1.8) は式 (1.14) で表される性質をもっていることが示される．すると

$$S_{n-1} = S + \alpha q^{n-1}, \tag{1.15}$$

$$S_{n+1} = S + \alpha q^{n+1} \tag{1.16}$$

であり，式 (1.14)~(1.16) から α, q を消去すると

$$S = \frac{S_{n+1}S_{n-1} - S_n^2}{S_{n+1} + S_{n-1} - 2S_n} \tag{1.17}$$

が得られる．S_n を $S_n^{(0)}$ とおき，これから新しい数列として $S_n^{(1)}$ を

$$S_n^{(1)} = \frac{S_{n+1}^{(0)}S_{n-1}^{(0)} - \left(S_n^{(0)}\right)^2}{S_{n+1}^{(0)} + S_{n-1}^{(0)} - 2S_n^{(0)}} \tag{1.18}$$

で定義すると収束が速くなることが期待される．これをくり返し

$$S_n^{(k+1)} = \frac{S_{n+1}^{(k)}S_{n-1}^{(k)} - \left(S_n^{(k)}\right)^2}{S_{n+1}^{(k)} + S_{n-1}^{(k)} - 2S_n^{(k)}} \tag{1.19}$$

によって逐次，数列 $S_n^{(k)}$ を定義する．このようにして得られた数列は，例えば

$$
\begin{array}{llll}
S_0^{(0)} = 1.00000000, & & & \\
S_1^{(0)} = 0.66666667, & S_1^{(1)} = 0.79166667, & & \\
S_2^{(0)} = 0.86666667, & S_2^{(1)} = 0.78333333, & S_2^{(2)} = 0.78552632, & \\
S_3^{(0)} = 0.72380952, & S_3^{(1)} = 0.78630952, & S_3^{(2)} = 0.78536255, & S_3^{(3)} = 0.78539984, \\
S_4^{(0)} = 0.83492063, & S_4^{(1)} = 0.78492063, & S_4^{(2)} = 0.78541083, & S_4^{(3)} = 0.78539772, \\
S_5^{(0)} = 0.74401154, & S_5^{(1)} = 0.78567821, & S_5^{(2)} = 0.78539282, & S_5^{(3)} = 0.78539831, \\
S_6^{(0)} = 0.82093462, & S_6^{(1)} = 0.78522034, & S_6^{(2)} = 0.78540071, & S_6^{(3)} = 0.78539811, \\
S_7^{(0)} = 0.75426795, & S_7^{(1)} = 0.78551795, & S_7^{(2)} = 0.78539683, & \\
S_8^{(0)} = 0.81309148, & S_8^{(1)} = 0.78531371, & & S_4^{(4)} = 0.78539818, \\
S_9^{(0)} = 0.76045990 & & & S_5^{(4)} = 0.78539816
\end{array}
$$

となり，正確な値 $S = 0.7853981634$ に急速に収束していくことがわかる．

(2)　リチャードソン加速

エイトケン加速法は無限級数 (1.9) には適用できない．その理由は無限級数 (1.9) において無限級数の和を S とすると部分和 S_n は $n \to \infty$ で

$$
S_n \to S - \frac{1}{n} \tag{1.20}
$$

となり，式 (1.14) のように指数関数的に S に近づくのではなく，代数関数的に S に近づくからである．このことは S_n を

$$
\begin{aligned}
S_n = S - \sum_{k=n+1}^{\infty} \frac{1}{k^2} &= S - \int_0^{\infty} \frac{te^{-nt}}{e^t - 1} dt \\
&= S - \frac{1}{n} + \frac{1}{2n^2} + \cdots
\end{aligned} \tag{1.21}
$$

と漸近展開することでわかる（参考文献 [1] 第 8 章）[*9]．この性質をもとにして α を適当な正数として

$$
S_n = S + \frac{\alpha}{n} \tag{1.22}
$$

とおくと

$$
S_{n+1} = S + \frac{\alpha}{n+1} \tag{1.23}
$$

となる．(1.22), (1.23) から α を消去すると

[*9] 式 (1.21) の $O(n^{-1})$ までの導出なら簡単に示すことができる（第 1 章の問題 6）．

$$S = (n+1)S_{n+1} - nS_n \tag{1.24}$$

が得られる．これより，S_n を $S_n^{(0)}$ と表して，新しい数列として

$$S_n^{(1)} = (n+1)S_{n+1}^{(0)} - nS_n^{(0)} \tag{1.25}$$

を考えればよいことがわかる．次に，証明は省くが

$$S_n^{(1)} = S + \frac{\alpha^{(1)}}{n^2}, \tag{1.26}$$

$$S_{n+1}^{(1)} = S + \frac{\alpha^{(1)}}{(n+1)^2} \tag{1.27}$$

となることから次の数列として

$$S_n^{(2)} = \frac{(n+1)^2 S_{n+1}^{(1)} - n^2 S_n^{(1)}}{2n+1} \tag{1.28}$$

が得られ，逐次，新しい数列

$$S_n^{(3)} = \frac{(n+1)^3 S_{n+1}^{(2)} - n^3 S_n^{(2)}}{3n^2+3n+1}, \tag{1.29}$$

$$S_n^{(4)} = \frac{(n+1)^4 S_{n+1}^{(3)} - n^4 S_n^{(3)}}{4n^3+6n^2+4n+1}, \tag{1.30}$$

$$\vdots$$

$$S_n^{(k)} = \frac{(n+1)^k S_{n+1}^{(k-1)} - n^k S_n^{(k-1)}}{(n+1)^k - n^k}, \tag{1.31}$$

$$\vdots$$

を構成する．もとの数列 S_n を $S_n^{(0)}$ と書くことにすると，例えば $n = 20$ では

$$\begin{array}{llll}
S_{17}^{(0)} = 1.5878067, & S_{17}^{(1)} = 1.6433623, & S_{17}^{(2)} = 1.6448661, & S_{17}^{(3)} = 1.6449297, \\
S_{18}^{(0)} = 1.5908932, & S_{18}^{(1)} = 1.6435247, & S_{18}^{(2)} = 1.6448761, & S_{18}^{(3)} = 1.6449305, \\
S_{19}^{(0)} = 1.5936632, & S_{19}^{(1)} = 1.6436632, & S_{19}^{(2)} = 1.6448842, & S_{19}^{(3)} = 1.6449312, \\
S_{20}^{(0)} = 1.5961632, & S_{20}^{(1)} = 1.6437823, & S_{20}^{(2)} = 1.6448909, & S_{20}^{(3)} = 1.6449317, \\
S_{21}^{(0)} = 1.5984308, & S_{21}^{(1)} = 1.6438854, & S_{21}^{(2)} = 1.6448965, & \\
S_{22}^{(0)} = 1.6004969, & S_{22}^{(1)} = 1.6439752, & & S_{18}^{(4)} = 1.6449338, \\
S_{23}^{(0)} = 1.6023873, & & & S_{19}^{(4)} = 1.6449338
\end{array}$$

と，正確な値 $S = 1.6449340668$ に大変速く収束する．

第1章の問題

□ **1** x に Δx 程度の誤差があるとき，$y = \exp(x)$ にはどの程度の誤差が見込まれるか．

□ **2** $x = 0.003$ のとき，次式で定義される

$$s_1 = \frac{1}{\sqrt{1 - \sin^2 x}} - 1, \quad s_2 = \frac{\sin^2 x}{(1 + \cos x)\cos x}$$

を単精度により数値計算し，その結果を比較検討せよ．

□ **3** 相対誤差が小さいとき，2 つの数の積の相対誤差限界は，それぞれの相対誤差限界の和に等しいことを示せ (式 (1.3) を導け)．

□ **4** $(a + b) - a$ の計算を計算の各段階において，有効数字 4 桁で式の順序通りに行うとする．次の a, b に対し計算し，計算結果および真値 b との相対誤差を求めよ．

(1) $a = 0.0123456,\ b = 9.87654$

(2) $a = 1234.56,\ b = 9.87654$

□ **5** 次の円周率 π の整数べきを与える公式に加速法を適用して π の値を計算し，誤差を評価せよ．

(1) $\displaystyle\sum_{k=1}^{\infty} \frac{(-1)^{k-1}}{(2k-1)^3} = \frac{\pi^3}{32}$　　(2) $\displaystyle\sum_{k=1}^{\infty} \frac{1}{k^6} = \frac{\pi^6}{945}$

□ **6** 式 (1.21) において $O(n^{-1})$ までの計算を

$$\frac{1}{k(k+1)} < \frac{1}{k^2} < \frac{1}{k(k-1)}$$

を利用して行い，式 (1.20) が成り立つことを示せ．

□ **7** 関数

$$f(x) = x^{10} - \sqrt{1 + x^{20}} + \frac{1}{2\sqrt{1 + x^{20}}}$$

の $x \to \infty$ における漸近形を求めよ．次に，$f(x)$ の値を桁落ちなく正確に計算するように変形し，区間 $x = [0, 10]$ [*10] の範囲で $f(x)$ をグラフに描け．

[*10] $[a, b]$ は閉区間 $\{x \mid a \le x \le b\}$ を意味する．本書では変数を明示するため，必要に応じて $x = [a, b]$ と表記する．

第2章
関数の近似

関数近似法は数値計算の基礎である．関数近似法とは，例えば2つの変数 x と y の N 組の値 (x_i, y_i) $(i = 1, 2, \cdots, N)$ が与えられたとき，変数 y を x の関数であると仮定して，その関数の形 $y = f(x)$ を N 組のデータ (x_i, y_i) から推定する方法である．その代表的な方法として，この章ではラグランジュ補間，スプライン補間，直交多項式による補間，三角関数による補間について説明する．

第2章の内容

関数の近似法
ラグランジュ補間
スプライン補間
直交多項式による補間
三角関数による補間

2.1 関数の近似法

有限個のデータから，それらを近似する関数を求める方法について考える．すなわち，有限個($N+1$ 個)の点（**補間点**，**選点**，**標本点**とよぶ）x_i ($i=0,1,2,\cdots,N$, $x_0<x_1<x_2<\cdots<x_{N-1}<x_N$) において関数 $f(x)$ の値 $y_i=f(x_i)$ が与えられたとき，区間 $x=[x_0,x_N]$ （$\equiv \{x \mid x_0 \le x \le x_N\}$, p.12 注 *10) 参照）またはその外部において $f(x)$ 全体の形を推定する（内挿，外挿する）ことを考える．ここで，$f(x)$ は一般には未知の関数で，**近似すべき関数**または**元の関数**とよぶことにする．関数 $f(x)$ を区間 $[x_0,x_N]$ においてできる限り精度よく近似する関数 $f_m(x)$ を求めるのがここでの目的である．$f_m(x)$ を**最適補間関数**または**最適近似関数**というが，本書では簡単のため，単に**補間関数**または**近似関数**とよぶことも多い．近似法には次の2つの主要な方法がある．

(1) 補間法（選点法，コロケーション法 [collocation method]**）**

補間法は，いくつかの点での値が与えられた関数値と一致するような近似関数（補間関数），すなわち

$$f_a(x_i)=y_i \quad (i=0,1,2,\cdots,N) \tag{2.1}$$

を満たす関数の集合 $\{f_a(x)\}$ の中から適当なアルゴリズムによって，最適補間関数 $f_m(x)$ を求める方法である．この方法の特徴は近似関数 $f_a(x)$ がデータ点 (x_i,y_i) を通ることである（図 2.1(a)）．

(2) 最小 2 乗法 (least-square method)

最小 2 乗法は $\alpha_i>0$ ($i=0,1,2,\cdots,N$) を適当な重みとして

$$S_N=\sum_{i=0}^{N}\alpha_i(f_a(x_i)-y_i)^2 \tag{2.2}$$

が最小となるような最適近似関数 $f_m(x)$ を，適当な関数の集合 $\{f_a(x)\}$ の中から求める方法である．これは**ガラーキン法** (Galerkin method)[*1] の一種である．この方法では近似関数 $f_a(x)$ が必ずしもデータ点 (x_i,y_i) を通らない（図 2.1(b)）．

---

*1) 6.2.1 項（ガラーキン法による常微分方程式の境界値問題の解法）参照．

本章では，式 (2.1) のように，いくつかの点で近似関数の値が，指定された値と一致するような関数の中から最適補間関数を見つける方法（補間法）を説明する．なお，最小 2 乗法は付録 C で説明する．

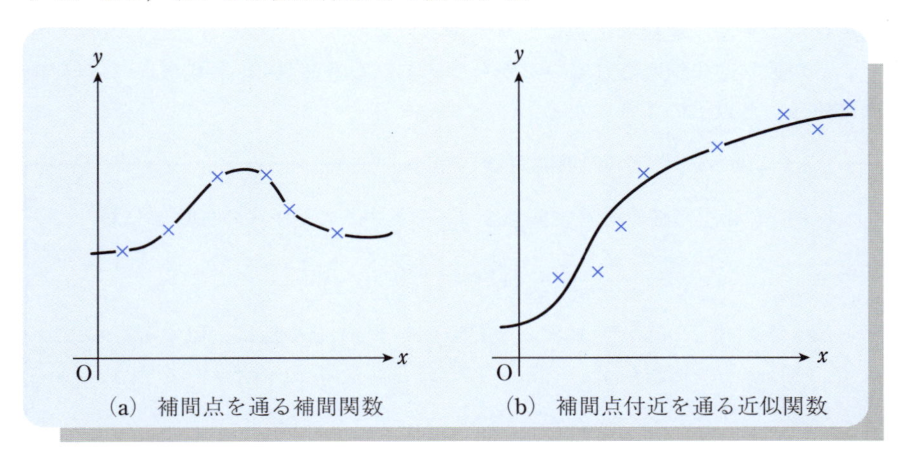

（a）補間点を通る補間関数　（b）補間点付近を通る近似関数

図 2.1　近似関数．

2.2　ラグランジュ補間

本書の読者の中には既にフーリエ級数を勉強された方も多いと思われるが，そこでは区間 $x = [0, 2\pi]$ で定義された関数 $f(x)$ を無限級数

$$f(x) = a_0 + \sum_{n=1}^{\infty}(a_n \cos nx + b_n \sin nx) \tag{2.3}$$

に展開した．もし，展開係数 a_n, b_n がわかればこの展開によって，$f(x)$ に対する微分や積分などのさまざまな数学的操作が，既知の関数 $\cos nx$ と $\sin nx$ の微分や積分などを行うことにより容易に実行できる．これは関数 $f(x)$ の三角関数による近似法である．例えば，区間 $[0, 2\pi]$ の有限個の点で $f(x)$ の値を与え，その点で一致するような三角関数の級数，つまり補間関数を求めると，よく知られた有限フーリエ級数*2) となる（詳しくは 2.5 節参照）．

*2) 式 (2.3) の和を有限個の和で打ち切った級数．

しかし，数値計算法において最も基本的な展開関数は，三角関数ではなくべき関数 x^n である．その理由の一つは，x^n が特に簡単な関数であるため扱いやすいことが挙げられるが，もう一つは**ワイエルシュトラス** (Weierstrass) **の展開定理**によって，連続な関数は，べき関数によっていくらでも正確に近似できることが数学的に証明されているからである（参考文献 [2] 第6章）．これを正確に述べると以下のようになる．

[ワイエルシュトラスの展開定理]

区間 $[a,b]$ 上の任意の連続関数を $f(x)$ とすると，任意の正数 ε に対して

$$\max_{a \le x \le b} |f(x) - P(x)| < \varepsilon$$

となる多項式 $P(x)$ が存在する（$P(x)$ は $f(x)$ を一様に近似する）．ここで，$\displaystyle\max_{a \le x \le b} g(x)$ は区間 $x = [a,b]$ における関数 $g(x)$ の最大値を表す．

いくつかの点 $x = x_i$ $(i = 0, 1, 2, \cdots, N)$ での値 $y_i = f(x_i)$ が与えられたとき，$f(x)$ を近似（補間）する近似多項式 $f_N(x)$ を

$$f_N(x) = \sum_{j=0}^{N} c_j x^j \tag{2.4}$$

とする．$f_N(x)$ を N 次の多項式とした理由は，補間多項式に条件

$$f_N(x_i) = y_i \quad (i = 0, 1, 2, \cdots, N) \tag{2.5}$$

を課したとき，未知数 c_i $(i = 0, 1, 2, \cdots, N)$ の個数 $N+1$ が方程式の数 $N+1$ と一致するようにするためで，このようにして構成した補間多項式 $f_N(x)$ を N 次**ラグランジュ補間多項式**とよぶ．係数 c_j は連立1次方程式

$$\sum_{j=0}^{N} c_j x_i^j = y_i \quad (i = 0, 1, 2, \cdots, N) \tag{2.6}$$

を解くことにより求められる．連立1次方程式 (2.6) は

$$V\boldsymbol{c} = \boldsymbol{y}, \tag{2.7}$$

$$
\boldsymbol{c} = \begin{bmatrix} c_0 \\ c_1 \\ c_2 \\ \vdots \\ c_N \end{bmatrix}, \quad \boldsymbol{y} = \begin{bmatrix} y_0 \\ y_1 \\ y_2 \\ \vdots \\ y_N \end{bmatrix}, \quad V = \begin{bmatrix} 1 & x_0 & x_0^2 & \cdots & x_0^N \\ 1 & x_1 & x_1^2 & \cdots & x_1^N \\ 1 & x_2 & x_2^2 & \cdots & x_2^N \\ \vdots & \vdots & \vdots & \ddots & \vdots \\ 1 & x_N & x_N^2 & \cdots & x_N^N \end{bmatrix} \tag{2.8}
$$

と表される．ここで，$\det V$ はヴァンデルモンド (Vandermonde) の行列式とよばれ，この方程式 (2.7) を数値的に解くと，丸め誤差の影響を受けやすい．しかし，次のようにすれば，連立 1 次方程式 (2.7) を解かずに $f_N(x)$ を求めることができる．

最初に 2 点 (x_0, y_0) と (x_1, y_1) を通る補間多項式を求める．これは明らかに 1 次関数

$$
f_1(x) = \frac{x - x_1}{x_0 - x_1} y_0 + \frac{x - x_0}{x_1 - x_0} y_1 \tag{2.9}
$$

となることがわかる．次に 3 点 (x_0, y_0), (x_1, y_1), (x_2, y_2) を通る補間多項式を求める．同様にしてこれは 2 次関数

$$
\begin{aligned}
f_2(x) = {} & \frac{(x - x_1)(x - x_2)}{(x_0 - x_1)(x_0 - x_2)} y_0 + \frac{(x - x_0)(x - x_2)}{(x_1 - x_0)(x_1 - x_2)} y_1 \\
& + \frac{(x - x_0)(x - x_1)}{(x_2 - x_0)(x_2 - x_1)} y_2
\end{aligned} \tag{2.10}
$$

である．これをくり返すと $N + 1$ 点 $x_0, x_1, \cdots, x_N$ を通る N 次多項式が

$$
\begin{aligned}
f_N(x) = {} & \frac{(x - x_1)(x - x_2) \cdots (x - x_N)}{(x_0 - x_1)(x_0 - x_2) \cdots (x_0 - x_N)} y_0 \\
& + \frac{(x - x_0)(x - x_2) \cdots (x - x_N)}{(x_1 - x_0)(x_1 - x_2) \cdots (x_1 - x_N)} y_1 \\
& + \cdots\cdots\cdots\cdots \\
& + \frac{(x - x_0)(x - x_1) \cdots (x - x_{i-1})(x - x_{i+1}) \cdots (x - x_N)}{(x_i - x_0)(x_i - x_1) \cdots (x_i - x_{i-1})(x_i - x_{i+1}) \cdots (x_i - x_N)} y_i \\
& + \cdots\cdots\cdots\cdots \\
& + \frac{(x - x_0) \cdots (x - x_{N-2})(x - x_N)}{(x_{N-1} - x_0) \cdots (x_{N-1} - x_{N-2})(x_{N-1} - x_N)} y_{N-1} \\
& + \frac{(x - x_0) \cdots (x - x_{N-2})(x - x_{N-1})}{(x_N - x_0) \cdots (x_N - x_{N-2})(x_N - x_{N-1})} y_N
\end{aligned} \tag{2.11}
$$

となることがわかる．このようにして与えられた任意の補間点を通る補間多項式が得られた*3)．これを**ラグランジュ補間公式** (Lagrange interpolation formula) とよぶ．ラグランジュ補間多項式を $n+1$ 次多項式

$$p_n(x) = (x-x_0)(x-x_1)\cdots(x-x_n) \tag{2.12}$$

を用いて表すと

$$f_N(x) = \sum_{i=0}^{N} \frac{p_N(x)}{p'_N(x_i)(x-x_i)} y_i \tag{2.13}$$

となる．ここで $p'_N(x_i)$ は $p_N(x)$ の $x = x_i$ における微分係数である．式 (2.11) または (2.13) は，ラグランジュ補間多項式を補間点における関数値の線形結合の形で表している．

一方，ラグランジュ補間多項式 $f_N(x)$ を $p_n(x)$ $(n = 0, 1, 2, \cdots, N-1)$ で展開する表現方法もある．そのために関数の**差分商**（さぶん）を定義する．関数 $f(x)$ に対して

$$F[x_0, x_1] = \frac{f(x_1) - f(x_0)}{x_1 - x_0} \tag{2.14}$$

を $f(x)$ の1階の差分商という．2階の差分商は

$$F[x_0, x_1, x_2] = \frac{F[x_0, x_2] - F[x_0, x_1]}{x_2 - x_1} \tag{2.15}$$

で定義される．これを逐次的にくり返して n 階の差分商は

$$\begin{aligned} &F[x_0, x_1, x_2, \cdots, x_{n-1}, x_n] \\ &\quad = \frac{F[x_0, x_1, \cdots, x_{n-2}, x_n] - F[x_0, x_1, \cdots, x_{n-2}, x_{n-1}]}{x_n - x_{n-1}} \end{aligned} \tag{2.16}$$

で定義される．また，0階の差分商は

$$F[x_0] = f(x_0) \tag{2.17}$$

とする．

次にラグランジュ補間多項式 $f_N(x)$（式 (2.11) または (2.13)）を $p_n(x)$ $(n = 0, 1, 2, \cdots, N-1)$ の1次結合で

*3) $f_N(x)$ は，補間点を通る多項式の中で，最低次の多項式というアルゴリズムで選ばれた最適補間関数 $f_m(x)$ である．

$$f_N(x) = a_0 + a_1(x - x_0) + a_2(x - x_0)(x - x_1) + \cdots$$
$$+ a_N(x - x_0)(x - x_1)\cdots(x - x_{N-1})$$
$$= \sum_{i=0}^{N} a_i p_{i-1}(x) \tag{2.18}$$

のように表す．ただし，$p_{-1}(x) = 1$ とする．明らかに

$$a_0 = f_N(x_0) \tag{2.19}$$

であり，$f_N(x_0)$ を $F_N[x_0]$ と表す．すなわち，$F_N[x_0]$ は $f_N(x)$ の 0 階の差分商であり，同様に，$F_N[x_0, x_1, \cdots, x_{n-1}, x_n]$ を $f_N(x)$ の n 階の差分商とする．定義 (2.14) に従って，

$$F_N[x_0, x] = \frac{f_N(x_0) - f_N(x)}{x_0 - x}$$
$$= a_1 + a_2(x - x_1) + a_3(x - x_1)(x - x_2) + \cdots$$
$$+ a_N(x - x_1)(x - x_2)\cdots(x - x_{N-1}) \tag{2.20}$$

が得られる．式 (2.20) より

$$a_1 = F_N[x_0, x_1] \tag{2.21}$$

となる．また，定義 (2.15) に従って

$$F_N[x_0, x_1, x] = a_2 + a_3(x - x_2) + a_4(x - x_2)(x - x_3) + \cdots$$
$$+ a_N(x - x_2)(x - x_3)\cdots(x - x_{N-1}) \tag{2.22}$$

が得られる．式 (2.22) より

$$a_2 = F_N[x_0, x_1, x_2] \tag{2.23}$$

が得られ，これを逐次的にくり返すと

$$a_i = F_N[x_0, x_1, x_2, \cdots, x_i] \quad (i = 0, 1, 2, \cdots, N) \tag{2.24}$$

が得られる．ここで，$f_N(x)$ は元の関数 $f(x)$ のラグランジュ補間多項式であるから，$f_N(x_i) = f(x_i)$ である．また，関数 $f_N(x)$ の差分商 $F_N[\ \ ]$ と $f(x)$ の差分商 $F[\ \ ]$ はともに同じ補間点の値だけで決まるため，$F_N[\ \ ]$ と $F[\ \ ]$ は同じ値となり

$$a_i = F[x_0, x_1, x_2, \cdots, x_i] \quad (i = 0, 1, 2, \cdots, N) \tag{2.25}$$

と書くことができる．以上の結果より**ニュートンの補間公式**（Newton's interpolation formula）

$$f_N(x) = \sum_{i=0}^{N} F[x_0, x_1, x_2, \cdots, x_i] p_{i-1}(x) \tag{2.26}$$

が得られる．この公式は補間点を増やしたとき，例えば $x_0, x_1, \cdots, x_N$ に1点 x_{N+1} を追加しても補間公式は

$$f_{N+1}(x) = f_N(x) + F[x_0, x_1, x_2, \cdots, x_N, x_{N+1}] p_N(x) \tag{2.27}$$

となるだけで，単に1つの項が加わるだけとなる利点がある．

例題 1

区間 $[0, \pi]$ において正弦関数 $\sin x$ のラグランジュ補間多項式を求めよ．ただし，$N = 4$ とし，補間点 x_i $(i = 0, 1, 2, 3, 4)$ においてのみ関数値 $\sin x_i$ が与えられているとする．

解答 式 (2.11) で $N = 4$ とおき，$x_0 = 0$, $x_1 = \pi/4$, $x_2 = \pi/2$, $x_3 = 3\pi/4$, $x_4 = \pi$ と等間隔にとると，補間点は $(0, 0)$, $(\pi/4, \sqrt{2}/2)$, $(\pi/2, 1)$, $(3\pi/4, \sqrt{2}/2)$, $(\pi, 0)$ である．これらの5点を式 (2.11) に代入して

$$\begin{aligned}
f_4(x) = & \frac{(x-\pi/4)(x-\pi/2)(x-3\pi/4)(x-\pi)}{(0-\pi/4)(0-\pi/2)(0-3\pi/4)(0-\pi)} \sin 0 \\
& + \frac{(x-0)(x-\pi/2)(x-3\pi/4)(x-\pi)}{(\pi/4-0)(\pi/4-\pi/2)(\pi/4-3\pi/4)(\pi/4-\pi)} \sin \frac{\pi}{4} \\
& + \frac{(x-0)(x-\pi/4)(x-3\pi/4)(x-\pi)}{(\pi/2-0)(\pi/2-\pi/4)(\pi/2-3\pi/4)(\pi/2-\pi)} \sin \frac{\pi}{2} \\
& + \frac{(x-0)(x-\pi/4)(x-\pi/2)(x-\pi)}{(3\pi/4-0)(3\pi/4-\pi/4)(3\pi/4-\pi/2)(3\pi/4-\pi)} \sin \frac{3\pi}{4} \\
& + \frac{(x-0)(x-\pi/4)(x-\pi/2)(x-3\pi/4)}{(\pi-0)(\pi-\pi/4)(\pi-\pi/2)(\pi-3\pi/4)} \sin \pi
\end{aligned}$$

が得られる．この式で表される図形を描くと図2.2のようになり，少ない補間点数であっても大変精度の高い近似ができることがわかる．この結果の応用としては，例えば，三角関数の微分積分は知らなくてもべき関数の微分積分の知識があれば三角関数を含む関数 $f(x)$ の微分積分値を補間多項式を用いて計算することができる． □

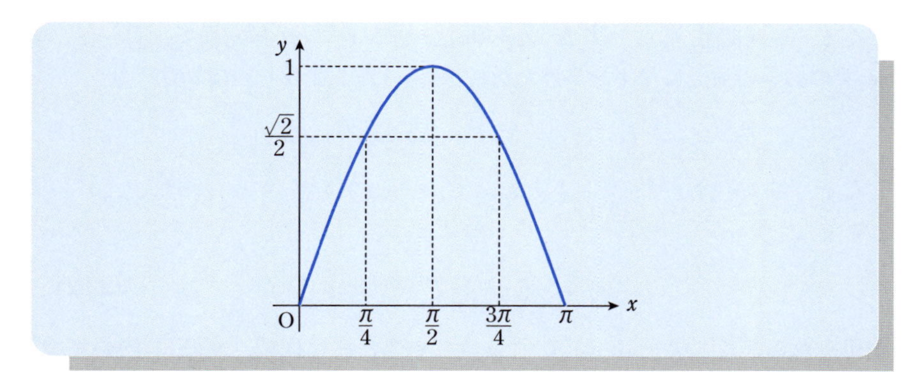

図 **2.2**　$\sin x$ のラグランジュ補間関数 $f_N(x)$ $(N=4)$.
近似関数と元の関数は区別がつかない.

2.2.1　ラグランジュ補間の誤差

関数をラグランジュ多項式で近似したときの誤差の大きさは，ニュートンの補間公式を利用して評価することができる．ここで，近似される関数 $f(x)$ は，区間 $[x_0, x_N]$ で $N+1$ 回連続微分可能であるとする．近似される関数 $f(x)$ と補間関数 $f_N(x)$ との差を $\varepsilon_N(x)$，すなわち

$$\varepsilon_N(x) = f(x) - f_N(x) \tag{2.28}$$

とおく．式 (2.27) より x_{N+1} を区間 $[x_0, x_N]$ 内の $x_0, x_1, \cdots, x_N$ 以外の点とすると

$$\begin{aligned} f(x_{N+1}) &= f_{N+1}(x_{N+1}) \\ &= f_N(x_{N+1}) + F[x_0, x_1, x_2, \cdots, x_N, x_{N+1}]p_N(x_{N+1}) \end{aligned}$$

となる．ここで，$x_{N+1} = \eta$ とおくと

$$\varepsilon_N(\eta) = f(\eta) - f_N(\eta) = F[x_0, x_1, x_2, \cdots, x_N, \eta]p_N(\eta) \tag{2.29}$$

が得られる．$\varepsilon_N(x)$ は $N+1$ 個の点 $x_0, x_1, \cdots, x_N$ で 0 となる連続微分可能な関数だから，ロルの定理を適用して $\varepsilon'_N(x)$ は区間 $[x_0, x_N]$ 内の N 点で 0 になることがわかる．これをくり返すと $\varepsilon_N^{(N)}(x)$ は区間 $[x_0, x_N]$ 内の 1 点で 0 となることが示される．その点を ξ とすると

$$\varepsilon_N^{(N)}(\xi) = f^{(N)}(\xi) - f_N^{(N)}(\xi) = 0 \tag{2.30}$$

となる．補間関数 $f_N(x)$ は N 次多項式なので $f_N^{(N)}(\xi)$ は定数で，$f_N^{(N)}(\xi)$ の N 次のべきの係数に $N!$ をかけた数に等しい．式 (2.18) と (2.25) より

$$f^{(N)}(\xi) = f_N^{(N)}(\xi) = N!\,F[x_0, x_1, x_2, \cdots, x_N] \tag{2.31}$$

となる．N の代わりに $N+1$ とおいて，式 (2.31) を (2.29) へ代入し η を x と書くと

$$\varepsilon_N(x) = \frac{1}{(N+1)!} f^{(N+1)}(\xi) p_N(x) \tag{2.32}$$

が得られる．ここで，$x_0 \le x \le x_N$ であり，ξ は区間 $[x_0, x_N]$ 内の点で，$x_0, x_1, \cdots, x_N, x$ に応じて定まる．$p_N(x)$ の定義式 (2.12) より，$x_0 \le x \le x_N$ の任意の x について

$$|\varepsilon_N(x)| \le \frac{(x_N - x_0)^{N+1}}{(N+1)!} \operatorname*{Max}_{x_0 \le \xi \le x_N} |f^{(N+1)}(\xi)| \tag{2.33}$$

となる．これより，もし $f(x)$ がなめらかな関数で $f^{(N)}(x)$ が N が大きくなるにつれて十分に減少すれば，ラグランジュ補間は補間点の個数，つまり N を大きくとれば近似精度がよくなることがわかる．逆に，$f(x)$ の変動が激しく，微分階数が上がるにつれて $f^{(N)}(x)$ が大きくなるような関数では，補間点を増やしても精度があまり上がらないことが予想される．ところで，$f(x)$ が一見なめらかな関数であっても補間点を増すほど近似精度が悪化する場合がある．これは有名な現象で**ルンゲ** (Runge) **の現象**として知られている．

例　$f(x) = \dfrac{1}{1+25x^2}$ とする．区間を $[-1, 1]$，補間点を等間隔 $x_i = -1 + \dfrac{2i}{N}$ $(i = 0, 1, 2, \cdots, N)$ にとり，近似の次数を $N = 4$, 8, 16 と変えて計算すると，図 2.3 に黒線で示されているように N を大きくするにつれて $x = \pm 1$ の近傍ではむしろ精度が悪くなる．この理由はもちろん $f(x)$ の微分が意外に大きくなるからで，詳しい精度の解析は参考文献 [3] 第4章に説明されている．■

それでは，この問題はどのようにすれば回避できるのであろうか．最も単純な解決法は，全区間を単一の補間関数で近似することはあきらめ，区間を分けて，各小区間内で低い次数のラグランジュ多項式で近似することである．実際的な目的では，せいぜい5点を用いた4次のラグランジュ多項式で近似するこ

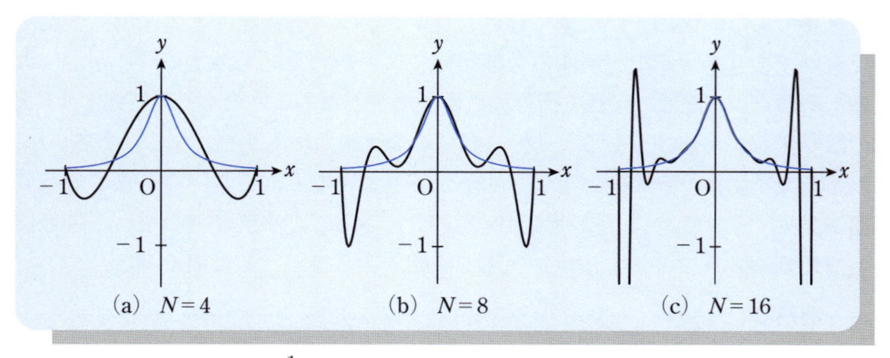

図 2.3　$\dfrac{1}{1+25x^2}$ のラグランジュ補間.
青線：$\dfrac{1}{1+25x^2}$，黒線：ラグランジュ補間関数.

とでよい精度の補間式が得られ，これ以上次数を上げてもめざましい精度の向上は見られない．ラグランジュ多項式を用いて精度を上げるもう一つの方法は，補間点を等間隔にとらずに不等間隔にする方法で，例えば

$$x_i = \cos\frac{\pi(N-i)}{N} \quad (i = 0, 1, 2, \cdots, N)$$

としてみよう．近似次数 $N = 16$ で計算をしても十分に精度が上がっていることが図 2.4 よりわかる．このように，補間点のとり方は数値計算において非常

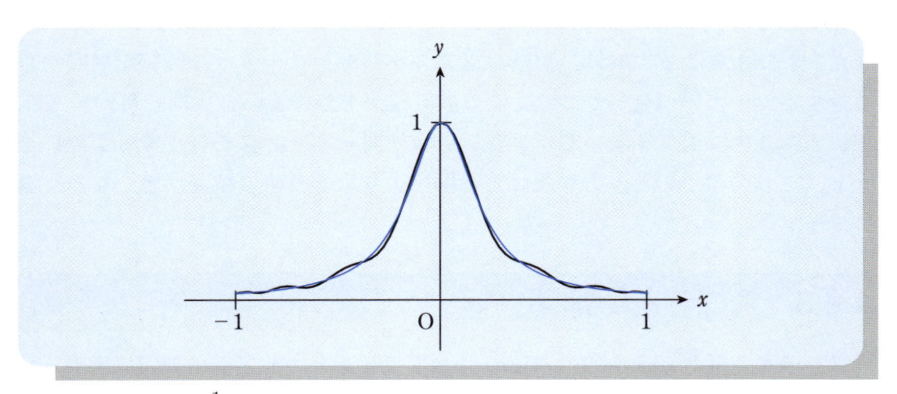

図 2.4　$\dfrac{1}{1+25x^2}$ の不等間隔補間点によるラグランジュ補間 $(N = 16)$.
青線：$\dfrac{1}{1+25x^2}$，黒線：ラグランジュ補間関数.

に重要である．区間を小区間に分けてラグランジュ補間をする方法は大変簡単で有効であり，次章で説明する数値積分では大変威力を発揮する．しかし，大きな問題点は，区間の接点で微分係数が不連続となることである．例えば，1次の微分係数が不連続となると勾配（関数の変化率）が不連続となる．あるいは，2次の微分係数が不連続となると曲率が不連続となり，工学的にさまざまな問題が発生する．このような問題点を回避し，さらに各小区間で異なった近似関数が使えるようにする方法が，次節で説明するスプライン補間である．

例題 2

$\sqrt[3]{20}$ の値をラグランジュ補間を用いて計算せよ．

解答　まず，$\sqrt[3]{20}$ はおよそ 2.714 くらいであると見当をつける．補間する関数を $f(x) = \sqrt[3]{x}$ とする．$f(x)$ の値が 2.712, 2.714, 2.716, 2.718 となる x の値はそれらをそれぞれ3乗して得られるので，右の4点が補間点となる．

i	$f(x_i)$	x_i
0	2.712	19.9466
1	2.714	19.9907
2	2.716	20.0349
3	2.718	20.0793

これらの補間点のデータを補間公式 (2.11) に代入し計算を行うと，$f(20) = 2.714420989$ が得られる．正確な値は $\sqrt[3]{20} = 2.7144176$ であり，その誤差は 3.389×10^{-6}，相対誤差は 1.2×10^{-6} である．補間公式により求めた近似値は6桁まで正しい．$\sqrt[3]{20}$ の値の見当をつける方法は次のように行う．2の3乗は8なので $\sqrt[3]{20}$ は2より大きい．また，3の3乗は27なので $\sqrt[3]{20}$ は3より小さい．このような計算を何回かくり返すとだいたいの見当がつく．この近似値が求めにくいときは，$f(x) = 2.1$, 2.4, 2.7, 3.0 の4点を用いてラグランジュ補間により計算を行ってもよい．しかし，これらの点のとり方が悪いと補間により求まる値の精度は悪くなる．■

2.3 スプライン補間

スプライン関数 (spline function) のスプラインという名前は製図で用いる自在定規を意味していて，補間点を結ぶなめらかな曲線が描けることからこのようによんでいると思われる．

最初にスプライン関数の定義を行う．n 次のスプライン関数とは，n 次多項

式で $n-1$ 階までの微分は連続，つまり $n-1$ 回連続微分可能で，n 階微分は階段関数となる関数である．階段関数となったときに不連続点となる $N+1$ 個の**節点**（せってん）を $x_0, x_1, \cdots, x_N$ とする．例えば1次のスプライン関数とは連続な折れ線である．スプライン関数には基本スプライン(B–スプライン)，カーディナルスプライン(C–スプライン)，自然スプライン(N–スプライン)などの種類があるが，ここでは**自然スプライン**を用いるスプライン補間について説明する．

自然スプラインは奇数次($2m-1$ 次)のスプライン関数で，両端区間 $(-\infty, x_0)$, (x_N, ∞) では $m-1$ 次の多項式となる関数である．本節で説明するのは $m=2$, すなわち3次の自然スプラインによる補間で，両端区間では1次関数となる．自然スプラインは，補間関数の中でも特になめらかな関数という特徴がある．ここでは証明を省くが次のような定理が成立する（参考文献 [5] 第2章）．

[自然スプラインの最滑補間定理]

$N+1$ 個の補間点 x_i $(i=0,1,2,\cdots,N)$（図 2.5）において与えられた値 y_i をもつ k 回微分が連続な任意の関数を $f(x)$ とする．また，節点が補間点 x_i で，それらの点で値 y_i をもつ $2k-1$ 次の自然スプラインを $s(x)$ とする（実はただ1つ存在することが示される）．このとき $x_0, x_1, \cdots, x_N$ を含む任意の区間 $[a,b]$ で $k < N+1$ となる任意の k に対して

$$\int_a^b \left[s^{(k)}(x)\right]^2 dx \leq \int_a^b \left[f^{(k)}(x)\right]^2 dx \tag{2.34}$$

が成立し，$s(x)$ はその k 階微分関数の L_2 ノルムの2乗が最も小さい補間関数である（式 (2.59) 参照）．したがって，自然スプラインによる補間関数は最もなめらかな補間関数となっていて，この意味での最適補間関数であることが示された．

この性質のため，スプライン関数は最近では補間関数として非常に多く用いられている．しかし，なめらかに補間することは，元の関数を正確に補間することとは直接にはつながらないことに注意する必要がある．

小さい数から大きさの順に並んだ $N+1$ 個の補間点を $x_0, x_1, \cdots, x_N$ とし，さらに x_N の右側に補助的な点 x_{N+1} をとる．これらの点における $f(x)$ の値を y_i $(i=0,1,2,\cdots,N)$ とする．第 i 番目の区間 $[x_{i-1}, x_i]$ で $f(x)$ を次の3次多項式で近似する．これが3次の自然スプラインの第 i 番目の区間での関

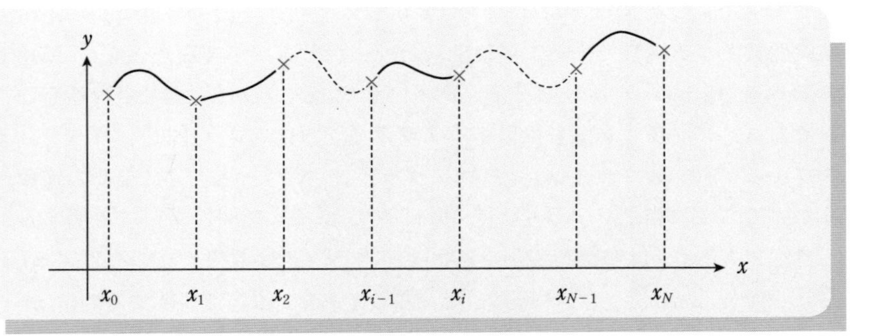

図 **2.5**　スプライン関数の補間点.

数形である.

$$P_i(x) = C_{1,i} + C_{2,i}(x - x_{i-1}) + C_{3,i}(x - x_{i-1})^2 + C_{4,i}(x - x_{i-1})^3 \quad (i = 1, 2, \cdots, N). \tag{2.35}$$

補間関数 $P_i(x)$ $(i = 1, 2, \cdots, N)$ を決めるためには $4N$ 個の係数 $C_{j,i}$ $(j = 1, 2, 3, 4, \quad i = 1, 2, \cdots, N)$ を求める必要がある. これらの係数を決めるために次の 3 つの条件を用いる.

条件 I (2N 個)：各補間点での値の一致. 点 x_i $(i = 1, 2, \cdots, N)$ において補間関数 P_{i-1} と P_i が元の関数 $f(x)$ と一致する.

$$P_i(x_{i-1}) = y_{i-1}, \quad P_i(x_i) = y_i. \tag{2.36}$$

条件 II (2N − 2 個)：各補間点での 1 階および 2 階微分係数の連続. 点 x_{i-1}, $(i = 2, 3, \cdots, N)$ において補間関数 P_{i-1} と P_i の 1 階微分係数および 2 階微分係数が一致する.

$$P'_{i-1}(x_{i-1}) = P'_i(x_{i-1}), \quad P''_{i-1}(x_{i-1}) = P''_i(x_{i-1}). \tag{2.37}$$

条件 III (2 個)：区間最端点で, 曲率を 0 とする条件. 点 x_0 と点 x_N での曲率が 0 となる.

$$P''_1(x_0) = 0, \quad P''_N(x_N) = 0. \tag{2.38}$$

条件 III は両端外区間 $(-\infty, x_0)$, (x_N, ∞) では 3 次の自然スプラインは 1 次式となることに対応している．

条件 I ~ III により未知数と同じ個数の条件が得られたので $C_{j,i}$ を解として求めることができる．ここで，$\Delta x_i = x_i - x_{i-1}$ とおくと，条件 I より

$$C_{1,i} = y_{i-1} \quad (i = 1, 2, \cdots, N), \tag{2.39}$$

$$C_{1,i} + C_{2,i}\Delta x_i + C_{3,i}(\Delta x_i)^2 + C_{4,i}(\Delta x_i)^3 = y_i \quad (i = 1, 2, \cdots, N) \tag{2.40}$$

が得られる．条件 II より

$$C_{2,i-1} + 2C_{3,i-1}\Delta x_{i-1} + 3C_{4,i-1}(\Delta x_{i-1})^2 = C_{2,i} \qquad (i = 2, 3, \cdots, N+1), \tag{2.41}$$

$$2C_{3,i-1} + 6C_{4,i-1}\Delta x_{i-1} = 2C_{3,i} \quad (i = 2, 3, \cdots, N) \tag{2.42}$$

が求められる．式 (2.41) で $i = N + 1$ も適用範囲に加えているのは後の計算の便宜のためで，$C_{2,N+1}$ は式 (2.41) の左辺で定義される．また，条件 III より

$$C_{3,1} = 0, \tag{2.43}$$

$$2C_{3,N} + 6C_{4,N}\Delta x_N = 0 \tag{2.44}$$

が得られる．式 (2.39) と (2.40) より

$$C_{2,i} + C_{3,i}\Delta x_i + C_{4,i}(\Delta x_i)^2 = \frac{y_i - y_{i-1}}{\Delta x_i} \quad (i = 1, 2, \cdots, N) \tag{2.45}$$

が得られ，式 (2.41) より次式が得られる．

$$C_{2,i} + 2C_{3,i}\Delta x_i + 3C_{4,i}(\Delta x_i)^2 = C_{2,i+1} \quad (i = 1, 2, \cdots, N). \tag{2.46}$$

これらより

$$C_{3,i} = \frac{1}{\Delta x_i}\left[-2C_{2,i} - C_{2,i+1} + \frac{3(y_i - y_{i-1})}{\Delta x_i}\right] \quad (i = 1, 2, \cdots, N), \tag{2.47}$$

$$C_{4,i} = \frac{1}{(\Delta x_i)^2}\left[C_{2,i} + C_{2,i+1} - \frac{2(y_i - y_{i-1})}{\Delta x_i}\right] \quad (i = 1, 2, \cdots, N) \tag{2.48}$$

となる．式 (2.47) と (2.48) を式 (2.42) へ代入して整理すると

$$\Delta x_i C_{2,i-1} + 2(\Delta x_i + \Delta x_{i-1})C_{2,i} + \Delta x_{i-1}C_{2,i+1}$$
$$= 3\left[\Delta x_{i-1}\frac{y_i - y_{i-1}}{\Delta x_i} + \Delta x_i \frac{y_{i-1} - y_{i-2}}{\Delta x_{i-1}}\right] \quad (i = 2, 3, \cdots, N) \quad (2.49)$$

が得られ，式 (2.47), (2.48) を式 (2.45), (2.46) へ代入すると

$$2\Delta x_1 C_{2,1} + \Delta x_1 C_{2,2} = 3(y_1 - y_0), \quad (2.50)$$

$$\Delta x_N C_{2,N} + 2\Delta x_N C_{2,N+1} = 3(y_N - y_{N-1}) \quad (2.51)$$

が得られる．$N+1$ 個の未知数 $C_{2,i}$ に対する $N+1$ 個の連立方程式 (2.49) ∼ (2.51) を解くと $C_{2,i}$ が求まり，式 (2.47) と (2.48) から $C_{3,i}$ と $C_{4,i}$ が計算できる．さらに式 (2.39) から $C_{1,i}$ が計算でき，スプライン関数のすべての係数が求められる．$C_{2,i}$ に対する連立方程式 (2.44) ∼ (2.51) を解くため

$$X_i = C_{2,i} \quad (i = 1, 2, \cdots, N+1), \quad (2.52)$$

$$Y_1 = 3(y_1 - y_0), \quad Y_{N+1} = 3(y_N - y_{N-1}), \quad (2.53)$$

$$Y_i = 3\left[\Delta x_{i-1}\frac{y_i - y_{i-1}}{\Delta x_i} + \Delta x_i \frac{y_{i-1} - y_{i-2}}{\Delta x_{i-1}}\right] \quad (i = 2, 3, \cdots, N) \quad (2.54)$$

とおくと，X_i は次の3重対角型の連立1次方程式を解くことによって求められる．

$$\begin{bmatrix} \alpha_1 & \gamma_1 & & & & 0 \\ \beta_2 & \alpha_2 & \gamma_2 & & & \\ & \beta_3 & \alpha_3 & \gamma_3 & & \\ & & \ddots & \ddots & \ddots & \\ & & & \beta_N & \alpha_N & \gamma_N \\ 0 & & & & \beta_{N+1} & \alpha_{N+1} \end{bmatrix} \begin{bmatrix} X_1 \\ X_2 \\ X_3 \\ \vdots \\ X_N \\ X_{N+1} \end{bmatrix} = \begin{bmatrix} Y_1 \\ Y_2 \\ Y_3 \\ \vdots \\ Y_N \\ Y_{N+1} \end{bmatrix}. \quad (2.55)$$

ここで，行列要素 $\alpha_i, \beta_i, \gamma_i$ は次のようになる．

$$\alpha_i = 2(\Delta x_i + \Delta x_{i-1}), \quad \beta_i = \Delta x_i, \quad \gamma_i = \Delta x_{i-1}$$
$$(i = 2, 3, \cdots, N), \quad (2.56)$$

$$\alpha_1 = 2\Delta x_1, \quad \alpha_{N+1} = 2\Delta x_N, \quad (2.57)$$

$$\gamma_1 = \Delta x_1, \quad \beta_{N+1} = \Delta x_N. \quad (2.58)$$

■3 重対角型連立 1 次方程式の解法■

3 重対角型の連立 1 次方程式は非常に簡単に解くことができる．式 (2.55) を改めて次のように書いてみよう．

$$\alpha_1 X_1 + \gamma_1 X_2 = Y_1, \qquad ①$$

$$\beta_2 X_1 + \alpha_2 X_2 + \gamma_2 X_3 = Y_2, \qquad ②$$

$$\beta_3 X_2 + \alpha_3 X_3 + \gamma_3 X_4 = Y_3, \qquad ③$$

$$\vdots$$

$$\beta_N X_{N-1} + \alpha_N X_N + \gamma_N X_{N+1} = Y_N, \qquad (N)$$

$$\beta_{N+1} X_N + \alpha_{N+1} X_{N+1} = Y_{N+1}. \qquad (N+1)$$

ここで，② − ① × β_2/α_1 を計算すると[*4)]，$\alpha_2' = \alpha_2 - \gamma_1\beta_2/\alpha_1$, $Y_2' = Y_2 - Y_1\beta_2/\alpha_1$ とおいて

$$\alpha_2' X_2 + \gamma_2 X_3 = Y_2' \qquad ②'$$

が得られる．次に，③ − ②′ × β_3/α_2' として，$\alpha_3' = \alpha_3 - \gamma_2\beta_3/\alpha_2'$, $Y_3' = Y_3 - Y_2'\beta_3/\alpha_2'$ とおくと

$$\alpha_3' X_3 + \gamma_3 X_4 = Y_3' \qquad ③'$$

が得られる．この操作をくり返すと

$$\alpha_N' X_N + \gamma_N X_{N+1} = Y_N', \qquad (N)'$$

$$\alpha_{N+1}' X_{N+1} = Y_{N+1}' \qquad (N+1)'$$

となる．最終的に得られた X_1, X_2, $\cdots$, X_{N+1} に対する連立方程式 ①, ②′, ③′, $\cdots$, (N+1)′ は係数行列が上三角型になっていて，直接的に解を求めることができる．まず，式 (N+1)′ から

$$X_{N+1} = Y_{N+1}'/\alpha_{N+1}'$$

が得られ，次に式 (N)′ から

$$X_N = (Y_N' - \gamma_N X_{N+1})/\alpha_N'$$

となる．これをくり返して

[*4)] ② − ① × β_2/α_1 は式②の両辺から式①を β_2/α_1 倍した式の両辺をそれぞれ引いて得られる式を表す．

$$X_1 = (Y_1 - \gamma_1 X_2)/\alpha_1$$

とすべての解を求めることができる．以上の計算に必要な乗算および除算の演算回数は $5N+1$ 回で，比較的少ない回数で解が求められることがわかる．

例　ラグランジュ補間の例として計算した関数 $f(x) = \dfrac{1}{1+25x^2}$ を区間 $x = [-1, 1]$ でスプライン補間する．補間点を等間隔 $x_i = -1+2i/N$ $(i = 0, 1, 2, \cdots, N)$ にとり，$N = 4$, 8, 16 の 3 つの場合について計算してみる．計算の結果，図 2.6 に示されるように N を大きくすると全区間で近似の精度が上がることがわかる．

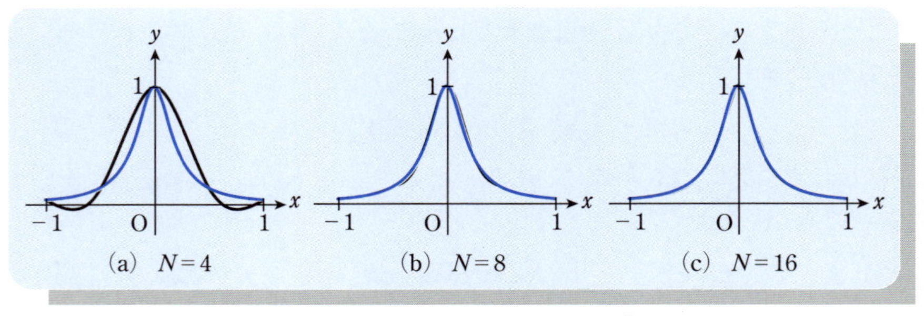

図 2.6　スプライン関数による $f(x) = \dfrac{1}{1+25x^2}$ の補間．
青線：$\dfrac{1}{1+25x^2}$，黒線：スプライン補間関数．

ラグランジュ補間とスプライン補間の精度を調べる．誤差の指標として，それぞれの補間法による最適補間関数 $f_m(x)$ と元の関数 $f(x)$ の差 $f(x) - f_m(x)$ の $\boldsymbol{L}_2$ ノルムの 2 乗

$$\mathcal{E} = (\|f(x) - f_m(x)\|_2)^2 = \int_{-1}^{1} (f(x) - f_m(x))^2 \, dx \qquad (2.59)$$

を計算する．各小区間で 1 次のラグランジュ補間を行い，それを全区間にわたってつないだ補間関数の誤差を $\mathcal{E}_1$，2 次のラグランジュ補間多項式をつないだ補間関数の誤差を $\mathcal{E}_2$，3 次のラグランジュ補間多項式をつないだ補間関数の誤差を $\mathcal{E}_3$，4 次のラグランジュ補間多項式をつないだ補間関数の誤差を $\mathcal{E}_4$，補間点を $x_i = \cos[\pi(N-i)/N]$ $(i = 1, 2, \cdots, N)$ として全区間にわたり 1 つの補

間多項式でラグランジュ補間したときの誤差を $\mathcal{E}_N$ とする．またスプライン補間によって計算した補間関数の誤差を $\mathcal{E}_S$ とする．

実際に数値計算を行ってラグランジュ補間とスプライン補間の誤差を評価すると表 2.1 のようになる．表 2.1 からわかるように，ラグランジュ補間は次数を上げると少しずつ精度が上がるが，期待するほど向上はせず，3 次は 4 次と比べてそれほど劣らないことがわかる．一方，補間点を不等間隔にとると，大変精度が向上することがわかる．これに対して，スプライン補間の精度の高さが際だっている．しかしスプライン補間にも問題点があり，補間関数が 3 次関数であるため，微分を 4 回以上行うと，恒等的に 0 となってしまい，高階微分を行うような計算には不適当である．その場合には不等間隔にとったラグランジュ補間が適当である．実はこの方法はチェビシェフ多項式補間と同等であることが次節で示される．

表 2.1　ラグランジュ補間とスプライン補間の誤差.

N	$\mathcal{E}_1$	$\mathcal{E}_2$	$\mathcal{E}_3$	$\mathcal{E}_4$	$\mathcal{E}_N$	$\mathcal{E}_S$
12	9.3×10^{-4}	1.0×10^{-3}	8.4×10^{-4}	2.1×10^{-3}	3.3×10^{-3}	6.4×10^{-6}
24	1.1×10^{-4}	5.3×10^{-5}	1.3×10^{-5}	2.0×10^{-6}	2.6×10^{-5}	5.0×10^{-7}
36	2.3×10^{-5}	3.9×10^{-6}	1.7×10^{-7}	1.7×10^{-7}	2.2×10^{-7}	1.3×10^{-8}
48	7.3×10^{-6}	6.0×10^{-7}	2.1×10^{-8}	3.6×10^{-8}	1.9×10^{-9}	8.9×10^{-10}

2.4　直交多項式による補間

ここでは**直交多項式**を用いて，全区間を単一の近似式で補間する方法を説明する．説明を簡単にするため，本節では近似式を求める区間を $x = [-1, 1]$ とする．取り扱う直交多項式は**チェビシェフ多項式**（Chebyshev polynomial）と**ルジャンドル多項式**（Legendre polynomial）だけなので，一般論は避けて具体的にこれらの関数の場合について説明をする．

2.4.1　チェビシェフ多項式

チェビシェフ多項式 $T_n(x)$ は n 次の多項式であり

$$T_n(x) = \cos n\theta, \quad x = \cos\theta \tag{2.60}$$

で定義され，その定義域は $x=[-1,1]$ である[*5)]．$T_n(x)$ が x の n 次多項式であることは，三角関数の加法定理を用いて容易に示すことができる．6 次までのチェビシェフ多項式を具体的に書くと次のようになる．

$$\left.\begin{aligned}&T_0(x)=1,\quad T_1(x)=x,\quad T_2(x)=2x^2-1,\quad T_3(x)=4x^3-3x,\\&T_4(x)=8x^4-8x^2+1,\quad T_5(x)=16x^5-20x^3+5x,\\&T_6(x)=32x^6-48x^4+18x^2-1\end{aligned}\right\}\tag{2.61}$$

n が偶数のとき $T_n(x)$ は偶関数で，n が奇数のとき奇関数である．$x=\pm1$ で

$$T_n(1)=1,\qquad T_n(-1)=(-1)^n,\tag{2.62}$$

$$T_n'(1)=n^2,\quad T_n'(-1)=(-1)^{n-1}n^2\tag{2.63}$$

となることは容易に示される．

チェビシェフ多項式は微分方程式

$$(1-x^2)T_n''(x)-xT_n'(x)+n^2T_n(x)=0\tag{2.64}$$

の解である．次の漸化式

$$T_{n+1}(x)-2xT_n(x)+T_{n-1}(x)=0,\tag{2.65}$$

$$T_{n+1}^{(m)}(x)=2mT_n^{(m-1)}(x)+2xT_n^{(m)}(x)-T_{n-1}^{(m)}(x),\tag{2.66}$$

$$(1-x^2)T_n'(x)=nT_{n-1}(x)-nxT_n(x)\tag{2.67}$$

は定義式 (2.60) から証明される（付録 D 参照）．また，やはり定義式から

$$T_m(x)T_n(x)=\frac{1}{2}\left[T_{m+n}(x)+T_{|m-n|}(x)\right]\tag{2.68}$$

が導かれる．区間 $x=[-1,1]$ におけるチェビシェフ多項式の関数形を図 2.7 に示す．図 2.7 からもわかるように，$T_n(x)$ は区間 $x=(-1,1)$[*6)] に n 個の 0 点[*7)]（$T_n(x)=0$ となる点）

---

*5) チェビシェフ多項式は

$$T_n(x)=\frac{(-1)^n}{(2n-1)!!}\sqrt{1-x^2}\,\frac{d^n}{dx^n}(1-x^2)^{n-(1/2)}$$

とも定義される．この定義は (2.60) と同等である．

*6) $x=(-1,1)$ は開区間 $-1<x<1$ を意味する．

*7) 零点とも表されるが，本書では 0 点と表記する．

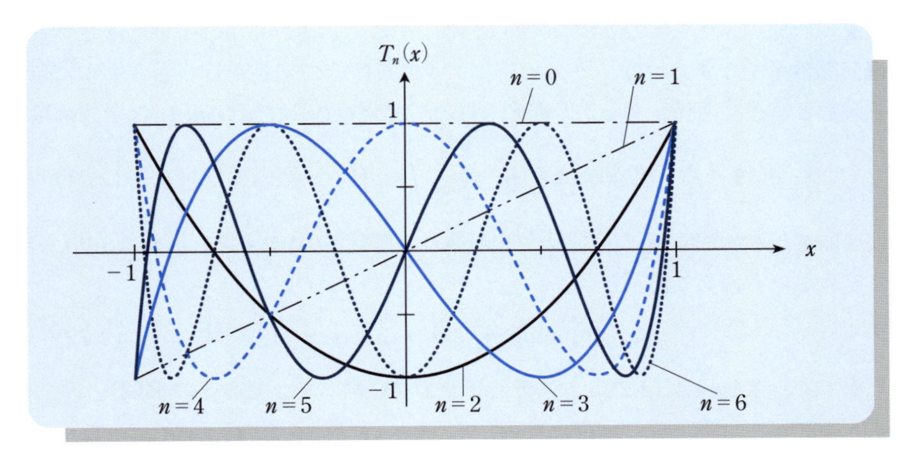

図 2.7 チェビシェフ多項式のグラフ.

$$x_i = \cos\frac{\pi(1+2i)}{2n} \quad (i = 0, 1, 2, \cdots, n-1)$$

をもつ．また，$n \geq 2$ のとき $x = (-1, 1)$ で $n-1$ 回極値（極大および極小）をとり，その x 座標は

$$x_i = \cos\frac{\pi i}{n} \quad (i = 1, 2, \cdots, n-1)$$

である．

チェビシェフ多項式の最も重要な性質は**直交関係**

$$\int_{-1}^{1} \frac{1}{\sqrt{1-x^2}} T_m(x) T_n(x) dx = \begin{cases} 0 & (m \neq n) \\ \pi/2 & (m = n = 0) \\ \pi & (m = n \neq 0) \end{cases} \tag{2.69}$$

である．これは定義式 (2.60) から

$$\int_{-1}^{1} \frac{1}{\sqrt{1-x^2}} T_m(x) T_n(x) dx = \int_0^{\pi} \cos m\theta \cos n\theta \, d\theta$$

となることから直ちに導かれる．式 (2.69) の被積分関数中で

$$w(x) = \frac{1}{\sqrt{1-x^2}} \tag{2.70}$$

を**重み**といい，チェビシェフ多項式は式 (2.70) で示される $w(x)$ を重みとする**直交関数系**をなすという．チェビシェフ多項式はその定義からわかるように余弦関数と密接な関係がある．区間 $\theta = [0, \pi]$ で定義された関数 $g(\theta)$ は余弦級数

$$g(\theta) = \sum_{n=0}^{\infty} b_n^T \cos n\theta, \quad b_n^T = \frac{2}{\pi}\int_0^{\pi} g(\theta)\cos n\theta \, d\theta \tag{2.71}$$

に展開される．区間 $x = [-1, 1]$ で定義される関数 $f(x)$ により，区間 $\theta = [0, \pi]$ で定義される関数 $g(\theta)$ を

$$g(\theta) = f(x), \quad \theta = \arccos x \tag{2.72}$$

と表すと，余弦級数 (2.71) より**チェビシェフ級数**（**チェビシェフ展開**）

$$f(x) = \sum_{n=0}^{\infty} a_n^T T_n(x), \qquad a_n^T = b_n^T = \frac{2}{\pi}\int_{-1}^{1} f(x)T_n(x)\frac{dx}{\sqrt{1-x^2}} \tag{2.73}$$

が得られる．

チェビシェフ多項式による展開は**最良近似**[*8)]と密接な関係がある．最良近似多項式とは，区間 $x = [a, b]$ で関数 $f(x)$ の近似関数を次数が N 以下の n 次多項式 $f_n(x)$ $(n \leq N)$ としたとき，$\underset{a \leq x \leq b}{\mathrm{Max}} |f(x) - f_n(x)|$ を最小にするような高々 N 次の多項式のことをいう．チェビシェフ級数 (2.73) を N 次で打ち切ったとき，その級数は近似的に最良近似多項式となっていることが数学的に証明されている．このことがチェビシェフ多項式が近似関数に多用される大きな理由である（参考文献 [17] 第2章）．

チェビシェフ多項式による補間はチェビシェフ級数 (2.73) と密接な関係があり，ラグランジュ補間と比べると，補間点を自由に選ぶことができない点が大きな特徴である．証明しようとすれば準備が大がかりとなるため結果のみを示すと，N 次チェビシェフ多項式の0点

$$x_i = \cos\frac{\pi(2i-1)}{2N} \quad (i = 1, 2, \cdots, N)$$

を補間点とするチェビシェフ補間による補間関数は $N-1$ 次の多項式で

*8) 最良近似と最適近似（補間）とは異なる．最適近似関数はある近似関数の集合の中から適当なアルゴリズムによって選ばれた関数で，最良近似関数は，より一般な関数の中で誤差を最小にする関数である．

$$f_N^T(x) = \sum_{k=0}^{N-1} c_k T_k(x), \quad c_k = \frac{1}{\lambda_k} \sum_{i=1}^{N} w_i T_k(x_i) f(x_i) \tag{2.74}$$

となる．ここで

$$w_i = \frac{\pi}{N}, \quad \lambda_k = \begin{cases} \pi/2 & (k \neq 0) \\ \pi & (k = 0) \end{cases} \tag{2.75}$$

である．これを**チェビシェフ補間公式**とよぶ．補間公式 (2.74) は**選点直交性**

$$\sum_{i=0}^{N} w_i T_k(x_i) T_l(x_i) = \lambda_k \delta_{kl} \quad (k, l = 0, 1, 2, \cdots, N) \tag{2.76}$$

から導かれる*9)．

例　補間公式を利用して $f(x) = \dfrac{1}{1+25x^2}$ を補間してみよう．$N = 5, 9, 17$ ととったときの補間関数 $f_N^T(x)$ のグラフを図 2.8 に示す．図 2.8 に見られるように，チェビシェフ補間の精度は大変高いことがわかる（精度の評価については参考文献 [3] 第 4 章を参照）．■

チェビシェフ多項式の 0 点を補間点とする補間関数 (2.74) は，やはり近似的に最良近似であることが知られている．つまり，N 個の補間点で関数 $f(x)$ を補間する補間関数で次数が $N-1$ 以下の n 次多項式を $f_n(x)$ $(n \leq N-1)$ としたとき，$\underset{a \leq x \leq b}{\mathrm{Max}} |f(x) - f_n(x)|$ を最小にするような高々 $N-1$ 次の多項式の

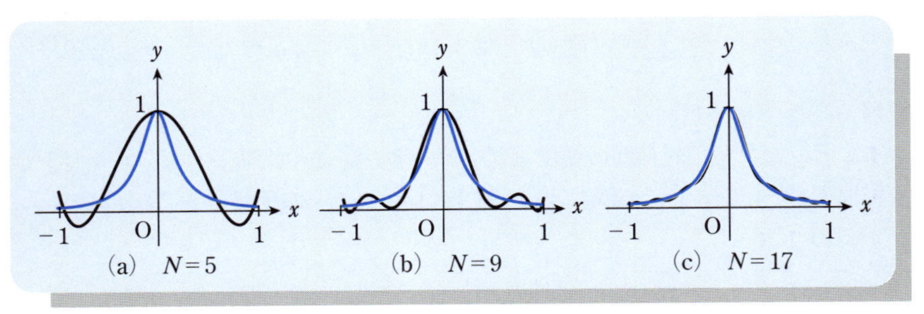

図 **2.8**　$\dfrac{1}{1+25x^2}$ のチェビシェフ多項式補間．

*9)　δ_{kl} はクロネッカーのデルタとよばれ，$\delta_{kl} = 1$ $(k = l)$, $\delta_{kl} = 0$ $(k \neq l)$ で定義される．

ことを**最良補間多項式**という．チェビシェフ補間関数 $f_N^T(x)$ は近似的に最良補間多項式となっている．

ところで，微分方程式の固有値問題を解くような場合，補間点はチェビシェフ多項式の0点ではなく，むしろチェビシェフ多項式が極値をとる点とするほうが精度が高いことが経験的に知られている[*10)]．すなわちチェビシェフ多項式補間を

$$f_N^T(x) = \sum_{k=0}^{N-1} c_k T_k(x) \tag{2.77}$$

とする．補間点 x_i を，$T_{N+1}(x)$ が極値をとる点，つまり

$$x_i = \cos\frac{\pi i}{N+1} \quad (i = 1, 2, \cdots, N) \tag{2.78}$$

の N 点とし，$f_N^T(x_i) = f(x_i) = y_i$ とおく補間を行うと精度よく解が得られる．このとき，係数 c_k は N 元連立方程式

$$\sum_{k=0}^{N-1} c_k T_k(x_i) = y_i \quad (i = 1, 2, \cdots, N) \tag{2.79}$$

を解くことで得られる．問題によっては，境界上 $x = \pm 1$ の値が与えられていることも多く，その場合には式 (2.77) のように展開して，境界点 $x = \pm 1$ も補間点にとり入れて補間点を

$$x_i = \cos\frac{\pi(i-1)}{N-1} \quad (i = 1, 2, \cdots, N) \tag{2.80}$$

の N 点とする．このときも，係数 c_k は N 元連立方程式

$$\sum_{k=0}^{N-1} c_k T_k(x_i) = y_i \quad (i = 1, 2, \cdots, N) \tag{2.81}$$

を解くことで求められる．

チェビシェフ多項式補間の精度を調べてみる．誤差の指標として，チェビシェフ補間関数 $f_m(x)$ と元の関数 $f(x) = 1/(1+25x^2)$ の差 $f(x) - f_m(x)$ の L_2 ノルムの2乗

$$\mathcal{E} = (\|f(x) - f_m(x)\|_2)^2$$

*10) 例えば，補間点を0点にとると，絶対値の異常に大きなゴースト(Ghost，幽霊)固有値が現れる場合がある．

表 2.2　チェビシェフ多項式補間の誤差.

N	$\mathcal{E}_Z$	$\mathcal{E}_{E1}$	$\mathcal{E}_{E2}$
13	2.8×10^{-3}	4.5×10^{-3}	3.3×10^{-3}
17	5.6×10^{-4}	9.3×10^{-4}	6.4×10^{-4}
21	1.1×10^{-4}	2.0×10^{-4}	1.3×10^{-4}
25	2.3×10^{-5}	4.1×10^{-5}	2.6×10^{-5}
29	4.7×10^{-6}	8.7×10^{-6}	5.3×10^{-6}
33	9.5×10^{-7}	1.8×10^{-6}	1.1×10^{-6}
37	1.9×10^{-7}	4.0×10^{-7}	2.2×10^{-7}
41	4.0×10^{-8}	8.5×10^{-8}	4.5×10^{-8}
45	8.1×10^{-9}	1.9×10^{-8}	9.2×10^{-9}
49	1.7×10^{-9}	4.0×10^{-9}	1.9×10^{-9}

を計算する．補間点をチェビシェフ多項式の 0 点とした補間関数の誤差を $\mathcal{E}_Z$，チェビシェフ多項式の極値をとる点を補間点 (2.78) としたときの誤差を $\mathcal{E}_{E1}$，補間点を式 (2.80) にとったときの誤差を $\mathcal{E}_{E2}$ とする．実際に数値計算を行ってこれらの誤差を評価すると表 2.2 のようになる．表 2.2 からわかるように，どの方法も大変よい精度であるが，0 点を補間点とした方法がこの問題では特に優れている．なお，点 (2.80) を補間点とした補間関数の誤差は，図 2.4 に示す不等間隔補間点によるラグランジュ補間の誤差 $\mathcal{E}_N$ と同じ結果を与えている．この理由は両者が全く同じ補間多項式となっているからである．なお，ここで用いた N はラグランジュ補間での $N+1$ に対応している．

2.4.2 ルジャンドル多項式

ルジャンドル多項式 $P_n(x)$ は n 次の多項式であり

$$P_n(x) = \frac{1}{2^n n!}\frac{d^n(x^2-1)^n}{dx^n} \tag{2.82}$$

で定義され，その定義域は $x=[-1,1]$ である．$P_n(x)$ が x の n 次の多項式であることは定義より容易にわかる．6 次までのルジャンドル多項式を具体的に書くと，次のようになる．

$$\left.\begin{aligned}&P_0(x)=1,\quad P_1(x)=x,\quad P_2(x)=\frac{1}{2}(3x^2-1),\\&P_3(x)=\frac{1}{2}(5x^3-3x),\quad P_4(x)=\frac{1}{8}(35x^4-30x^2+3),\\&P_5(x)=\frac{1}{8}(63x^5-70x^3+15x),\\&P_6(x)=\frac{1}{16}(231x^6-315x^4+105x^2-5).\end{aligned}\right\}\tag{2.83}$$

n が偶数のとき $P_n(x)$ は偶関数で，n が奇数のとき奇関数である．$x=\pm1$ で

$$P_n(1)=1,\quad P_n(-1)=(-1)^n,\tag{2.84}$$

$$P_n'(1)=\frac{1}{2}n(n+1),\quad P_n'(-1)=(-1)^{n-1}\frac{1}{2}n(n+1)\tag{2.85}$$

となる．ルジャンドル多項式 $P_n(x)$ は微分方程式

$$(1-x^2)P_n''(x)-2xP_n'(x)+n(n+1)P_n(x)=0\tag{2.86}$$

を満たす（付録 E 参照）．また，漸化式

$$(n+1)P_{n+1}(x)-(2n+1)xP_n(x)+nP_{n-1}(x)=0,\tag{2.87}$$

$$\begin{aligned}&(n+1)P_{n+1}^{(m)}(x)\\&\quad=m(2n+1)P_n^{(m-1)}(x)+(2n+1)xP_n^{(m)}(x)-nP_{n-1}^{(m)}(x),\end{aligned}\tag{2.88}$$

$$(1-x^2)P_n'(x)=nP_{n-1}(x)-nxP_n(x)\tag{2.89}$$

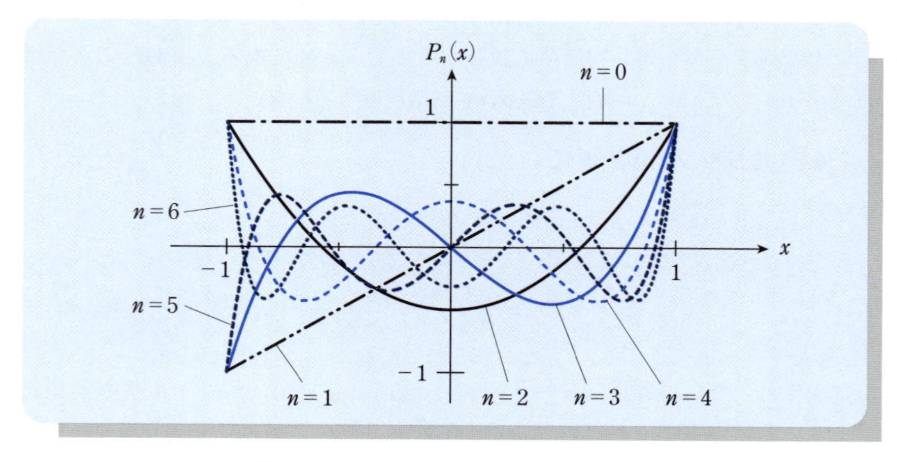

図 **2.9** ルジャンドル多項式のグラフ．

が成立する（付録 E 参照）．ルジャンドル多項式の区間 $x=[-1,1]$ における関数形は図 2.9 に示すようになる．図 2.9 からわかるように，$P_n(x)$ は区間 $x=(-1,1)$ に n 個の 0 点をもち，$n\geq 2$ のとき $(-1,1)$ で $n-1$ 回極値 (極大または極小) をとる．したがって，ルジャンドル多項式はチェビシェフ多項式とよく似た性質をもっている．ルジャンドル多項式は球面調和関数の構成要素で，球面上の関数を展開するときに大変重要である．なおルジャンドル多項式の 0 点を具体的に求める方法は 4.2 節で説明する．

ルジャンドル多項式の最も重要な性質は直交関係

$$\int_{-1}^{1} P_m(x)P_n(x)dx = \begin{cases} 0 & (m\neq n) \\ \dfrac{2}{2m+1} & (m=n) \end{cases} \tag{2.90}$$

である．これはルジャンドル多項式の定義式 (2.82) から部分積分を繰り返すことによって直接導かれる（付録 E 参照）．これから，ルジャンドル多項式は重みを $w(x)=1$ とする直交関数系であることがわかる．

区間 $x=[-1,1]$ で定義される関数 $f(x)$ を**ルジャンドル級数**

$$f(x)=\sum_{n=0}^{\infty} a_n^P P_n(x), \quad a_n^P = \frac{2n+1}{2}\int_{-1}^{1} f(x)P_n(x)dx \tag{2.91}$$

に展開する．この展開が可能であることの証明は省略するが，係数が式 (2.91) のようになることは，式 (2.90) を用いて容易に示すことができる．区間 $x=[-1,1]$ で定義される関数 $f(x)$ から区間 $\theta=[0,\pi]$ で定義される関数 $g(\theta)$ を

$$g(\theta)=f(x), \quad \theta=\arccos x \tag{2.92}$$

で導入すると，級数

$$g(\theta)=\sum_{n=0}^{\infty} b_n^P P_n(\cos\theta), \quad b_n^P = a_n^P = \frac{2n+1}{2}\int_{0}^{\pi} g(\theta)P_n(\cos\theta)\sin\theta\, d\theta \tag{2.93}$$

が得られる．$P_n(\cos\theta)$ は，$\cos n\theta,\ \cos(n-2)\theta,\ \cos(n-4)\theta,\ \cdots$ の 1 次結合で表されることが知られている[*11)]．したがって，これからもルジャンドル多項

[*11)] $P_n(\cos\theta)$ は $\cos\theta$ の n 次多項式で，$\cos^n\theta$ は $\cos n\theta,\ \cos(n-2)\theta,\ \cos(n-4)\theta,\ \cdots$ の 1 次結合で表されることは明らか．

式がチェビシェフ多項式とよく似た性質をもっていることが予想される．

ルジャンドル多項式による補間は，チェビシェフ補間と同様，補間点を自由に選べない．結果だけを示すと，N 次ルジャンドル多項式の 0 点 $x_1, x_2, \cdots, x_N$ を補間点とするルジャンドル補間による補間関数は $N-1$ 次の多項式で

$$f_N^P(x) = \sum_{k=0}^{N-1} c_k P_k(x), \quad c_k = \frac{1}{\lambda_k} \sum_{i=1}^{N} w_i P_k(x_i) f(x_i) \tag{2.94}$$

となる．ここで

$$\lambda_k = \frac{2}{2k+1}, \tag{2.95}$$

$$w_i = \left\{ \sum_{k=0}^{N-1} \frac{1}{\lambda_k} \left[P_k(x_i)\right]^2 \right\}^{-1} \tag{2.96}$$

である．ルジャンドル多項式がチェビシェフ多項式と似ていることから，チェビシェフ多項式補間と同様にルジャンドル多項式補間の精度も非常に高い．

例　$f(x) = \dfrac{1}{1+25x^2}$ をルジャンドル多項式補間を適用したときの補間関数 $f_N^P(x)$ の概形を，図 2.10 に示す．この図で，近似の次数を (a) $N=5$, (b) $N=9$, (c) $N=17$ と上げていくに従って元の関数をよく近似することがわかる．微分方程式の固有値などを求めるためには，チェビシェフ多項式の場合と同様に，補間点としてルジャンドル多項式が極値をとる点を採用するほうが，より精度が高いことが知られている．■

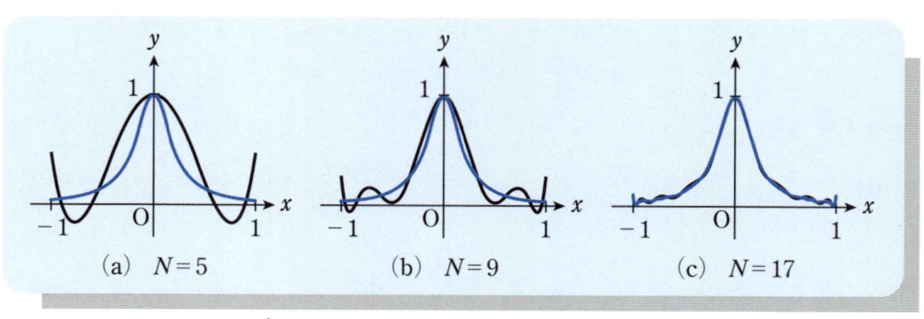

図 2.10　$\dfrac{1}{1+25x^2}$ のルジャンドル多項式補間．
青線：$\dfrac{1}{1+25x^2}$，黒線：ルジャンドル多項式補間関数．

2.5 三角関数による補間

2.5.1 複素フーリエ級数

関数 $f(x)$ が任意の実数 x について

$$f(x) = f(x+L) \tag{2.97}$$

を満たすとき $f(x)$ を周期関数とよび，L を周期という．周期関数 $f(x)$ が区分的になめらかな関数（区分的に連続であり，区分的に微分が連続な関数）であれば，$f(x)$ は複素指数関数による**複素フーリエ級数**

$$f(x) = \sum_{k=-\infty}^{\infty} c_k e^{i\omega_k x}, \quad \omega_k = k\omega = \frac{2k\pi}{L} \tag{2.98}$$

に展開できることが知られている（参考文献 [2] 第 6 章，[13] 第 1 章参照）．複素指数関数 e^{ix} は**オイラーの定理**

$$e^{ix} = \cos x + i \sin x \tag{2.99}$$

により余弦関数と正弦関数で表されるので三角関数に含めることにする．ここで，$\omega = 2\pi/L$ は**基本波数**，$\omega_k = k\omega$ は $\boldsymbol{k}$ **倍高調波の波数**とよばれ，展開係数 c_k は

$$c_k = \frac{1}{L}\int_0^L f(x) e^{-i\omega_k x} dx \tag{2.100}$$

と表される．式 (2.100) の導出には複素指数関数の直交関係

$$\int_0^L e^{i\omega_k x} e^{-i\omega_l x} dx = L\delta_{kl} \tag{2.101}$$

を用いる．

$f(x)$ が実関数のとき，式 (2.100) から容易にわかるように

$$c_k = c_{-k}^* \tag{2.102}$$

が成り立つ．ここで，複素数 c_{-k}^* は複素数 c_{-k} の共役複素数である．また，c_k は一般に複素数であるが，c_0 は $f(x)$ が実関数のときは実数である．

2.5.2 離散フーリエ級数による補間

等間隔 Δx で並ぶ $N+1$ 個の点 $x_0, x_1, \cdots, x_{N-1}, x_N\,(= x_0 + L)$ と，各点で実数の関数値 $f_j = f(x_j)$ $(j = 0, 1, \cdots, N-1, N)$ が与えられている

とする．$f(x)$ は周期 $L = N\Delta x$ の周期関数であると仮定し，$f_N = f_0$ とする．$x_0 = 0$ とすると，$x_j = j\Delta x = jL/N$ となる．このとき N 個の点 $\mathrm{P}_j\,(x_j, f_j)\;(j = 0, 1, \cdots, N-1)$ を通る補間関数 $f(x)$ を求めてみよう．説明を簡単にするため，N は偶数と仮定する．

$f(x)$ を式 (2.98) のように複素フーリエ級数に展開する．$f(x)$ は N 個の点 $\mathrm{P}_j\;(j = 0, 1, \cdots, N-1)$ を通るので，$j = 0, 1, \cdots, N-1$ について

$$
\begin{aligned}
f_j = f(x_j) &= \sum_{k=-\infty}^{\infty} c_k e^{i\omega_k x_j} = \sum_{k=-\infty}^{\infty} c_k e^{i\omega_k jL/N} \\
&= \sum_{l=-\infty}^{\infty} \sum_{k=-N/2}^{N/2-1} c_{k+lN} e^{i2\pi(k+lN)j/N} = \sum_{l=-\infty}^{\infty} \sum_{k=-N/2}^{N/2-1} c_{k+lN} e^{i2\pi kj/N} \\
&= \sum_{k=-N/2}^{N/2-1} \left\{ c_k + \sum_{l=1}^{\infty} (c_{k-lN} + c_{k+lN}) \right\} e^{i2\pi kj/N} \qquad (2.103)
\end{aligned}
$$

が成り立つ．式 (2.103) を未知数 c_k に関する連立方程式とみなすと，方程式の数は N なので，この式より求めることのできる未知数の数は N 個である．したがって，式 (2.103) の最後の等式の右辺中括弧内の第1項 c_k のみを残し，第2項以降を無視するという近似を行い，c_k を $\breve{f}_k$ と表すと，

$$
f_j = \sum_{k=-N/2}^{N/2-1} \breve{f}_k e^{i2\pi kj/N} \quad (j = 0, 1, \cdots, N-1) \qquad (2.104)
$$

となって，方程式の数と未知数 $\breve{f}_k$ の数が一致する．ここで行った近似は，複素フーリエ級数 (2.98) において，$k \geq N/2$ と $k \leq -N/2-1$ の高調波を打ち切ることに対応しており，関数 $f(x)$ がこれらの高波長成分をもたないとする仮定である．このように定義した $\breve{f}_k$ と複素フーリエ級数の展開係数 c_k との関係は

$$
\breve{f}_k = c_k + \sum_{l=1}^{\infty} (c_{k-lN} + c_{k+lN}) \qquad (2.105)
$$

と表される．すなわち，この近似による $\breve{f}_k$ は c_k に高波数成分 $\sum_{l=1}^{\infty}(c_{k-lN} + c_{k+lN})$ が誤差として加わったものとなっている．このように，与えられた N 個の点上で低波数と区別できない高波数のフーリエ成分は**エイリアシング誤差**

とよばれる[*12)].

ここで，f_j と g_j を N 次元ベクトルとして，内積

$$\langle f_j, g_j \rangle = \sum_{j=0}^{N-1} f_j g_j \tag{2.106}$$

を定義すると，方程式 (2.104) は，複素指数関数の離散的直交関係式

$$\left\langle e^{i2\pi kj/N}, e^{i2\pi lj/N} \right\rangle = \sum_{j=0}^{N-1} e^{i2\pi(k-l)j/N}$$
$$= \left\{ \begin{array}{ll} N & (\mathrm{mod}_N(k-l)=0) \\ 0 & (\mathrm{mod}_N(k-l)\neq 0) \end{array} \right\} = N\delta_{kl(\mathrm{mod}(N))} \tag{2.107}$$

を用いると容易に解くことができる．ここで，$\mathrm{mod}_N(k-l)$ は $k-l$ を N で割ったときの余りを表し，$\delta_{kl(\mathrm{mod}(N))}$ はその余りが 0 のときは 1，それ以外のときは 0 を表す．$\breve{f}_k$ を求めるため，式 (2.104) の両辺と $e^{-i2\pi lj/N}$ の内積を計算すると，

$$\left\langle f_j, e^{-i2\pi lj/N} \right\rangle = \sum_{j=0}^{N-1} f_j e^{-i2\pi lj/N}$$
$$= \sum_{j=0}^{N-1} \sum_{k=-N/2}^{N/2-1} \breve{f}_k e^{i2\pi(k-l)/N} = \sum_{k=-N/2}^{N/2-1} \breve{f}_k N\delta_{kl(\mathrm{mod}(N))} = N\breve{f}_l$$

となり，これから

$$\breve{f}_k = \frac{1}{N}\sum_{j=0}^{N-1} f_j e^{-i2\pi kj/N} \quad \left(k = -\frac{N}{2}, \cdots, 0, \cdots, \frac{N}{2}-1\right) \tag{2.108}$$

が得られる．式 (2.108) は**離散フーリエ変換**とよばれる．これは式 (2.100) の右辺の積分を台形則で近似したものと一致している．この近似は関数 $f(x)$ が高階微分可能な周期関数の場合に著しく精度が高いことが知られている（参考文献 [3] 4.7 節および 5.3 節参照）．

式 (2.108) の係数 $\breve{f}_k$ も，通常の複素フーリエ級数と同様の性質をもっている．すなわち，f_j $(0 \le j \le N-1)$ が実数の場合，式 (2.108) より明らかに

[*12)] エイリアシング誤差は，元来信号処理の分野で導入された概念であり，異なる連続信号が標本化によって区別できなくなることをいう．

$$\breve{f}_{-k} = \breve{f}_k^* \tag{2.109}$$

となる．また

$$\breve{f}_{\pm N/2} = \frac{1}{N}\sum_{j=0}^{N-1} f_j e^{\mp i\pi j} = \frac{1}{N}\sum_{j=0}^{N-1}(-1)^j f_j \tag{2.110}$$

となり，$\breve{f}_{-N/2} = \breve{f}_{N/2}$ であり，ともに実数である．なお，c_k と異なり，係数 $\breve{f}_k$ には，l を任意の整数として $\breve{f}_{k+lN} = \breve{f}_k$ の関係がある．

離散フーリエ級数による補間では，関数が複素数のときも含めて，$f(x)$ は一般には

$$f(x) = \sum_{k=-N/2}^{N/2-1} \breve{f}_k e^{i2\pi kx/L} \tag{2.111}$$

と表される．また，式 (2.111) 右辺の k についての和を $k=0$ に対して対称な形にすると誤差の評価や定式化において便利なことが多い．そのためには，

$$\widetilde{f}_k = \begin{cases} \breve{f}_k & (|k| \neq N/2) \\ \frac{1}{2}\breve{f}_k & (|k| = N/2) \end{cases} \tag{2.112}$$

のように $\widetilde{f}_k$ を定義すると，

$$f(x) = \sum_{k=-N/2}^{N/2} \widetilde{f}_k e^{i2\pi kx/L} \tag{2.113}$$

となって，$k=0$ について対称な形になる．このとき，$f(x)$ に含まれる誤差 $\mathcal{E}_N$ は $\mathcal{E}_N = \sum_{|k|>N/2}|c_k|$ と評価される．したがって，N 個のコロケーション点を用いて誤差が ε 未満となるように精度良く関数 $f(x)$ を近似するためには $\mathcal{E}_N < \varepsilon$ となるように，十分大きな N を採用する必要がある．

関数が実関数のとき，$f(x)^2$ の 1 周期 $[0, L]$ にわたる積分 I は，複素指数関数の直交関係 (2.101) を用いると

$$I = \frac{1}{L}\int_0^L \left[f(x)\right]^2 dx = \sum_{k=-N/2}^{N/2}\left(1 - \frac{1}{2}\delta_{k(N/2)}\right)^2 |\breve{f}_k|^2 \tag{2.114}$$

となる．ここで，

$$I_0 = \breve{f}_0^2, \quad I_k = 2|\breve{f}_k|^2 \ \ (k = 1, 2\cdots, N/2-1), \quad I_{N/2} = \frac{1}{2}|\breve{f}_{N/2}|^2 \tag{2.115}$$

と定義すると，

$$I = \sum_{k=0}^{N/2} I_k \tag{2.116}$$

となる．I_k はスペクトル強度とよばれ，波数 ω_k $(= k\omega)$ 成分の強度を表し，式 (2.116) はスペクトル分解とよばれる．

2.5.3　離散フーリエ変換と逆変換

周期関数 $f(x)$ の等間隔点での関数値 f_j $(j = 0, 1, \cdots, N-1)$ と係数 $\breve{f}_k$ $(k = -N/2, \cdots, N/2-1)$ は互いに式 (2.104) と (2.108) で変換されるが，これらの変換は対称な形になっていない．変換を対称にするため，$\widehat{f}_k$ $(k = 0, 1, \cdots, N-1)$ を

$$\widehat{f}_k = \begin{cases} \breve{f}_k & (0 \leq k \leq N/2 - 1) \\ \breve{f}_{k-N} & (N/2 \leq k \leq N-1) \end{cases} \tag{2.117}$$

と定義する．このとき，$0 \leq k \leq N/2 - 1$ であれば，

$$\widehat{f}_k = \breve{f}_k = \frac{1}{N}\sum_{j=0}^{N-1} f_j e^{-i2\pi kj/N}$$

となり，$N/2 \leq k \leq N-1$ のとき

$$\widehat{f}_k = \breve{f}_{k-N} = \frac{1}{N}\sum_{j=0}^{N-1} f_j e^{-i2\pi(k-N)j/N} = \frac{1}{N}\sum_{j=0}^{N-1} f_j e^{-i2\pi kj/N}$$

となる．また，

$$\begin{aligned}
f_j &= \sum_{k=-N/2}^{-1} \breve{f}_k e^{i2\pi kj/N} + \sum_{k=0}^{N/2-1} \breve{f}_k e^{i2\pi kj/N} \\
&= \sum_{k=-N/2}^{-1} \widehat{f}_{k+N} e^{i2\pi kj/N} + \sum_{k=0}^{N/2-1} \widehat{f}_k e^{i2\pi kj/N} \\
&= \sum_{l=N/2}^{N-1} \widehat{f}_l e^{i2\pi(l-N)j/N} + \sum_{k=0}^{N/2-1} \widehat{f}_k e^{i2\pi kj/N} \\
&= \sum_{l=N/2}^{N-1} \widehat{f}_l e^{i2\pi jl/N} + \sum_{k=0}^{N/2-1} \widehat{f}_k e^{i2\pi kj/N} = \sum_{k=0}^{N-1} \widehat{f}_k e^{i2\pi kj/N}
\end{aligned}$$

となる．これより，f_j と $\widehat{f}_k$ は係数 $1/N$ を除いて互いに対称な形

$$f_j = \sum_{k=0}^{N-1} \widehat{f}_k e^{i2\pi kj/N} \quad (j = 0, 1, \cdots, N-1), \tag{2.118}$$

$$\widehat{f}_k = \frac{1}{N} \sum_{j=0}^{N-1} f_j e^{-i2\pi kj/N} \quad (k = 0, 1, \cdots, N-1) \tag{2.119}$$

で変換される．式 (2.118) を**逆離散フーリエ変換**，式 (2.119) を**離散フーリエ変換**という．なお，式 (2.119) と式 (2.108) の右辺は同値であり，k の変数領域の取り方が異なるのみである．

式 (2.118) と (2.119) を高速に計算する方法は **FFT** (Fast Fourier Transform) とよばれる．式 (2.119) について考えてみよう．$e^{-i2\pi kj/N}/N$ をあらかじめ計算し，コンピュータ内に記憶しておいたとしても，各 j について，少なくとも N 回の乗算と N 回の加算が必要である．さらにそれを $k = 0, 1, \cdots, N-1$ に対して実行しなければいけないから，合計で $2N^2$ 回の演算が必要となる．FFT はその演算回数を $N \log N$ の数倍程度に減少させる画期的な数値計算法である．FFT の原理的な説明は多くの成書にあるためここでは省略する（参考文献 [4] 第3章参照）．実際の計算では，高度な最適化されたプログラムが入手可能なので，それらを適切に利用することが望ましい．

三角関数による補間は，三角関数，特に複素指数関数が微分・積分操作をしても関数の形が変化しないこと，スペクトル分解を直接的に計算できること，高速計算法 FFT が使用可能であること等が理由で理工学で頻繁に用いられる．

例題 3

区間 $[-1, 1]$ で定義された x の関数

$$f(x) = \frac{1}{1 + 25x^2}$$

を三角関数で補間せよ．補間点数は $N = 4, 8, 16, \cdots, 2048$ とし，N が大きくなるとき補間関数が真の値に近づくことを示せ．

解答 独立変数 x の変域を $[0, 2\pi]$ とするため，変数変換 $x = \xi/\pi - 1$ ($\xi = \pi(x+1)$) を行うと

$$f(x) = h(\xi) = \frac{1}{1+25(\xi/\pi-1)^2} \qquad (0 \leq \xi \leq 2\pi)$$

が得られる．$h(0) = h(2\pi) = 1/26$ であり，$h(\xi)$ を周期 2π の周期関数に拡張する．ただし，$h(\xi)$ の n 階微分 $h^{(n)}$ $(n \geq 1)$ は周期条件を満足しない．

N を偶数とし，区間 $[0, 2\pi]$ を N 等分し $\xi_j = 2\pi j/N$ $(j = 0, 1, \cdots, N-1)$ とおき，$h_j = h(\xi_j)$ とする．さらに式 (2.108) より，

$$\breve{f}_k = \frac{1}{N}\sum_{j=0}^{N-1} h_j e^{-i2\pi kj/N}$$

とすると，$f(x)$ の補間関数 $f_N(x)$ は式 (2.104) より，

$$f_N(x) = \sum_{k=-N/2}^{N/2-1} \breve{f}_k e^{ik\pi(x+1)} = \sum_{n=-N/2}^{N/2-1} (-1)^k \breve{f}_k e^{ik\pi x}$$

で与えられる．

補間関数の誤差 $\mathcal{E}(N)$ を

$$\mathcal{E}(N) = \int_{-1}^{1} |f(x) - f_N(x)|\, dx \qquad (2.120)$$

と定義し，いくつかの N の値について $\mathcal{E}(N)$ を評価すると表 2.3 のようになる．表 2.3 から，誤差は N を大きくすると $16 \leq N \leq 512$ の範囲で，$O(N^{-1.8})$

表 2.3　三角関数による補間の誤差

N	$\mathcal{E}(N)$
4	2.09×10^{-1}
8	5.27×10^{-2}
16	4.62×10^{-3}
32	2.22×10^{-4}
64	5.98×10^{-5}
128	1.81×10^{-5}
256	5.73×10^{-6}
512	2.17×10^{-6}
1024	1.16×10^{-6}
2048	8.76×10^{-7}

程度の速さで減少することが分かる．減少速度があまり速くない理由としては，元の関数の微分係数が区間の端点で連続でないことが考えられる*13)．しかし，多項式補間を行った場合のルンゲの現象（2.2 節）のような問題は発生しない．なお，数値積分は 3.1.1 項で説明する台形公式を利用して行い，補間点数は十分な精度が得られるように大きくとった．元の関数 $f(x)$ を青線で，離散フーリエ級数による補間関数を黒色で描くと図 2.11 のようになる．図 2.11(a) は $N = 4$，図 2.11(b) は $N = 8$，図 2.11(c) は $N = 16$ の場合であり，図 2.11(c) では $N = 16$ のときの補間関数を表す曲線は元の関数の曲線とほとんど重なり見分けることができない．□

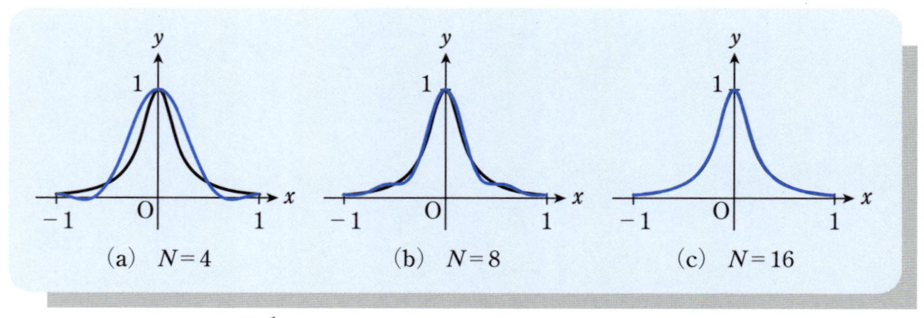

図 2.11　$\dfrac{1}{1+25x^2}$ の離散フーリエ級数による補間．
青線：$f(x)$，黒線：離散フーリエ級数補間関数 $f_N(x)$．

*13) 理論的には $O(N^{-2})$ であることが知られている．参考文献 [13] 1.8 節参照．

第2章の問題

□**1** 任意の関数 $f(x)$ は，偶関数 $f_e(x)$ と奇関数 $f_o(x)$ の和で書けることを示せ．

□**2** $f(x-2h)$ を点 x のまわりで第4項までテイラー展開せよ．ただし，$f(x)$ は3階微分まで微分可能とする．

□**3** $\log(1+x)$ を第3項までテイラー展開せよ．このとき，$x=0.1$ における打切り誤差の上限を求めよ．

□**4** $\log 9.2$ をラグランジュの内挿を用いて計算せよ．ただし

$$f(x) = \log x$$

とし，補間点として右の4点をとるものとする．

x	$f(x)$
9.0	2.19722
9.5	2.25129
10.0	2.30259
11.0	2.39790

□**5** 3重対角型の連立1次方程式を解いた方法を拡張して5重対角型 n 元連立1次方程式を解くことを考える．5重対角型連立1次方程式とは次の行列

$$A = \begin{bmatrix} a_1 & b_1 & c_1 & & & & & & & 0 \\ d_2 & a_2 & b_2 & c_2 & & & & & & \\ e_3 & d_3 & a_3 & b_3 & c_3 & & & & & \\ & e_4 & d_4 & a_4 & b_4 & c_4 & & & & \\ & & e_5 & d_5 & a_5 & b_5 & c_5 & & & \\ & & & \cdot & \cdot & \cdot & \cdot & \cdot & & \\ & & & & \cdot & \cdot & \cdot & \cdot & \cdot & \\ & & & & & e_{n-2} & d_{n-2} & a_{n-2} & b_{n-2} & c_{n-2} \\ & & & & & & e_{n-1} & d_{n-1} & a_{n-1} & b_{n-1} \\ 0 & & & & & & & e_n & d_n & a_n \end{bmatrix}$$

を係数とする連立1次方程式

$$A\boldsymbol{x} = \boldsymbol{g}$$

である．ここで，$\boldsymbol{x}$ と $\boldsymbol{g}$ は n 次元ベクトルである．この方程式を解くアルゴリズムを考え，そのアルゴリズムでは演算回数(乗算および除算の回数)がおよそどれくらいになるか調べよ．

□**6** $f(x) = \dfrac{1}{1+a^2x^2}$ を 2.1.1 項で説明した $N+1$ 点等間隔 N 次ラグランジュ補間する補間関数を求めよ．$a = 4, 2, 1, 1/2$ と a の値を変えて計算を行うと，a の値がいくらのときからルンゲの現象が見られなくなるか調べよ．

□ **7**　$f(x) = \dfrac{1}{1+25x^2}$ をスプライン補間した結果を用いて $f'(x)$, $f''(x)$ を計算し，元の関数と補間関数から計算した $f'(x)$ および $f''(x)$ の値を比べて補間の精度を調べよ．また，同じことをチェビシェフ補間で行うとどうなるかを調べよ．なお，チェビシェフ多項式の微分は式 (2.66), (2.67) を利用するとよい．

□ **8**　曲線 $y = f(x)$ の曲率が $\kappa = \dfrac{f''(x)}{[1+f'(x)^2]^{3/2}}$ となることから，スプライン補間した結果が曲率を連続にする補間であることを示せ．

□ **9**　曲率が不連続となるような曲線の例を挙げよ．

□ **10**　区間 $x = [-1, 1]$ から $\xi = [-1, 1]$ への変数変換で，$x = 0$ の周辺で補間点が密となるような変数変換を考えよ．次にその点を補間点として

$$f(x) = \frac{1}{1+25x^2}$$

のラグランジュ補間を行い，補間の精度を調べよ．

□ **11**　チェビシェフ多項式 $T_n(x)$ の代わりに $(1-x^2)T_n(x)$ を用いて補間を行うと，区間の端点 $x = \pm 1$ で 0 となる関数を補間することができる．このとき，$(1-x^2)T_n(x)$ を $T_n(x)$ で表す公式を求めよ．

□ **12**　チェビシェフ多項式に関する公式 (2.68) を証明せよ．

□ **13**　数学的帰納法により

$$F[x_0, x_1, x_2, \cdots, x_{n-1}, x_n] = \sum_{i=0}^{N} \frac{f(x_i)}{\Pi_{k=0,k\neq i}^{n}(x_i - x_k)}$$

を示せ．また同様にして $F^*[x_0, x_1, x_2, \cdots, x_{n-1}, x_n]$ を，

$$F^*[x_0, x_1, x_2, \cdots, x_{n-1}, x_n] \\ = \frac{F^*[x_1, x_2, \cdots, x_{n-1}, x_n] - F^*[x_0, x_1, \cdots, x_{n-2}, x_{n-1}]}{x_n - x_0}$$

と定義しても，

$$F^*[x_0, x_1, x_2, \cdots, x_{n-1}, x_n] = \sum_{i=0}^{N} \frac{f(x_i)}{\Pi_{k=0,k\neq i}^{n}(x_i - x_k)}$$

となることを導け．

第3章
数値積分

数値積分は，解析的に積分ができない関数の定積分を求める場合や，与えられた数値データから積分値を計算する場合に必要となる．どちらの場合も積分を求めるためには有限個の点 $x_0, x_1, \cdots, x_N$ での関数の値 $y_0, y_1, \cdots, y_N$ から積分区間における関数形を推定する必要がある．つまり，補間点 $x_0, x_1, \cdots, x_N$ で値 $y_0, y_1, \cdots, y_N$ をもつ補間関数 $f_m(x)$ を求めることが必要となり，前章で学んだ関数近似が基礎となる．

[第3章の内容]

3.1 ラグランジュ補間に基づく数値積分

ラグランジュ補間では，近似多項式の次数を大きくしていくと，ルンゲの現象などが生じて適切に近似できなくなる場合がある．そのため，区間を小区間に分けて，各小区間で低次のラクランジュ多項式で補間する方法が用いられる．このとき，4 次のラグランジュ補間でもほとんど実用的には問題のない精度が得られる．数値積分にラグランジュ補間公式を適用する場合は，さらに低次の補間関数で十分であり，実用上は 1 次または 2 次のラグランジュ補間が用いられる．本節ではこの方法を説明する．

3.1.1 台形公式

積分 $\displaystyle\int_a^b f(x)dx$ を計算するため，$f(x)$ を補間する $N+1$ 個の補間点を $x_0\,(=a), x_1, \cdots, x_N\,(=b)$ とし，それらの点での関数値を

$$y_i = f(x_i) \quad (i = 0, 1, 2, \cdots, N)$$

とする．$i+1$ 番目の区間 $[x_i, x_{i+1}]$ で 2 点 x_i, x_{i+1} を補間点とする 1 次ラグランジュ多項式補間を行うと

$$f_1^{(i)}(x) = \frac{x_{i+1} - x}{x_{i+1} - x_i} y_i + \frac{x - x_i}{x_{i+1} - x_i} y_{i+1} \tag{3.1}$$

となる．図 3.1 に示すように補間関数 $f_1^{(i)}(x)$ は直線である．これを区間 $[x_i, x_{i+1}]$ で積分すると

$$\begin{aligned}
&\int_{x_i}^{x_{i+1}} f_1^{(i)}(x)dx \\
&\quad = \frac{y_i}{x_{i+1} - x_i} \int_{x_i}^{x_{i+1}} (x_{i+1} - x)dx + \frac{y_{i+1}}{x_{i+1} - x_i} \int_{x_i}^{x_{i+1}} (x - x_i)dx \\
&\quad = \frac{1}{2}(y_i + y_{i+1})(x_{i+1} - x_i)
\end{aligned} \tag{3.2}$$

となる．

式 (3.1) で定義される補間関数 $f_1^{(i)}(x)$ を全区間でつなぎ合わせて得られた補間関数を $f_1(x)$ とし，$f_1(x)$ を区間 $x = [a, b] = [x_0, x_N]$ にわたって積分すると

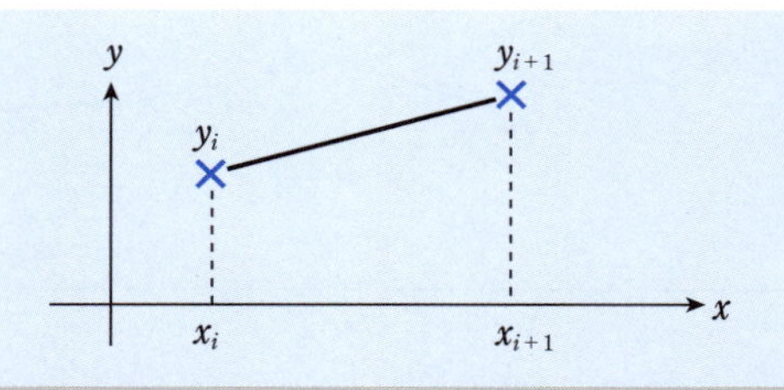

図 **3.1** 区間 $x = [x_i, x_{i+1}]$ における補間関数 $f_1^{(i)}(x)$.

$$
\begin{aligned}
I &= \int_a^b f_1(x)dx = \int_{x_0}^{x_N} f_1(x)dx \\
&= \sum_{i=0}^{N-1} \int_{x_i}^{x_{i+1}} f_1^{(i)}(x)dx \\
&= \frac{1}{2}\sum_{i=0}^{N-1}(y_i + y_{i+1})(x_{i+1} - x_i) \\
&= \frac{1}{2}\sum_{i=0}^{N-1}(y_i x_{i+1} + y_{i+1}x_{i+1} - y_i x_i - y_{i+1}x_i) \\
&= \frac{1}{2}\left\{ y_0(x_1 - x_0) + \sum_{i=1}^{N-1} y_i(x_{i+1} - x_{i-1}) + y_N(x_N - x_{N-1}) \right\}
\end{aligned}
\tag{3.3}
$$

となる．補間点の分布を幅が $h = (x_N - x_0)/N$ の等間隔であると仮定すると，積分値 I は

$$
I = \int_a^b f_1(x)dx = \frac{h}{2}\left(y_0 + 2\sum_{i=1}^{N-1} y_i + y_N \right) \tag{3.4}
$$

となる．式 (3.4) を積分の**台形公式** (trapezoidal formula) とよぶ．

台形公式を具体的な問題に適用してみる．ここでは関数 $f(x) = \sin x$ の区間 $x = [0, \pi/2]$ での定積分に台形公式を適用する．等間隔にならんだ補間点を $N = 8$ 個とる．補間点は $x_i = \pi i/16$ $(i = 0, 1, 2, \cdots, 8)$ 補間点の間隔は $h = \pi/16$ となる．補間点での近似される関数の値 y_i は三角関数の公式を用

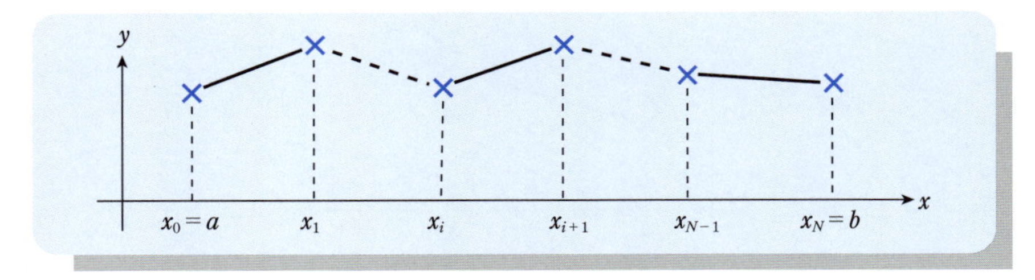

図 3.2 積分の台形公式に用いる補間関数 $f_1(x)$．全区間 $x=[a,b]$.

いて

$$y_0 = \sin 0 = 0, \qquad y_1 = \sin\frac{\pi}{16} = \frac{\sqrt{2-\sqrt{2+\sqrt{2}}}}{2},$$

$$y_2 = \sin\frac{\pi}{8} = \frac{\sqrt{2-\sqrt{2}}}{2}, \qquad y_3 = \sin\frac{3\pi}{16} = \frac{\sqrt{2-\sqrt{2-\sqrt{2}}}}{2},$$

$$y_4 = \sin\frac{\pi}{4} = \frac{\sqrt{2}}{2}, \qquad y_5 = \sin\frac{5\pi}{16} = \frac{\sqrt{2+\sqrt{2-\sqrt{2}}}}{2},$$

$$y_6 = \sin\frac{3\pi}{8} = \frac{\sqrt{2+\sqrt{2}}}{2}, \qquad y_7 = \sin\frac{7\pi}{16} = \frac{\sqrt{2+\sqrt{2+\sqrt{2}}}}{2},$$

$$y_8 = \sin\frac{\pi}{2} = 1$$

となる．これらを式 (3.4) へ代入して整理すると

$$I = \frac{\pi}{32}\left[1+\sqrt{2}+\sqrt{2}\left\{\sqrt{2+\sqrt{2}}+\sqrt{2+\sqrt{2-\sqrt{2}}}+\sqrt{2+\sqrt{2+\sqrt{2}}}\right\}\right] \tag{3.5}$$

が得られる（第 3 章の問題 5）．具体的に数値を求めると，積分値

$$I = 0.99678517 \tag{3.6}$$

が得られる．正確な積分値 I は

$$\int_0^{\pi/2} \sin x\, dx = 1 \tag{3.7}$$

であるから，数値的に得られた値はおよそ 0.3% の誤差を含むことがわかる．

台形公式の誤差は，区間 $[x_0, x_1]$ で 2 回連続微分可能な関数 $f(x)$ に対する恒等式

$$\int_{x_0}^{x_1} f(x)dx$$
$$= \frac{x_1 - x_0}{2}(f(x_0) + f(x_1)) - \frac{1}{2}\int_{x_0}^{x_1}(x - x_0)(x_1 - x)f''(x)dx \quad (3.8)$$

を利用して評価することができる（第 3 章の問題 8）．区間 $x = [x_0, x_1]$ においては $(x - x_0)(x_1 - x) \geq 0$ であり

$$\operatorname*{Min}_{x_0 \leq x \leq x_1} f''(x) \int_{x_0}^{x_1}(x - x_0)(x_1 - x)dx \leq \int_{x_0}^{x_1}(x - x_0)(x_1 - x)f''(x)dx$$
$$\leq \operatorname*{Max}_{x_0 \leq x \leq x_1} f''(x) \int_{x_0}^{x_1}(x - x_0)(x_1 - x)dx$$

が成り立つ．$f''(x)$ に中間値の定理を適用すると

$$\int_{x_0}^{x_1}(x - x_0)(x_1 - x)f''(x)dx = \int_{x_0}^{x_1}(x - x_0)(x_1 - x)dx\ f''(\xi)$$
$$= \frac{1}{6}(x_1 - x_0)^3 f''(\xi)$$

となる ξ が区間 $[x_0, x_1]$ に存在する．したがって，$h = x_1 - x_0$ とすると，台形公式の誤差 ε は区間 $[x_0, x_1]$ では

$$\varepsilon = \frac{1}{12}h^3|f''(\xi)| \quad (3.9)$$

となる．等間隔に補間点をとるとき，全区間 $x = [a, b]$ で誤差は

$$\varepsilon \leq \frac{b - a}{12}h^2 \operatorname*{Max}_{a \leq \xi \leq b}|f''(\xi)| \quad (3.10)$$

と評価できる．

3.1.2 シンプソン公式

ここでは，台形公式の場合と同様に $\int_a^b f(x)dx$ を計算するための**シンプソン公式** (Simpson's formula) を導く．そのため，$N + 1$ 個の補間点を $x_0\,(= a)$, $x_1, \cdots, x_N\,(= b)$ とする．シンプソン公式では各小区間で 2 次多項式補間を行うため，N は偶数値 $N = 2M$ でなければいけない．区間 $[x_i, x_{i+2}]$ で 3 点

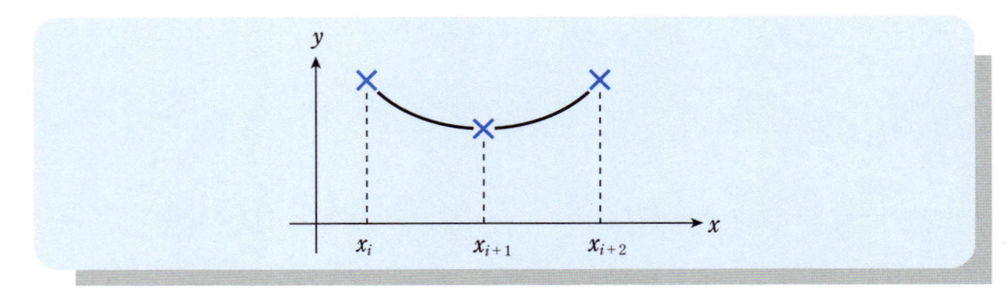

図 3.3 区間 $[x_i, x_{i+2}]$ における補間関数 $f_2^{(i)}(x)$.

x_i, x_{i+1}, x_{i+2} を補間点とする 2 次のラグランジュ補間を行うと

$$f_2^{(i)}(x) = \frac{(x - x_{i+1})(x - x_{i+2})}{(x_i - x_{i+1})(x_i - x_{i+2})} y_i + \frac{(x - x_i)(x - x_{i+2})}{(x_{i+1} - x_i)(x_{i+1} - x_{i+2})} y_{i+1} + \frac{(x - x_i)(x - x_{i+1})}{(x_{i+2} - x_i)(x_{i+2} - x_{i+1})} y_{i+2} \tag{3.11}$$

となる．図 3.3 に補間関数 $f_2^{(i)}(x)$ の概形を示す．補間関数 (3.11) を区間 $[x_i, x_{i+2}]$ で積分すると

$$\begin{aligned}
\int_{x_i}^{x_{i+2}} f_2^{(i)}(x)dx &= \frac{y_i}{(x_i - x_{i+1})(x_i - x_{i+2})} \int_{x_i}^{x_{i+2}} (x - x_{i+1})(x - x_{i+2})dx \\
&\quad + \frac{y_{i+1}}{(x_{i+1} - x_i)(x_{i+1} - x_{i+2})} \int_{x_i}^{x_{i+2}} (x - x_i)(x - x_{i+2})dx \\
&\quad + \frac{y_{i+2}}{(x_{i+2} - x_i)(x_{i+2} - x_{i+1})} \int_{x_i}^{x_{i+2}} (x - x_i)(x - x_{i+1})dx \\
&= \frac{1}{6}\left[\frac{x_{i+2} - x_i}{x_i - x_{i+1}} (2x_i + x_{i+2} - 3x_{i+1}) y_i \right. \\
&\quad + \frac{(x_i - x_{i+2})^3}{(x_{i+1} - x_i)(x_{i+1} - x_{i+2})} y_{i+1} \\
&\quad \left. + \frac{x_{i+2} - x_i}{x_{i+2} - x_{i+1}} (2x_{i+2} + x_i - 3x_{i+1}) y_{i+2} \right]
\end{aligned} \tag{3.12}$$

となる．各小区間での補間関数 $f_2^{(i)}(x)$ をつなぎ合わせて得られた補間関数を $f_2(x)$ とする．

結果を簡単にするため，補間点が等間隔 $h = (x_N - x_0)/N$ である場合を考える．このとき，$x_{i+2} - x_{i+1} = x_{i+1} - x_i = h$ となり

$$\int_{x_i}^{x_{i+2}} f_2^{(i)}(x)dx = \frac{h}{3}(y_i + 4y_{i+1} + y_{i+2}) \tag{3.13}$$

となる．これから

$$\begin{aligned} I &= \int_a^b f_2(x)dx = \int_{x_0}^{x_N} f_2(x)dx \\ &= \sum_{i=0}^{M-1} \int_{x_{2i}}^{x_{2i+2}} f_2^{(2i)}(x)dx = \frac{1}{3}h \sum_{i=0}^{M-1} (y_{2i} + 4y_{2i+1} + y_{2i+2}) \\ &= \frac{1}{3}h \{y_0 + 4(y_1 + y_3 + \cdots + y_{2M-1}) \\ &\qquad + 2(y_2 + y_4 + \cdots + y_{2M-2}) + y_{2M}\} \end{aligned} \tag{3.14}$$

が得られる．これを積分の**シンプソン公式**とよぶ．台形公式による数値積分の誤差を評価したときと同様に，シンプソン公式による数値積分の誤差 ε を評価すると，区間 $x = [a, b]$ で $\varepsilon \leq \dfrac{b-a}{360} h^3 \underset{a \leq \xi \leq b}{\mathrm{Max}} |f^{(3)}(\xi)|$ となるが，さらに詳しく評価すると

$$\varepsilon \leq \frac{b-a}{180} h^4 \underset{a \leq \xi \leq b}{\mathrm{Max}} |f^{(4)}(\xi)| \tag{3.15}$$

であることがわかる．すなわち，シンプソン公式による数値積分の誤差は $O(h^4)$ である（参考文献 [20] 1.6 節参照）．

シンプソン公式を台形公式で行ったのと同じ問題に適用してみよう．シンプソン公式を用いて $f(x) = \sin x$ を区間 $x = [0, \pi/2]$ で定積分を行う．区間 $[0, \pi/2]$ を $N = 8$ 等分して，補間点を $x_i = \pi i/16$ $(i = 0, 1, 2, \cdots, 8)$ ととる．このとき，補間点の間隔は $h = \pi/16$ となる．近似される関数の補間点におけ

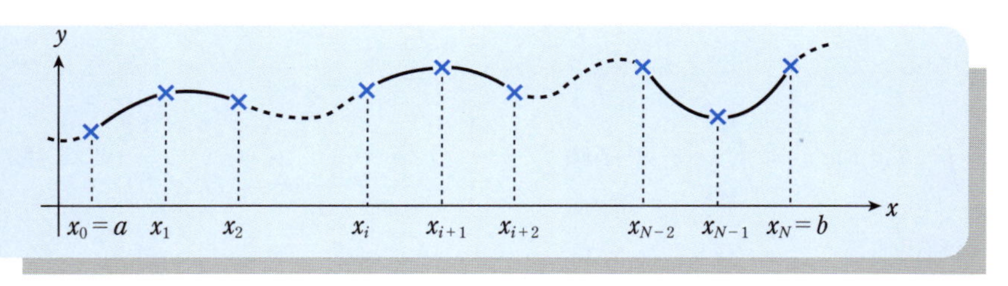

図 3.4　積分のシンプソン公式に用いる補間関数 $f_2(x)$．全区間 $[a, b]$．

る値 y_i は 3.1.1 項で得られているので，これらを式 (3.14) に代入して整理すると

$$I=\frac{\pi}{48}\left[1+\sqrt{2}+2\sqrt{2}\sqrt{2+\sqrt{2-\sqrt{2}}}+\sqrt{2}\sqrt{2+\sqrt{2}}+2\sqrt{2}\sqrt{2+\sqrt{2+\sqrt{2}}}\right] \tag{3.16}$$

が得られる（第 3 章の問題 5）．具体的に数値を代入すると $I = 1.0000082955$ となり，数値的に得られた値は 0.001% 以下の誤差であり，この例では台形公式による積分誤差 0.3% よりもずっと小さくなっている．

3.2 ガウス・ルジャンドル積分公式

第 2 章でチェビシェフ多項式とルジャンドル多項式を用いた直交関数系による補間法を説明した．このうち，積分公式に用いられるのはルジャンドル多項式で，普通，チェビシェフ多項式はあまり用いられない．その理由はルジャンドル多項式の直交関数系における重みが $w(x) = 1$ であることに関係している．関数 $f(x)$ を式 (2.94) のように補間したとすると

$$\int_{-1}^{1} f(x)dx \approx \int_{-1}^{1} f_N^P(x)dx = \int_{-1}^{1} P_0(x)\sum_{k=0}^{N-1} c_k P_k(x)dx = 2c_0 \tag{3.17}$$

となる．ここでルジャンドル多項式の直交関係式 (2.90) を用いた．また，$\approx$ は数値計算による近似値であることを示す[*1]．一方，チェビシェフ補間 (2.74) ではルジャンドル多項式のような直交関係が成立しないため

$$\int_{-1}^{1} f(x)dx \approx \int_{-1}^{1} f_N^T(x)dx = \sum_{k=0}^{N-1} c_k \int_{-1}^{1} T_k(x)dx$$

となる．ここで

$$\int_{-1}^{1} T_k(x)dx = \int_{0}^{\pi} \cos k\theta \sin\theta\, d\theta = \begin{cases} 0 & (k=1) \\ \dfrac{(-1)^{k+1}-1}{k^2-1} & (k \neq 0) \end{cases} \tag{3.18}$$

を利用すると

*1) $\cong$ はパラメータ展開などを行った結果得られた近似式であることを表し，ここで用いる $\approx$ は数値計算公式を用いて計算した近似的な数値であることを示す．

$$\int_{-1}^{1} f_N^T(x)dx = \sum_{k=0\ (k\neq 1)}^{N-1} c_k \frac{(-1)^{k+1}-1}{k^2-1} \tag{3.19}$$

となり，ルジャンドル多項式による公式 (3.17) と比べると複雑である．

ルジャンドル多項式補間による積分公式を**ガウス・ルジャンドル積分公式**とよび，区間 $x = [-1, 1]$ における関数 $f(x)$ の積分値 I は式 (2.94)〜(2.96) より

$$\begin{aligned} I = \int_{-1}^{1} f(x)dx &\approx \int_{-1}^{1} f_N^P(x)dx \\ &= 2c_0 = \frac{2}{\lambda_0}\sum_{i=1}^{N} w_i P_0(x_i) f(x_i) = \sum_{i=1}^{N} w_i y_i \end{aligned} \tag{3.20}$$

となる．ここで x_i は N 次ルジャンドル多項式の i 番目の 0 点，すなわち $P_N(x_i) = 0$ となる点で，$y_i = f(x_i)$ である．w_i は式 (2.96) より

$$w_i = 2\left\{\sum_{k=0}^{N-1}(2k+1)\left[P_k(x_i)\right]^2\right\}^{-1}$$

で与えられる．ガウス・ルジャンドル積分公式ではルジャンドル多項式の 0 点を求める必要があり，それらの点に対応する重み w_i をあらかじめ計算しておかなければいけない．ルジャンドル多項式の 0 点を求める方法は 4.2 節で説明する（プログラム例は本書サポートページを参照）．

ガウス・ルジャンドル積分公式は区間 $x = [-1, 1]$ での積分に用いられる．一般に，区間 $x = [a, b]$ で積分を行うときは $\xi = 2(x-a)/(b-a) - 1$ のように変数変換を行った後，この積分公式を用いる．また，$[0, \infty]$ や $[-\infty, \infty]$ などの無限領域積分区間を適当な変数変換により有限区間 $x = [-1, 1]$ に変換し，ガウス・ルジャンドル積分公式を適用することにより精度のよい積分結果が得られることもある．

例 具体的な問題にガウス・ルジャンドル積分公式を適用してみよう．最初に関数 $f(x) = \sqrt{1-x^2}$ の区間 $x = [-1, 1]$ における定積分を，公式 (3.20) に従って計算してみる．厳密な値は

$$\int_{-1}^{1} f(x)dx = \int_{-1}^{1}\sqrt{1-x^2}dx = \int_{0}^{\pi}\sin^2\theta\, d\theta = \frac{\pi}{2}$$

である．ガウス・ルジャンドル積分公式により数値計算したときの積分値 I に含まれる誤差 $|I-\pi/2|$ の値を表 3.1 に示す．比較のため，台形公式，シンプソン公式による結果も同時にこの表に示す． □

表 3.1 ガウス・ルジャンドル積分公式の誤差．

N	ガウス・ルジャンドル積分公式	台形公式	シンプソン公式
8	1.36×10^{-3}	7.29×10^{-2}	2.90×10^{-2}
12	4.24×10^{-4}	3.98×10^{-2}	1.57×10^{-2}
16	1.84×10^{-4}	2.59×10^{-2}	1.02×10^{-2}
20	9.58×10^{-5}	1.85×10^{-2}	7.29×10^{-3}

(注) 台形公式とシンプソン公式は，$N+1$ の補間点の N を表し，ガウス・ルジャンドル公式は，N 次ルジャンドル多項式の N を表す．

表 3.1 より，ガウス・ルジャンドル積分公式は少ない補間点数で非常に高い精度を与えていることがわかるが，台形公式，シンプソン公式を用いると，2.2 節で示したような良好な近似と比べて精度が上がらないことが目立つ．この原因は，被積分関数 $\sqrt{1-x^2}$ の微分係数が積分の両端 $x=\pm1$ の近傍で大きいからである．

例 端点で値が無限に大きくなる関数 $f(x)=\dfrac{1}{\sqrt{1-x^2}}$ を区間 $x=[-1,1]$ で積分する．補間点数を $N=20$ としたときのルジャンドル補間関数 $f_N^P(x)$ と元の関数 $f(x)$ を図 3.5 に示す．図 3.5 からわかるように補間関数は元の関数を大

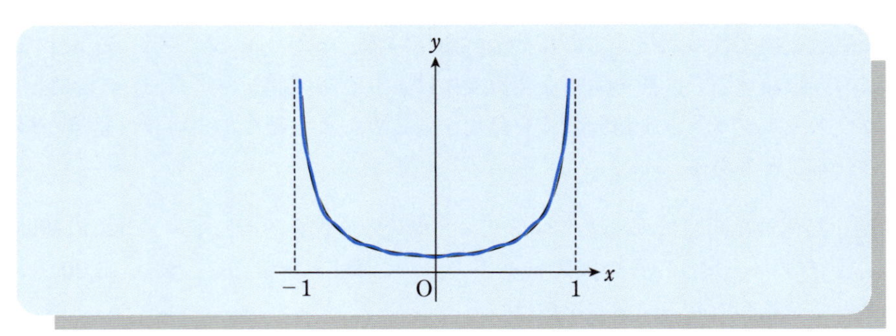

図 3.5 関数 $f(x)=\dfrac{1}{\sqrt{1-x^2}}$ とルジャンドル補間関数 $f_N^P(x)$．

変よく近似している．次に公式 (3.20) により積分値を計算してみる．厳密な値は

$$\int_{-1}^{1} f(x)dx = \int_{-1}^{1} \frac{1}{\sqrt{1-x^2}}dx = \int_{\pi}^{0} \frac{-\sin\theta}{\sqrt{1-\sin^2\theta}}d\theta = \int_{0}^{\pi} d\theta$$
$$= \pi = 3.14159265$$

である．誤差 $|I-\pi|$ が補間数 N のとり方によりどのように減少するかを調べると表 3.2 のようになる．図 3.5 を見れば，この場合には，見かけでは比較的少ない項数の補間関数は元の関数を大変よく近似しているように見えるが，表 3.2 より，積分では非常に多くの項数をとったのにもかかわらず，なかなか精度が上がらないことがわかる．この原因は被積分関数が端点で特異になっているからで，このような関数の積分は大変注意して行わなければいけない．3.3 節で改めて取扱い方法を説明する．

表 3.2　ガウス・ルジャンドル積分公式による積分 $\int_{-1}^{1} \frac{1}{\sqrt{1-x^2}}dx$ の誤差 $|I-\pi|$.

N	$\lvert I-\pi\rvert$
50	3.44822×10^{-2}
100	1.73271×10^{-2}
150	1.15706×10^{-2}
200	8.68518×10^{-3}

表 3.3　ガウス・ルジャンドル積分公式の補間点と重み．

N	i	x_i	w_i
2	1	$-\sqrt{1/3}$	1
	2	$\sqrt{1/3}$	1
3	1	$-\sqrt{3/5}$	5/9
	2	0	8/9
	3	$\sqrt{3/5}$	5/9
4	1	−0.8611363116	0.3478548451
	2	−0.3399810436	0.6521451549
	3	0.3399810436	0.6521451549
	4	0.8611363116	0.3478548451
5	1	−0.9061798459	0.2369268851
	2	−0.5384693101	0.4786286705
	3	0	0.5688888889
	4	0.5384693101	0.4786286705
	5	0.9061798459	0.2369268851

なお，参考のために，比較的低い次数 ($N \leq 5$) について，ガウス・ルジャンドル積分公式の補間点 x_i と重み w_i を表 3.3 に示す（ルジャンドル多項式の 0 点を求めるプログラム例は本書サポートページを参照）． ■

例題 1

$$S = \frac{128}{3}\int_0^1 \{x(1-x)\}^{3/2} dx$$

の値を台形公式，シンプソン公式，ガウス・ルジャンドル積分公式を使って求め，真値 π との相対誤差を求めよ．

解答 台形公式あるいはシンプソン公式を用いて数値積分を行うときは，与えられた式をそのまま使ってコンピュータにより数値計算を行ってもよいが，ガウス・ルジャンドル積分公式を用いるときには，変数変換 $\xi = 2x - 1$ を行って積分範囲を $\xi = [-1, 1]$ とした後にガウス・ルジャンドル積分公式を用いる．台形公式あるいはシンプソン公式についてもこの変換を行った後に，数値積分をした計算結果を表 3.4 に示す．この表より，ガウス・ルジャンドル積分公式を用いれば非常に少ない補間点の数 ($N = 3$) でも 3 桁程度正しい値が得られることがわかる． ■

表 3.4 $S = \frac{128}{3}\int_0^1 \{x(1-x)\}^{3/2} dx$ の数値計算結果．

N	S（台形公式）	S（シンプソン公式）	S（ガウス・ルジャンドル公式）
2	2.6666667	3.5555556	2.9030990
3	2.9797422	2.4831185	3.1199473
4	3.0653841	3.1982900	3.1365993
5	3.0988887	2.9168442	3.1399284
6	3.1149140	3.1599713	3.1409074
10	3.1343752	3.1462041	3.1415350
20	3.1403467	3.1423371	3.1415907
100	3.1415708	3.1416049	3.1415927
1000	3.1415926	3.1415927	3.1415927
10000	3.1415927	3.1415927	3.1415927

3.3　特殊な場合の積分公式

これまでに説明してきた積分公式を用いれば，ほとんどの場合の積分値を計算することができるが，ここでは特にいくつかの典形的な状況での対処法を説明する．

3.3.1　無限領域での積分

無限領域での積分の最も有名な例はおそらく

$$\int_{-\infty}^{\infty} e^{-x^2} dx = \sqrt{\pi} = 1.772454 \tag{3.21}$$

であろう．この積分を台形公式で計算してみよう．有限領域とは異なり，無限領域では補間点の数だけではなく，積分領域をどこまでで打ち切るかという点が問題となる．最初に L を正数として積分を

$$\int_{-\infty}^{\infty} e^{-x^2} dx \approx \int_{-L}^{L} e^{-x^2} dx$$

と近似し，次に区間 $[-L, L]$ を N 等分に分割し，$h = 2L/N$ とする．台形公式 (3.4) より積分値 $I(h, L)$ は

$$I(h, L) = \frac{h}{2}\left(y_0 + 2\sum_{i=1}^{N-1} y_i + y_N\right) \tag{3.22}$$

となる．ここで

$$y_i = \exp(-x_i^2), \quad x_i = -L + hi \quad (i = 0, 1, 2, \cdots, N) \tag{3.23}$$

である．L の値をいくつかとり，さらに h の値を変えて積分値を調べると，$|I(h, L) - \sqrt{\pi}|$ の値は表 3.5 のようになる．表 3.5 で，上段の数字は L を表し，その下の整数は誤差を 10 のべきで表したときの指数部を示す．また $-K$ とあるのは誤差がコンピュータによる計算では 0 と表示されたことを示すが，これは倍精度の計算では仮数部の有効桁数が 16 桁であり，この精度の範囲内では 0 となることを示している（1.3 節参照）．なお，h の値を与えて計算している

表 3.5 台形公式による積分 $\int_{-\infty}^{\infty} e^{-x^2}dx$ の誤差．表中の下段の整数は誤差を 10 進数で表したときの指数を示す．$-K$ は計算でほぼ 0 とみなせるほど誤差が小さくなったことを示す．

h ＼ L	10.0	9.0	8.0	7.0	6.0	5.0	4.0	3.0	2.0
0.1	−16	$-K$	−16	−16	−16	−12	−8	−5	−3
0.2	$-K$	−16	−16	−16	$-K$	−12	−8	−5	−3
0.3	$-K$	$-K$	−16	−16	$-K$	−12	−7	−5	−2
0.4	$-K$	−16	−16	−16	−16	−12	−8	−5	−2
0.5	$-K$	$-K$	$-K$	$-K$	−16	−12	−8	−5	−2
0.6	−12	−12	−12	−12	−12	−10	−7	−5	−2
0.7	−9	−9	−9	−9	−9	−9	−7	−4	−2
0.8	−7	−16	−7	−16	−7	−10	−7	−4	−2
0.9	−5	−5	−5	−6	−6	−5	−5	−3	−2
1.0	−4	−4	−4	−4	−4	−4	−4	−5	−2
1.1	−4	−4	−4	−4	−4	−4	−4	−3	−1
1.2	−3	−3	−3	−3	−3	−3	−3	−3	−2
1.3	−3	−3	−3	−3	−3	−3	−2	−3	−2
1.4	−2	−2	−3	−2	−3	−2	−2	−2	−1

ので，積分領域は h の整数倍であり，厳密には L ではなく少し小さい場合も含まれている．この結果から誤差の絶対値が 10^{-8} 以下になるためには，少なくとも $L \geq 5$ が必要で，さらに $h \leq 0.7$ でなければいけないことがわかる．

シンプソン公式を適用すればさらに精度が上がる場合もあるが，一般的に $x \to \pm\infty$ で関数値およびその導関数の値が 0 に漸近する関数の無限領域積分では台形公式のほうが，h を十分小さくとると有利であることが知られているので，台形公式を使うほうがよい．しかし，台形公式により，少ない補間点で高い精度を得ることは難しい．そこで，座標変換を利用することが考えられる．この目的に適している変換としては α を正数として

$$\eta = \operatorname{arcsinh}\left(\frac{x}{\alpha}\right) \tag{3.24}$$

がある．積分 (3.21) では $\exp(-x^2)$ の x 空間での広がりが 1 の程度なので $\alpha = 1$ ととる（図 3.6）．η を用いると積分 (3.21) は

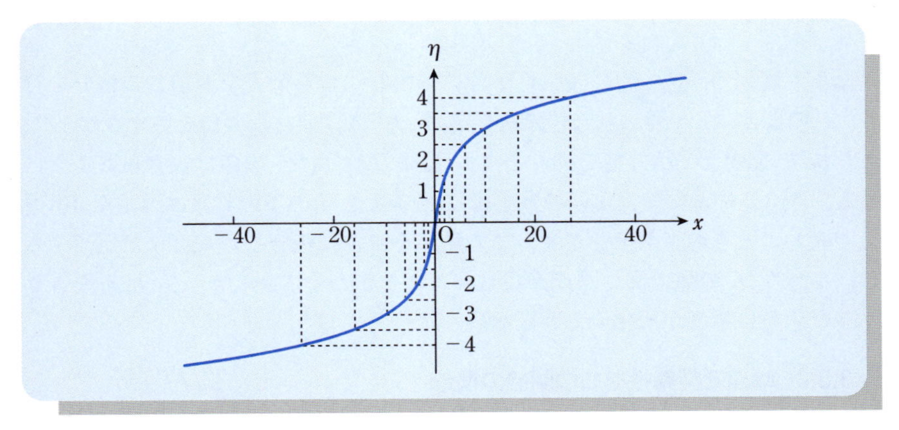

図 **3.6**　関数 $\eta = \operatorname{arcsinh} x$ と変換された補間点.

表 **3.6**　座標変換 (3.24) を用いた積分 $\displaystyle\int_{-\infty}^{\infty} e^{-x^2}\,dx$ の誤差. 表中の下段の整数は誤差を 10 進数で表したときの指数部を示す.

h ＼ L	4.0（N）	3.0（N）	2.0（N）
0.1	−16（80）	−16（60）	−6（40）
0.2	−11（40）	−11（30）	−6（20）
0.3	−7（26）	−7（20）	−5（13）
0.4	−5（20）	−5（15）	−5（10）
0.5	−5（16）	−5（12）	−5（8）
0.6	−4（13）	−4（10）	−3（6）
0.7	−4（11）	−4（8）	−2（5）
0.8	−2（10）	−5（7）	−2（5）
0.9	−2（8）	−2（6）	−4（4）
1.0	−3（8）	−3（6）	−3（4）
1.1	−2（7）	−3（5）	−2（3）
1.2	−2（6）	−1（5）	−2（3）
1.3	−1（6）	−2（4）	−1（3）
1.4	−1（5）	−1（4）	−1（2）

$$\int_{-\infty}^{\infty} e^{-x^2} dx = \int_{-\infty}^{\infty} e^{-\sinh^2 \eta} \cosh \eta d\eta \tag{3.25}$$

となる．区間 $\eta = [-L, L]$ を N 等分に分割し，台形公式を適用して積分を行う．このようにして得られた積分値を $I_\eta(h, L)$ とする．L の値をいくつかとり，さらに h を変えて積分値を調べると，$|I_\eta(h, L) - \sqrt{\pi}|$ の値は表 3.6 のようになる．表 3.6 において，上段の数字は L を表し，その下の整数は誤差を 10 進数で表したときの指数部を示す．この結果を単純に積分した表 3.5 と比較すると，小さな L の値で高い精度が得られることがわかる．しかし，h を大きくすると急激に精度が悪化する問題も現れる．

3.3.2 端点で特異性をもつ関数の積分

ガウス・ルジャンドル積分公式では端点で特異に（無限大になる）なるような関数でも，かなりよい精度で積分が計算できる．しかし，より精密な計算を実行するためには，被積分関数から特異性をとり除く必要がある．例えば，積分

$$\int_0^1 \frac{1}{\sqrt{x}} dx$$

は変数変換

$$x = \eta^2 \tag{3.26}$$

により

$$\int_0^1 \frac{1}{\sqrt{x}} dx = \int_0^1 \frac{1}{\eta} 2\eta \, d\eta$$

と変換され，$x = 0$ での特異性がなくなる．また，積分

$$\int_0^1 \log x \, dx$$

においても，変換 (3.26) を行えば

$$\int_0^1 \log x \, dx = 4 \int_0^1 \eta \log \eta \, d\eta$$

となり，やはり特異性がなくなる．このように，あらかじめ特異点での被積分

関数のふるまいがわかっていれば，適当な変数変換を行って特異性をとり除いてから，積分公式を適用することが勧められる．

端点 $x = \pm 1$ で特異である関数 $f(x)$ の積分

$$\int_{-1}^{1} f(x)dx$$

を計算するために，有限区間を逆に無限区間に変換する方法が考えられる．この積分は変数変換

$$x = \tanh \eta \tag{3.27}$$

により

$$\int_{-1}^{1} f(x)dx = \int_{-\infty}^{\infty} f(\tanh \eta) \frac{d\eta}{\cosh^2 \eta} \tag{3.28}$$

となる．図 3.7 に変換 (3.27) を図示する．

式 (3.28) の右辺では端点 $x = \pm 1$ $(\eta = \pm\infty)$ における $f(x)$ の特異性が，$(\cosh \eta)^{-2}$ によって打ち消されている．ガウス・ルジャンドル積分でも例としてとり上げた積分

$$\int_{-1}^{1} \frac{1}{\sqrt{1-x^2}} dx$$

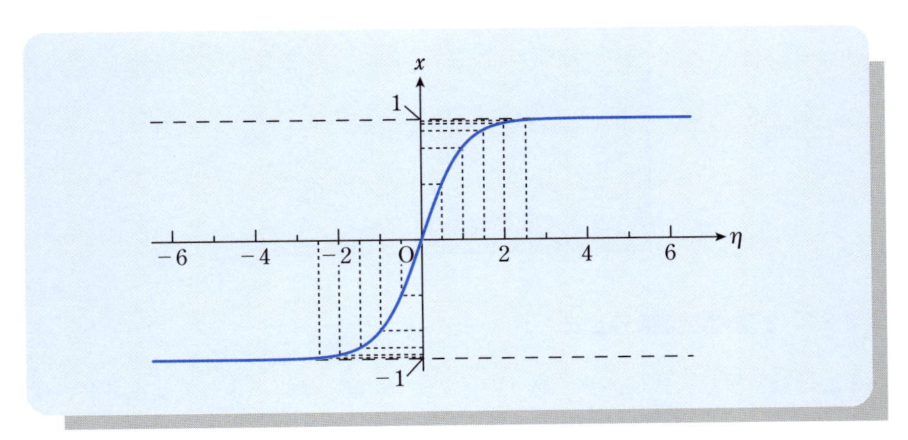

図 3.7　関数 $x = \tanh \eta$ のグラフと変換された補間点．

をこの変換 (3.27) により計算してみよう．変換 (3.27) によってこの積分は

$$\int_{-1}^{1} \frac{1}{\sqrt{1-x^2}}dx = \int_{-\infty}^{\infty} \frac{1}{\sqrt{1-\tanh^2\eta}} \frac{d\eta}{\cosh^2\eta} = \int_{-\infty}^{\infty} \frac{d\eta}{\cosh\eta} \tag{3.29}$$

となる．式 (3.23) のように補間点をとって積分した値を $I(h, L)$ とする．数値計算を行うと，誤差 $|I(h, L) - \pi|$ は表 3.7 のようになる．この表で，下段の整数は，誤差を 10 進数で表したときの指数部を示す．この表より，式 (3.27) の変換を行えばかなり高い精度が得られることがわかる．

表 3.7 変数変換 (3.27) を用いて台形公式により求めた積分 $\int_{-1}^{1} \frac{1}{\sqrt{1-x^2}}dx$ の誤差．整数は誤差を 10 進数で表したときの指数部を示す．

h \ L	20.0 (N)	15.0 (N)
0.1	−9 (400)	−6 (300)
0.2	−9 (200)	−6 (150)
0.3	−9 (100)	−6 (100)
0.4	−9 (133)	−6 (75)
0.5	−8 (80)	−6 (60)
0.6	−7 (66)	−7 (50)
0.7	−6 (57)	−5 (42)
0.8	−5 (50)	−6 (37)
0.9	−5 (44)	−4 (33)
1.0	−4 (40)	−4 (30)
1.1	−4 (36)	−3 (27)
1.2	−3 (33)	−3 (25)
1.3	−3 (30)	−3 (23)
1.4	−3 (28)	−3 (21)

3.3.3 2重指数型積分公式

2重指数型積分公式は高橋・森（参考文献 [6] 第 7 章）によって提案され，変換式 (3.24) や (3.27) などの変数変換法を洗練させた大変有力な方法で，無限領域での積分や，端点で被積分関数が特異になるような場合の数値積分などに用

いることができる．ここでは，4 つの代表的な例について，関数 $f(x)$ の積分

$$\int_a^b f(x)dx \tag{3.30}$$

を変数変換により，数値計算する方法を説明する（本書サポートページのプログラム例を参照）．

1. 端点 $(|a|, |b| < \infty)$ で関数が無限大となる場合

端点 $x = a, b$ で $|f(x)| = \infty$ であるとする[*2)]．変数変換

$$y = \frac{2(x-a)}{b-a} - 1$$

によって積分領域を区間 $y = [-1, 1]$ に変換すると，積分 (3.30) は

$$\int_a^b f(x)dx = \frac{1}{2}(b-a)\int_{-1}^{1} F(y)dy \tag{3.31}$$

となる．ここで

$$F(y) = f\left(\frac{1}{2}(b-a)y + \frac{a+b}{2}\right) \tag{3.32}$$

である．次に変換

$$y = \tanh\left(\frac{\pi}{2}\sinh\eta\right) \tag{3.33}$$

を行うと

$$\begin{aligned}&\int_a^b f(x)dx \\ &\quad = \frac{\pi}{4}(b-a)\int_{-\infty}^{\infty} F\Big(\tanh\left(\frac{\pi}{2}\sinh\eta\right)\Big)\frac{\cosh\eta}{\cosh^2\left(\frac{\pi}{2}\sinh\eta\right)}d\eta\end{aligned} \tag{3.34}$$

となる．式 (3.34) に台形公式を適用する．

[*2)] 端点 $x = a, b$ で関数が無限大とならない場合にもこの方法は適用できる．

2. 積分領域が半無限領域 ($a = 0$, $b = \infty$) で無限遠点で関数が代数的に減衰する場合

端点 $x \to \infty$ で $f(x) \sim x^{-\alpha}$ $(\alpha > 0)$ であるとき[*3]，積分

$$\int_0^\infty f(x)dx \tag{3.35}$$

を計算する．変数変換

$$x = \exp(\sinh\eta) \tag{3.36}$$

を行うと積分は

$$\int_0^\infty f(x)dx = \int_{-\infty}^\infty f\left(\exp(\sinh\eta)\right)\cosh\eta\ \exp(\sinh\eta)d\eta \tag{3.37}$$

となる．式 (3.37) に台形公式を適用する．

3. 積分領域が半無限領域 ($a = 0$, $b = \infty$) で無限遠点で関数が指数的に減衰する場合

端点 $x \to \infty$ で $f(x) \sim e^{-x}$ であるとき[*4]，積分

$$\int_0^\infty f(x)dx \tag{3.38}$$

を計算する．変数変換

$$x = \exp(\eta - e^{-\eta}) \tag{3.39}$$

を行うと積分は

$$\int_0^\infty f(x)dx = \int_{-\infty}^\infty f\left(\exp(\eta - e^{-\eta})\right)(1 + e^{-\eta})\exp(\eta - e^{-\eta})d\eta \tag{3.40}$$

となる．式 (3.40) に台形公式を適用する．

---

*3) $x \to \infty$ で $f(x) \sim x^{-\alpha}$ は，$x \gg 1$ で関数 $f(x)$ が c を定数として近似的に $f(x) \cong cx^{-\alpha}$ と書けることを表す．

*4) $x \to \infty$ で $f(x) \sim e^{-x}$ は，$x \gg 1$ のとき $c(x)$ をべき関数として $f(x) \cong c(x)e^{-x}$ と書けることを表す．

4. 積分領域が無限領域 ($\boldsymbol{a = -\infty, b = \infty}$) で無限遠点で関数が代数的に減衰する場合

端点 $x \to \pm\infty$ で $f(x) \sim |x|^{-\alpha}$ $(\alpha > 0)$ であるとき，積分

$$\int_{-\infty}^{\infty} f(x)dx \tag{3.41}$$

を計算する．変数変換

$$x = \sinh\left(\frac{\pi}{2}\sinh\eta\right) \tag{3.42}$$

を行うと積分は

$$\int_{-\infty}^{\infty} f(x)dx = \frac{\pi}{2}\int_{-\infty}^{\infty} f\left(\sinh\left(\frac{\pi}{2}\sinh\eta\right)\right)\cosh\eta\,\cosh\left(\frac{\pi}{2}\sinh\eta\right)d\eta \tag{3.43}$$

となる．式 (3.43) に台形公式を適用する．

2 重指数型積分公式は万能形の公式であるため，多くの数値計算ライブラリに組み込まれている．参考文献 [6] 第 7 章にはこの公式についての詳しい解説がある．

第3章の問題

□ **1** 次の定積分の値を，台形公式およびシンプソン公式を用いて数値計算せよ．ただし，それぞれの公式において，分割数を $N = 8, 16, 32, 64$ の4通りの場合について計算せよ．

$$\int_0^2 x^5 dx.$$

□ **2** 上の問題1における定積分の値をガウス・ルジャンドル積分公式 $(N = 3)$ を用いて求めよ．

□ **3** $\displaystyle\int_{-\infty}^{\infty} e^{-x^4} dx$ を数値積分せよ．

□ **4** $\displaystyle\int_0^{\pi} \sin^3 x dx$ を数値積分せよ．

□ **5** 式 (3.5), (3.16) を導出せよ．

□ **6** 定積分 $\displaystyle\int_{-\infty}^{\infty} e^{-x^2} dx$ を変換 $\eta = \tanh x$ により区間 $\eta = [-1, 1]$ に変換し，その区間でシンプソン公式，ガウス・ルジャンドル積分公式を適用して計算し，精度を調べよ．なお，積分の分割点数を広い範囲で変えて計算せよ．

□ **7** 定積分 $\displaystyle\int_{-1}^{1} (1 - x^2)^{\alpha} dx$ が有限値をとるような α の値の範囲を求めよ．またこの範囲の α に対して，端点で被積分関数の関数値が無限大となる場合，どのような変数変換を用いれば，端点での特異性をとり除くことができるか．

□ **8** 恒等式 (3.8) を証明せよ．ただし，証明においては次の恒等式

$$f'(x) = \frac{1}{2}f'(x) + \frac{1}{2}f'(x) + \frac{1}{2}(x - x_0)f''(x) - \frac{1}{2}(x - x_0)f''(x)$$

を用いてもよい．

□ **9** 変形台形公式

$$I = \int_a^b f(x)dx = \frac{h}{2}\left(y_0 + 2\sum_{i=1}^{N-1} y_i + y_N\right) + \frac{h}{24}(-y_{-1} + y_1 + y_{N-1} - y_{N+1})$$

を用いると，精度が $O(h^4)$ となる．これを利用して関数 $f(x) = \sin x$ を区間 $x = [0, \pi/2]$ で数値積分せよ．ただし，分割数を $N = 8$，補間間隔を $h = \pi/16$ とせよ．

第 4 章
非線形方程式

代数方程式の次数が 5 次以上になると，加減乗除とべき乗根だけを用いる方法では根を求めることができないことはよく知られている．そのため，根を求めるには数値的に解かなければいけない．もちろん，代数方程式以外の方程式においてもほとんどの非線形方程式は解析的に解を求めることはできない．本章では非線形方程式の解（代数方程式の場合は根ともよぶ）を求めるための計算法について説明を行う．また，数値計算法の精度について検討するために，最初に求積法で具体的に解くことのできる 3 次代数方程式をとり上げ実際に根を求めて，数値解との比較を行う．

[第 4 章の内容]

4.1　3次方程式の解法

次の3次方程式を**カルダノの方法**（Cardano's method）により解く．

$$x^3 + 6x^2 + 21x + 32 = 0. \tag{4.1}$$

式(4.1)における2次の項を消去するため，$y = x + 2$ と変換すると y の方程式は

$$y^3 + 3py + q = 0, \quad p = 3, \quad q = 6 \tag{4.2}$$

となる．次に

$$y = u + v, \quad p = -uv \tag{4.3}$$

で定義される変数 u と v を導入すると式(4.2)より

$$q = -u^3 - v^3 \tag{4.4}$$

となる．したがって，2次方程式の2根の和と積の関係を思い起こして，u^3 と v^3 は2次方程式

$$t^2 + qt - p^3 = 0 \tag{4.5}$$

の2根となることがわかる．2次方程式(4.5)を解くと

$$t = \frac{1}{2}\left(-q \pm \sqrt{q^2 + 4p^3}\right) \tag{4.6}$$

が得られる．p と q に具体的な数値を代入すると2根 t_1 および t_2 は

$$t_1 = -9, \quad t_2 = 3$$

となる．すなわち

$$u^3 = -9, \quad v^3 = 3$$

が得られる．これから次のように，u と v が求められる．

$$\begin{aligned} u &= -\sqrt[3]{9}, \quad -\sqrt[3]{9}e^{i2\pi/3}, \quad -\sqrt[3]{9}e^{i4\pi/3}, \\ v &= \sqrt[3]{3}, \quad \sqrt[3]{3}e^{i2\pi/3}, \quad \sqrt[3]{3}e^{i4\pi/3}. \end{aligned}$$

この中から $uv=-3$ となる組合せを選ぶと

$$(u,v)=(-\sqrt[3]{9},\sqrt[3]{3}),\quad(-\sqrt[3]{9}e^{i2\pi/3},\sqrt[3]{3}e^{i4\pi/3}),\quad(-\sqrt[3]{9}e^{i4\pi/3},\sqrt[3]{3}e^{i2\pi/3})$$

となる．したがって代数方程式 (4.1) の根は

$$x=-\sqrt[3]{9}+\sqrt[3]{3}-2,\ -\sqrt[3]{9}e^{i2\pi/3}+\sqrt[3]{3}e^{i4\pi/3}-2,\ -\sqrt[3]{9}e^{i4\pi/3}+\sqrt[3]{3}e^{i2\pi/3}-2 \tag{4.7}$$

の 3 つである．小数で表すと次のようになる．

$$x=-2.637834253,\ -1.6810829-3.0504302i,\ -1.6810829+3.0504302i. \tag{4.8}$$

4.2 2　分　法

2 分法（bisection method）は非線形方程式の解を求める最も簡単な方法であるが，実は最も確実な方法でもある．関数 $f(x)$ が与えられたとき

$$f(x)=0 \tag{4.9}$$

となる解 x を求める．区間 $(a^{(0)},b^{(0)})$ において連続な関数 $f(x)$ がその符号を変えると仮定する．すなわち

$$f(a^{(0)})f(b^{(0)})<0$$

とする．このとき，区間 $(a^{(0)},b^{(0)})$ に解が少なくとも 1 つ存在する．この解を数値的に求める．まず区間 $(a^{(0)},b^{(0)})$ の中点 $c^{(1)}=\dfrac{1}{2}(a^{(0)}+b^{(0)})$ を求めて，

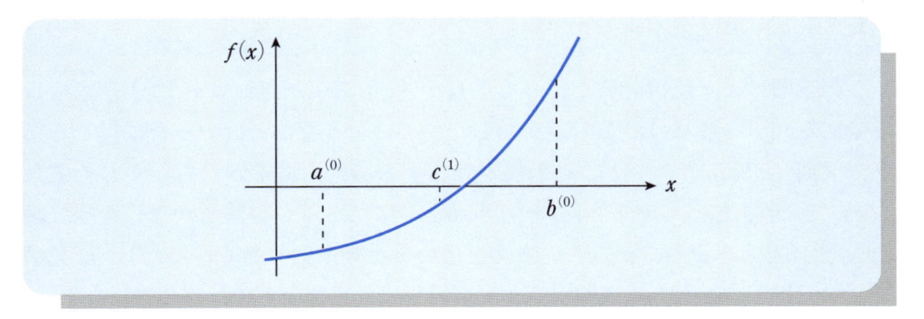

図 **4.1**　非線形方程式 $f(x)=0$ の 2 分法による解法．

$f(c^{(1)})$ を計算する．もし $f(a^{(0)})f(c^{(1)}) < 0$ であれば解は区間 $(a^{(0)}, c^{(1)})$ に存在するので $a^{(1)} = a^{(0)}$, $b^{(1)} = c^{(1)}$ とおく．一方 $f(c^{(1)})f(b^{(0)}) < 0$ であれば解は区間 $(c^{(1)}, b^{(0)})$ に解が存在するので $a^{(1)} = c^{(1)}$, $b^{(1)} = b^{(0)}$ とおく．これをくり返して十分な精度の解を得る．

2分法による非線形方程式の解法の手順を整理する．

ステップ (1)：$f(a^{(0)})f(b^{(0)}) < 0$ となる $a^{(0)}$ と $b^{(0)}$ を見つけ，これらを初期値 $a^{(k)}$，$b^{(k)}$ $(k = 0)$ とする．

ステップ (2)：$a^{(k)}$ と $b^{(k)}$ の中点 $c^{(k+1)} = \dfrac{1}{2}(a^{(k)} + b^{(k)})$ を求め，$f(c^{(k+1)})$ を計算する．

ステップ (3)：場合分け．もし，$f(a^{(k)})f(c^{(k+1)}) < 0$ であれば解は区間 $(a^{(k)}, c^{(k+1)})$ に存在するので $a^{(k+1)} = a^{(k)}$, $b^{(k+1)} = c^{(k+1)}$ とおく．逆に，$f(c^{(k+1)})f(b^{(k)}) < 0$ であれば解は区間 $(c^{(k+1)}, b^{(k)})$ に存在するので $a^{(k+1)} = c^{(k+1)}$, $b^{(k+1)} = b^{(k)}$ とおく．

ステップ (2) と (3) を $k = 1, 2, \cdots$ についてくり返し行い，次の2つの収束条件

$$|f(c^{(k+1)})| < \delta, \quad |a^{(k)} - b^{(k)}| < \varepsilon \tag{4.10}$$

のいずれかが満たされればステップ (2) と (3) の反復計算を止める．収束条件が満たされたとき，解は $c^{(k+1)}$ で与えられる．ここで，δ および ε は必要とする計算精度に応じて与える小さな正数で，通常 10^{-5} 以下にとる．

この手順により反復計算を行って，$f(c^{(k+1)}) = 0$ となれば $c^{(k+1)}$ が求める解であるが，一般には計算誤差があるためこのようなことはめったに起こらない．区間 $(a^{(0)}, b^{(0)})$ に2つ以上解が存在する場合もあるが，あらかじめ関数 $f(x)$ の概形を知っておき，区間 $(a^{(0)}, b^{(0)})$ にただ1つの解しかないように区間 $(a^{(0)}, b^{(0)})$ を定めてからこの方法を用いると効率的である．ただし，2分法を2次元以上のベクトルに関する非線形方程式に拡張するのは容易ではなく，1次元の解を求めるのに限定される．

例題 1

2 分法により方程式 (4.1) の実根を有効数字 6 桁まで求めよ．ただし初期条件は $a^{(0)} = -3.0$, $b^{(0)} = 0$ とし，判定条件式 (4.10) で $\delta = 10^{-10}$ および $\varepsilon = 0.5 \times 10^{-5}$ とせよ．

解答 2 分法の計算手順により，数値計算を行うと，表 4.1 のような結果となる．この表より，数値解は大変ゆっくりではあるが，着実に正しい根 $x = -2.637834253$ へ近づいていくことがわかる．これが 2 分法の特徴である．したがって，急速に正しい根に接近することは望めないが，確実に根を求めることができる． ■

表 4.1　2 分法による 3 次代数方程式 $x^3 + 6x^2 + 21x + 32 = 0$ の数値解（根）とその誤差．

k	$\lvert a^{(k)} - b^{(k)} \rvert$	$c^{(k)}$	$f(c^{(k)})$
1	1.5000	−1.5000000	1.0625×10
2	7.5000×10^{-1}	−2.2500000	3.7344
3	3.7500×10^{-1}	−2.6250000	1.3086×10^{-1}
4	1.8750×10^{-1}	−2.8125000	-1.8489×10^{-2}
14	1.8311×10^{-4}	−2.6380005	-1.6991×10^{-3}
15	9.1553×10^{-5}	−2.6379089	-7.6331×10^{-4}
16	4.5776×10^{-5}	−2.6378632	-2.9544×10^{-4}
17	2.2888×10^{-5}	−2.6378403	-6.1510×10^{-5}
18	1.1444×10^{-5}	−2.6378288	5.5455×10^{-5}
19	5.7220×10^{-6}	−2.6378345	-3.0274×10^{-6}
20	2.8610×10^{-6}	−2.6378317	2.6214×10^{-5}

第 2 章で学んだルジャンドル多項式 P_n の 0 点，すなわち $P_n(x) = 0$ の根を求めるには 2 分法が便利である．$x = [-1, 1]$ で定義される n 次のルジャンドル多項式は区間 $x = (-1, 1)$ に n 個の異なった 0 点をもつことが知られているので，2 分法で n 個の異なった根が求まれば，すべての根が求められたことになる．2 分法を適用するためには，あらかじめ根の存在する区間を知っておく必要がある．ルジャンドル多項式の次数 n が偶数のとき $n = 2m$ とおき，奇数のと

き $n = 2m+1$ とおくと，n 次ルジャンドル多項式の正の0点 $(x > 0)$ は，区間

$$\left(\sin\left(\pi\frac{n-1-2i}{2n+1}\right), \sin\left(\pi\frac{n+1-2i}{2n+1}\right)\right) \quad (i = 1, 2, \cdots, m)$$

にあり，これらを x_i $(i = 1, 2, \cdots, m)$ と表すと，$x > 0$ の根は m 個である．ただし，n が偶数で $i = m$ のときは区間の下限は0である．これらの根のそれぞれに対して $-x_i$ も根なので，区間 $x = (-1, 1)$ 全体では，n が偶数のときは $n = 2m$ 個の根が存在し，n が奇数のときはそれらの根以外に $x = 0$ も根であり $n = 2m+1$ 個の根が存在する．このように根の存在する範囲がわかっているので，それらを2分法により容易に求めることができる（プログラム例は本書サポートページを参照）．

2分法の変形の一つに**はさみうち法**とよばれる方法がある．この方法は2分法で中点 $c^{(k+1)}$ を求める代わりに，2点 $(a^{(k)}, f(a^{(k)}))$ と $(b^{(k)}, f(b^{(k)}))$ を通る直線が x 軸と交わる点を $c^{(k+1)}$ とする方法である．2点 $(a^{(k)}, f(a^{(k)}))$ と $(b^{(k)}, f(b^{(k)}))$ を通る直線の方程式は

$$y = \frac{f(a^{(k)}) - f(b^{(k)})}{a^{(k)} - b^{(k)}}(x - a^{(k)}) + f(a^{(k)}) \tag{4.11}$$

となるので

$$c^{(k+1)} = \frac{b^{(k)}f(a^{(k)}) - a^{(k)}f(b^{(k)})}{f(a^{(k)}) - f(b^{(k)})} \tag{4.12}$$

が得られる．この方法によれば，解は2分法と同じ程度の速さで収束し，十分な精度の解を得るのに必要な計算量は2分法よりやや少ない程度である．

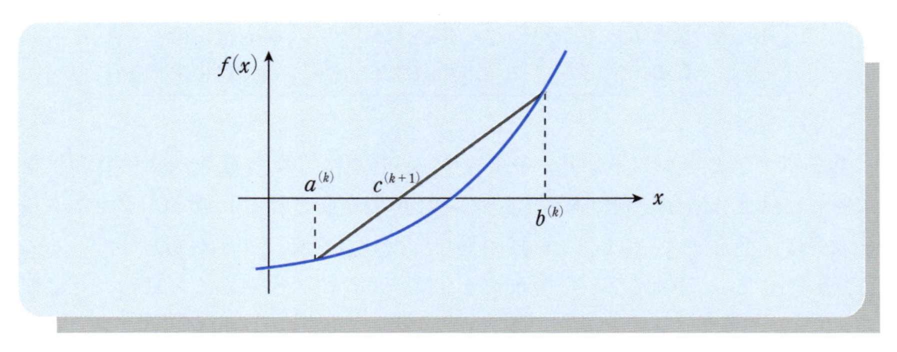

図 4.2　はさみうち法による非線形方程式 $f(x) = 0$ の解法．

4.3 ニュートン・ラフソン法

非線形方程式 $f(x)=0$ の解 x を数値的に求めるとき，2 分法は 3 回の操作で約 1 桁精度が上がるだけで，効率的ではない．それに対して**ニュートン・ラフソン法**（Newton-Raphson's method）は関数 $f(x)$ の曲線を接線で近似することによって導かれる大変効率的な解法である．

4.3.1　1 次元ニュートン・ラフソン法

非線形方程式 $f(x)=0$ の解の近似値を $x^{(0)}$ とする．このとき，$f(x)$ を $x=x^{(0)}$ のまわりでテイラー展開すると次のようになる．

$$f(x)=f(x^{(0)})+f'(x^{(0)})(x-x^{(0)})+O(\varepsilon). \tag{4.13}$$

ここで，$\varepsilon=(x-x^{(0)})^2$ である．また，$O(\varepsilon)$ は**ランダウの記号**とよばれ，ε と同程度またはそれ以下の大きさの項または数であることを示す．α を $f(x)=0$ の解として，テイラー展開 (4.13) に $x=\alpha$ を代入すると

$$0=f(\alpha)=f(x^{(0)})+f'(x^{(0)})(\alpha-x^{(0)})+O\left((\alpha-x^{(0)})^2\right) \tag{4.14}$$

が得られる．これから，解 α が

$$\alpha=x^{(0)}-\frac{f(x^{(0)})}{f'(x^{(0)})}+O\left((\alpha-x^{(0)})^2\right) \tag{4.15}$$

と求められる．式 (4.15) で与えられる α は $O\left((\alpha-x^{(0)})^2\right)$ の誤差を含んでいる．この誤差を解消するために，$x^{(1)}=\alpha$ とおいて，再び式 (4.15) と同様の計算により，さらに真値に近い $x^{(2)}$ を計算する．この手順をくり返して解を得る方法を**1 次元ニュートン・ラフソン法**とよぶ．

1 次元ニュートン・ラフソン法による非線形方程式の数値解法の手順を整理する．

ステップ (1)： 非線形方程式 $f(x)=0$ の解の近似値 $x^{(0)}$ を推定し，これを初期値 $x^{(k)}$ $(k=0)$ とする．

ステップ (2)： 次式により，より真値に近い近似値を求める．

$$x^{(k+1)} = x^{(k)} - \frac{f(x^{(k)})}{f'(x^{(k)})}. \tag{4.16}$$

ステップ (2) を $k = 1, 2, \cdots$ についてくり返し行い，次の収束条件

$$|f(x^{(k+1)})| < \delta \tag{4.17}$$

が満たされればステップ (2) の反復計算を止める．収束条件が満たされたとき，解は $x^{(k+1)}$ で与えられる．ここで，δ は必要とする計算精度に応じて与える小さな正数である．なお，$f'(x^{(k)})$ が 0 または異常に小さくなると反復計算を続けられなくなる．

反復計算式 (4.16) で与えられる $x^{(k+1)}$ は点 $x^{(k)}$ での関数 $y = f(x)$ の接線と x 軸との交点の座標になっていることは接線の方程式が

$$y = f'(x^{(k)})(x - x^{(k)}) + f(x^{(k)}) \tag{4.18}$$

となっていることから容易にわかる（図 4.3）．$f'(x^{(k)}) = 0$ となると反復計算が続けられなくなる理由もこれより明らかである．ニュートン・ラフソン法では解の収束は非常に速いが，初期の近似値 $x^{(0)}$ を適切にとることが重要である．

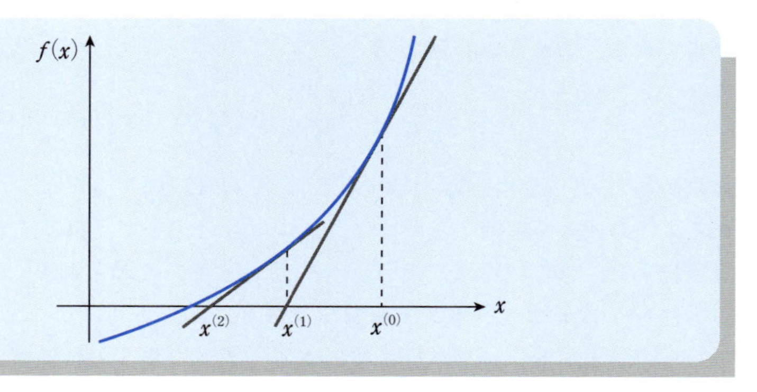

図 4.3　ニュートン・ラフソン法による非線形方程式 $f(x) = 0$ の数値解法．

例題 2

ニュートン・ラフソン法により方程式 (4.1) の実根を有効数字 6 桁まで求めよ．なお，初期値として $x^{(0)} = 0$ を用い，収束条件には $\delta = 10^{-10}$ を用いよ．

解答 反復公式 (4.14) より

$$x^{(k+1)} = x^{(k)} - \frac{(x^{(k)})^3 + 6\left(x^{(k)}\right)^2 + 21x^{(k)} + 32}{3\left(x^{(k)}\right)^2 + 12x^{(k)} + 21}$$

が得られ，$x^{(0)} = 0$ を初期値として，逐次代入すると表 4.2 のようなる．ここで $f(x) = x^3 + 6x^2 + 21x + 32$ である．この表より，根 $x = -2.637834253$ が得られ，(4.8) の実数根と値が一致する．これからわかるように，ニュートン・ラフソン法を用いると大変少ない反復回数で解（根）が求められ，特に，真の解に近づくと近似解は急速に真の解に接近する様子がわかる．これがニュートン・ラフソン法の収束の特徴である． ■

表 4.2 ニュートン・ラフソン法による 3 次代数方程式 $x^3 + 6x^2 + 21x + 32 = 0$ の数値解(根)．

k	$x^{(k)}$	$f(x^{(k)})$
1	−1.523809524	1.039369399×10
2	−2.597508059	$4.091076011 \times 10^{-1}$
3	−2.638130209	$-3.024982937 \times 10^{-3}$
4	−2.637834269	$-1.676366281 \times 10^{-7}$
5	−2.637834253	0

4.3.2 2 次元ニュートン・ラフソン法

ここでも，3 次方程式 (4.1) を考える．実根は 1 次元ニュートン・ラフソン法で容易に求めることができるが，複素根はこの方法では求まらない．複素根は 2 次元ニュートン・ラフソン法により求められる．複素根を求めるため，複素数 $z = x + iy$ に関する 3 次代数方程式を書き改めて

$$z^3 + 6z^2 + 21z + 32 = 0 \tag{4.19}$$

とする．複素方程式 (4.19) を実部と虚部に分けて書くと，次のようになる．

$$\left.\begin{array}{l} f(x,y) = x^3 - 3xy^2 + 6x^2 - 6y^2 + 21x + 32 = 0, \\ g(x,y) = 3x^2y - y^3 + 12xy + 21y = 0 \end{array}\right\} \tag{4.20}$$

このような方程式を一般に 2 元連立非線形方程式とよぶ．この連立方程式を解くため，1 次元ニュートン・ラフソン法の場合と同様にテイラー展開を適用してみよう．

$f(x,y) = g(x,y) = 0$ の近似解を $(x,y) = (x^{(0)}, y^{(0)})$ とし，関数 $f(x,y)$ と $g(x,y)$ を $(x^{(0)}, y^{(0)})$ のまわりでテイラー展開すると次式が得られる．

$$\left.\begin{aligned} f(x,y) &= f(x^{(0)}, y^{(0)}) + \frac{\partial f(x^{(0)}, y^{(0)})}{\partial x}(x - x^{(0)}) + \frac{\partial f(x^{(0)}, y^{(0)})}{\partial y}(y - y^{(0)}) \\ &\quad + O(|\boldsymbol{x} - \boldsymbol{x}^{(0)}|^2), \\ g(x,y) &= g(x^{(0)}, y^{(0)}) + \frac{\partial g(x^{(0)}, y^{(0)})}{\partial x}(x - x^{(0)}) + \frac{\partial g(x^{(0)}, y^{(0)})}{\partial y}(y - y^{(0)}) \\ &\quad + O(|\boldsymbol{x} - \boldsymbol{x}^{(0)}|^2) \end{aligned}\right\} \tag{4.21}$$

となる．ここで

$$O(|\boldsymbol{x} - \boldsymbol{x}^{(0)}|^2) = O((x - x^{(0)})^2 + (y - y^{(0)})^2) \tag{4.22}$$

である．次に，真の解を (α, β) として式 (4.21) に代入すると

$$\left.\begin{aligned} 0 &= f(\alpha, \beta) \\ &= f(x^{(0)}, y^{(0)}) + \frac{\partial f(x^{(0)}, y^{(0)})}{\partial x}(\alpha - x^{(0)}) + \frac{\partial f(x^{(0)}, y^{(0)})}{\partial y}(\beta - y^{(0)}) \\ &\quad + O(|\boldsymbol{\alpha} - \boldsymbol{x}^{(0)}|^2), \\ 0 &= g(\alpha, \beta) \\ &= g(x^{(0)}, y^{(0)}) + \frac{\partial g(x^{(0)}, y^{(0)})}{\partial x}(\alpha - x^{(0)}) + \frac{\partial g(x^{(0)}, y^{(0)})}{\partial y}(\beta - y^{(0)}) \\ &\quad + O(|\boldsymbol{\alpha} - \boldsymbol{x}^{(0)}|^2) \end{aligned}\right\} \tag{4.23}$$

となる．ここで，$\boldsymbol{\alpha} = {}^t[\alpha, \beta]$，$\boldsymbol{x}^{(0)} = {}^t[x^{(0)}, y^{(0)}]$ であり

$$O(|\boldsymbol{\alpha} - \boldsymbol{x}^{(0)}|^2) = O((\alpha - x^{(0)})^2 + (\beta - y^{(0)})^2) \tag{4.24}$$

である．式 (4.23) で $O(|\boldsymbol{\alpha} - \boldsymbol{x}^{(0)}|^2)$ の項を無視すると

$$\left.\begin{aligned} \alpha &= x^{(0)} - \frac{f(x^{(0)}, y^{(0)})\dfrac{\partial g(x^{(0)}, y^{(0)})}{\partial y} - g(x^{(0)}, y^{(0)})\dfrac{\partial f(x^{(0)}, y^{(0)})}{\partial y}}{J}, \\ \beta &= y^{(0)} - \frac{g(x^{(0)}, y^{(0)})\dfrac{\partial f(x^{(0)}, y^{(0)})}{\partial x} - f(x^{(0)}, y^{(0)})\dfrac{\partial g(x^{(0)}, y^{(0)})}{\partial x}}{J}, \end{aligned}\right\} \tag{4.25}$$

$$J = \frac{\partial f(x^{(0)}, y^{(0)})}{\partial x}\frac{\partial g(x^{(0)}, y^{(0)})}{\partial y} - \frac{\partial f(x^{(0)}, y^{(0)})}{\partial y}\frac{\partial g(x^{(0)}, y^{(0)})}{\partial x} \tag{4.26}$$

が得られる．このようにして得られた α および β は $O(|\boldsymbol{x} - \boldsymbol{x}^{(0)}|^2)$ 程度の誤差を含んでいる．この誤差を解消するため，$(x^{(1)}, y^{(1)}) = (\alpha, \beta)$ とおいて再び式 (4.25) と同様の計算により，さらに真値に近い $(x^{(2)}, y^{(2)})$ を計算する．この手順をくり返して解を得る方法を**2 次元ニュートン・ラフソン法**とよぶ．

2 次元ニュートン・ラフソン法による非線形方程式の数値解法の手順を整理する．

ステップ (1)： 連立非線形方程式 $f(x, y) = 0$, $g(x, y) = 0$ の解の近似値 $(x^{(0)}, y^{(0)})$ を推定し，これを初期値 $(x^{(k)}, y^{(0)})$ $(k = 0)$ とする．

ステップ (2)： 次式により，より真値に近い近似値を求める．

$$\left.\begin{aligned} x^{(k+1)} &= x^{(k)} - \frac{f(x^{(k)}, y^{(k)})\dfrac{\partial g(x^{(k)}, y^{(k)})}{\partial y} - g(x^{(k)}, y^{(k)})\dfrac{\partial f(x^{(k)}, y^{(k)})}{\partial y}}{J^{(k)}}, \\ y^{(k+1)} &= y^{(k)} - \frac{g(x^{(k)}, y^{(k)})\dfrac{\partial f(x^{(k)}, y^{(k)})}{\partial x} - f(x^{(k)}, y^{(k)})\dfrac{\partial g(x^{(k)}, y^{(k)})}{\partial x}}{J^{(k)}}, \end{aligned}\right\} \tag{4.27}$$

$$J^{(k)} = \frac{\partial f(x^{(k)}, y^{(k)})}{\partial x}\frac{\partial g(x^{(k)}, y^{(k)})}{\partial y} - \frac{\partial f(x^{(k)}, y^{(k)})}{\partial y}\frac{\partial g(x^{(k)}, y^{(k)})}{\partial x} \tag{4.28}$$

ステップ (2) を $k = 1, 2, \cdots$ についてくり返し行い，次の収束条件

$$(f(x^{(k+1)}, y^{(k+1)}))^2 + (g(x^{(k+1)}, y^{(k+1)}))^2 < \delta^2 \tag{4.29}$$

が満たされればステップ (2) の反復計算を止める．収束条件が満たされたとき，解は $(x^{(k+1)}, y^{(k+1)})$ で与えられる．ここで，δ は必要とする計算精度に応じて与える小さな正数である．

反復計算式 (4.27) で与えられる $(x^{(k+1)}, y^{(k+1)})$ は点 $(x^{(k)}, y^{(k)})$ での関数 $u = f(x, y)$ の接平面と関数 $u = g(x, y)$ の接平面の交線が，平面 $u = 0$ と交わる点の座標になっている．

例題 3

2 次元ニュートン・ラフソン法により連立方程式 (4.20) の根（代数方程式 (4.1) の複素根）を有効数字 6 桁まで求めよ．ただし，初期条件を $(x^{(0)}, y^{(0)}) = (-1, -2)$ とし，収束条件 (4.29) においては $\delta = 10^{-10}$ を用いよ．

解答　反復計算式 (4.27), (4.28) に式 (4.20) を代入すると次の反復計算式が得られる．

$$x^{(k+1)} = x^{(k)} - F(x^{(k)}, y^{(k)}),$$

$$y^{(k+1)} = y^{(k)} - G(x^{(k)}, y^{(k)}),$$

$$\begin{aligned} F(x,y) &= \frac{1}{J(x,y)}\{3(x^2 - y^2 + 4x + 7)(x^3 - 3xy^2 + 6x^2 - 6y^2 + 21x + 32) \\ &\quad + 6y(x+2)(3x^2y - y^3 + 12xy + 21y)\}, \\ G(x,y) &= \frac{1}{J(x,y)}\{3(x^2 - y^2 + 4x + 7)(3x^2y - y^3 + 12xy + 21y) \\ &\quad + 6y(x+2)(x^3 - 3xy^2 + 6x^2 - 6y^2 + 21x + 32)\}, \end{aligned}$$

$$J(x,y) = 9(x^2 - y^2 + 4x + 7)^2 + 36y^2(x+2)^2.$$

この反復計算式に順次 $(x^{(k)}, y^{(k)})$ $(k = 0, 1, 2, \cdots)$ を代入すると，(x, y) の近似値が表 4.3 のように得られる．この表より，7 回目の反復計算で，式 (4.8) の 2 番目の複素根 $x = -1.6810829 - 3.0504302i$ と一致する結果が得られる．2 次元ニュートン・ラフソン法を用いると，非常に少ない反復回数で精度のよい解が求められ，真の解に近づくと急速に真の値に接近する性質は 1 次元ニュートン・ラフソン法と同様である．また，こうして得られた複素根 x の複素共役数 $x = -1.68108 + 3.05043i$ も解である．なお，初期条件を $(x^{(0)}, y^{(0)}) = (-1, -1)$ とすると実根が得られる（第 4 章の問題 2）．ただし，$(x^{(0)}, y^{(0)}) = (-1, 2)$ では $J(x^{(0)}, y^{(0)}) = 0$ となり，計算が続けられないことに注意する必要がある（第 4 章の問題 8）．

表 4.3　2 次元ニュートン・ラフソン法による 3 次代数方程式 $z^3+6z^2+21z+32=0$ の数値解（複素根，$z=x+iy$）．

k	$x^{(k)}$	$y^{(k)}$	$f(x^{(k)},y^{(k)})$	$g(x^{(k)},y^{(k)})$
1	−2.3333333	−2.3333333	8.4074074	−9.0740741
2	−0.9035409	−2.6764347	−6.3764851	-1.4568811×10
3	−1.7087189	−2.7205125	2.1787649	−5.0420509
4	−1.6864367	−3.1180707	-2.9283113×10^{-1}	1.3326609
5	−1.6817814	−3.0523832	1.6222031×10^{-3}	4.0455514×10^{-2}
6	−1.6810844	−3.0504315	2.1731765×10^{-5}	3.3024501×10^{-5}
7	−1.6810829	−3.0504302	3.7623238×10^{-11}	-3.6664005×10^{-12}

方程式 (4.19) は $f(z)=z^3+6z^2+21z+32$ が解析関数*1) なので，複素数としての微分 $df/dz=3z^2+12z+21$ が存在する．したがって，1 次元ニュートン・ラフソン法を適用することができ

$$z^{(k+1)}=z^{(k)}-\frac{f\left(z^{(k)}\right)}{f'\left(z^{(k)}\right)} \tag{4.30}$$

を用いて反復計算することによっても解が求められる．

例題 4

1 次元ニュートン・ラフソン法により方程式 (4.1) の複素根を有効数字 6 桁まで求めよ．なお，初期値を $z^{(0)}=-1-3i$ とし，判定条件において $\delta=10^{-10}$ を用いよ．

解答　反復計算式 (4.30) より

$$z^{(k+1)}=z^{(k)}-\frac{\left(z^{(k)}\right)^3+6\left(z^{(k)}\right)^2+21z^{(k)}+32}{3\left(z^{(k)}\right)^2+12z^{(k)}+21}$$

となり，逐次代入すると次のように近似解が得られる．

$$z^{(1)}=-1.595628415-2.885245902i,$$

$$f(z^{(1)})=-3.932827140\times10^{-1}-3.363923265i,$$

*1) 複素関数 $f(z)$ が複素変数 z について微分可能であるとき，解析関数であるという（文献 [2] 第 5 章）．

$$z^{(2)} = -1.698273794 - 3.056098621i,$$

$$f(z^{(2)}) = 2.888727687 \times 10^{-1} + 2.036054613 \times 10^{-1}i,$$

$$z^{(3)} = -1.681150072 - 3.050291214i,$$

$$f(z^{(3)}) = 2.061650488 \times 10^{-3} - 2.194192257 \times 10^{-3}i,$$

$$z^{(4)} = -1.681082866 - 3.050430208i,$$

$$f(z^{(4)}) = -1.851226017 \times 10^{-7} + 1.175874047 \times 10^{-7}i,$$

$$z^{(5)} = -1.681082874 - 3.050430199i,$$

$$f(z^{(5)}) = -7.105427358 \times 10^{-15} + 0i.$$

この計算結果からわかるように，5回の反復で複素根 $z = -1.68108 - 3.05043i$ が得られ，式(4.8)の2番目の根と一致する．もう1つの複素根（複素共役数）を計算するためには，ここで，用いた初期値とは異なる初期値を用いる必要がある．この例題からわかるように，2次元連立非線形方程式 $f(x,y) = 0$, $g(x,y) = 0$ が与えられたとき，$z = x + iy$ とおいて $F(z) = f(z) + ig(z)$ が z の解析関数となれば1次元ニュートン・ラフソン法が適用できる．しかし，$F(z)$ が z の解析関数となることはむしろ例外的であり，一般的には公式(4.27)〜(4.29)を用いる．□

4.3.3　n 次元ニュートン・ラフソン法

ニュートン・ラフソン法は n 元連立非線形方程式

$$\boldsymbol{f}(\boldsymbol{x}) = \boldsymbol{0} \tag{4.31}$$

の解法に拡張できる．(4.31)式を成分で表すと

$$\left.\begin{aligned} f_1(x_1, x_2, \cdots, x_n) &= 0, \\ f_2(x_1, x_2, \cdots, x_n) &= 0, \\ &\vdots \\ f_n(x_1, x_2, \cdots, x_n) &= 0 \end{aligned}\right\} \tag{4.32}$$

となる．ここで

$$\boldsymbol{x} = {}^t[x_1, x_2, \cdots, x_n], \quad \boldsymbol{f} = {}^t[f_1, f_2, \cdots, f_n], \quad \boldsymbol{0} = {}^t[0, 0, \cdots, 0] \tag{4.33}$$

である．

計算手順は 2 次元ニュートン・ラフソン法の場合とほとんど同じで，第 k ステップの近似解 $\boldsymbol{x}^{(k)}$ から第 $k+1$ ステップの近似解 $\boldsymbol{x}^{(k+1)}$ を求める反復計算式は

$$\boldsymbol{x}^{(k+1)} = \boldsymbol{x}^{(k)} - \left(\frac{\partial \boldsymbol{f}}{\partial \boldsymbol{x}}(\boldsymbol{x}^{(k)})\right)^{-1} \boldsymbol{f}(\boldsymbol{x}^{(k)}) \tag{4.34}$$

である．ここで $\dfrac{\partial \boldsymbol{f}}{\partial \boldsymbol{x}}(\boldsymbol{x}^{(k)})$ は

$$\frac{\partial \boldsymbol{f}}{\partial \boldsymbol{x}}(\boldsymbol{x}^{(k)}) = \begin{bmatrix} \dfrac{\partial f_1}{\partial x_1} & \dfrac{\partial f_1}{\partial x_2} & \dfrac{\partial f_1}{\partial x_3} & \cdots & \dfrac{\partial f_1}{\partial x_n} \\ \dfrac{\partial f_2}{\partial x_1} & \dfrac{\partial f_2}{\partial x_2} & \dfrac{\partial f_2}{\partial x_3} & \cdots & \dfrac{\partial f_2}{\partial x_n} \\ \vdots & \vdots & \vdots & \ddots & \vdots \\ \dfrac{\partial f_n}{\partial x_1} & \dfrac{\partial f_n}{\partial x_2} & \dfrac{\partial f_n}{\partial x_3} & \cdots & \dfrac{\partial f_n}{\partial x_n} \end{bmatrix}_{\boldsymbol{x}=\boldsymbol{x}^{(k)}} \tag{4.35}$$

で表される行列である．反復計算を $k = 1, 2, \cdots$ についてくり返し行い，より精度のよい近似解を求める．次の収束条件が満たされれば反復計算を終了する．

$$\sum_{i=1}^{n} \left(f_i(\boldsymbol{x}^{(k+1)})\right)^2 < \delta^2. \tag{4.36}$$

収束条件 (4.36) が満たされたとき，解は $x_i^{(k+1)}$ $(i = 1, 2, \cdots, n)$ で与えられる．ここで δ は必要な解の精度に応じて与える正数である．

高次元の連立非線形方程式をニュートン・ラフソン法で解く際に発生する大きな問題は，$\dfrac{\partial \boldsymbol{f}}{\partial \boldsymbol{x}}(\boldsymbol{x}^{(k)})$ の逆行列を求めるときに数値誤差が大きくなることで，これに対するさまざまな対策が考えられている（第 5 章参照）．

例題 5

次の4元連立非線形方程式

$$
\begin{aligned}
f(x,y,u,v) &= x^3-3xy^2+3\{(x^2-y^2)u-2xyv\}+3\{(u^2-v^2)x-2uvy\}\\
&\quad +u^3-3uv^2+6\{x^2-y^2+2(xu-yv)+u^2-v^2\}\\
&\quad +21(x+u)+32=0,\\
g(x,y,u,v) &= 3x^2y-y^3+3\{2xyu+(x^2-y^2)v\}+3\{2uvx+(u^2-v^2)y\}\\
&\quad +(3u^2v-v^3)+6\{2xy+2(yu+xv)+2uv\}+21(v+y)=0,\\
h(x,y,u,v) &= x^2-y^2-u^2+v^2-1=0,\\
k(x,y,u,v) &= 2xy-2uv-1=0
\end{aligned}
\tag{4.37}
$$

を n 次元ニュートン·ラフソン法によって解け．ただし初期値を $(x,y,u,v)=(-1,-2,-1,2)$ とし，収束条件においては $\delta=10^{-8}$ を用いよ．

解答 与えられた連立非線形方程式は求積法により解くことができるので，数値解の精度を確かめるため求積解を求めておく．与えられた方程式は $z=x+iy$, $w=u+iv$ とおくと

$$
(z+w)^3+6(z+w)^2+21(z+w)+32=0, \quad z^2-w^2=1+i
$$

となり，2つの根 z と w は解析的に

$$
x+iy=z=\frac{1}{2}\left(s+\frac{1+i}{s}\right),
$$

$$
u+iv=w=\frac{1}{2}\left(s-\frac{1+i}{s}\right)
$$

と求められる．ここで s は方程式 (4.1) の根である．

初期値 $(x,y,u,v)=(-1,-2,-1,2)$ から，反復計算式 (4.34) を用いて，近似解を数値的に求めると表 4.4 のようになる．反復回数 4 回目の近似解で，$f(x,y,u,v)^2+g(x,y,u,v)^2+h(x,y,u,v)^2+k(x,y,u,v)^2=8.2227733\times 10^{-28}$ となり，連立方程式が数値誤差の範囲内で満たされている．また，s の実根 $s=-2.6378343$ に対応する真の根 (x,y,u,v) は，$(x,y,u,v)=(-1.5084666, -0.18954944, -1.1293677, 0.18954944)$ であるから，数値計算により得られた近似解は真の根と 8 桁すべて一致していることがわかる．■

表 4.4 n 次元ニュートン・ラフソン法による 4 元連立代数方程式 (4.37) の数値解.

k	$x^{(k)}$	$y^{(k)}$	$u^{(k)}$	$v^{(k)}$
1	−1.5833333	0.41666667	−1.0833333	−0.41666667
2	−1.5091846	−0.18301971	−1.1288082	0.18301971
3	−1.5084666	−0.18954905	−1.1293677	0.18954905
4	−1.5084666	−0.18954944	−1.1293677	0.18954944

4.4 微分計算ができない関数を含む方程式の数値解法

ニュートン・ラフソン法は高次元にまで適用できるだけでなく，非常に精度がよいので，多くの分野で標準的に用いられている．しかし，関数 $\boldsymbol{f}(\boldsymbol{x})$ の微分を求めなければ計算ができない．したがって，もし方程式の具体的な関数形がわかっていなくて，各点における $\boldsymbol{f}(\boldsymbol{x})$ の値を数値的にしか知ることができない場合には，ニュートン・ラフソン法を適用するのに多少の困難がある．一方，2 分法やはさみうち法にはこのような問題点はないが，収束が大変遅いだけでなく，解の両側で関数値の符号が異なっていなければいけない．例えば，重根を求めることはできない．これに対してこれから説明する**割線法**や**マラー法**では関数の微分を計算する必要がない．

4.4.1 割線法

割線法(かっせんほう)(secant method) は，ニュートン・ラフソン法とはさみうち法の中間的な方法である．非線形方程式

$$f(x) = 0 \tag{4.38}$$

を考える．非線形方程式 (4.38) の解の近似値とみなせる 2 つの値を $x^{(0)}$ および $x^{(1)}$ とする．はさみうち法と同様に，2 点 $(x^{(0)}, f(x^{(0)}))$ と $(x^{(1)}, f(x^{(1)}))$ を通る直線を求めると次式が得られる．

$$y = \frac{f(x^{(0)}) - f(x^{(1)})}{x^{(0)} - x^{(1)}}(x - x^{(0)}) + f(x^{(0)}). \tag{4.39}$$

直線 (4.39) と x 軸との交点は

$$x^{(2)} = \frac{x^{(1)} f(x^{(0)}) - x^{(0)} f(x^{(1)})}{f(x^{(0)}) - f(x^{(1)})} \tag{4.40}$$

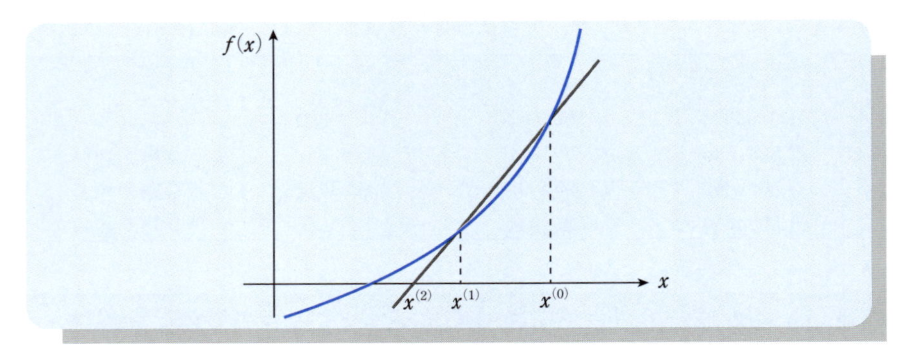

図 4.4 割線法による非線形方程式 $f(x) = 0$ の解法.

と求められる（図 4.4）．この式より，次の反復計算式

$$x^{(k+1)} = \frac{x^{(k)} f(x^{(k-1)}) - x^{(k-1)} f(x^{(k)})}{f(x^{(k-1)}) - f(x^{(k)})} \tag{4.41}$$

が得られる．この反復式により，求める精度になるまで順次近似解を計算する．収束の判定条件には

$$|f(x^{(k+1)})| < \delta \tag{4.42}$$

を用いる．ここで，δ は希望する解の精度に対応した小さな正数である．この方法による解の収束の速さは 2 分法やはさみうち法と同程度であるが，関数値の符号が変化するという条件は必要でない．

割線法は容易に多変数へ拡張することができる．簡単のため 2 変数を考える．連立非線形方程式を

$$f(x, y) = 0, \quad g(x, y) = 0 \tag{4.43}$$

とする．方程式 (4.43) の 3 個の近似解を

$$(x^{(0)}, y^{(0)}),\ (x^{(1)}, y^{(1)}),\ (x^{(2)}, y^{(2)})$$

とする．3 点

$$(x^{(0)}, y^{(0)}, f(x^{(0)}, y^{(0)})),\ (x^{(1)}, y^{(1)}, f(x^{(1)}, y^{(1)})),\ (x^{(2)}, y^{(2)}, f(x^{(2)}, y^{(2)}))$$

を通る平面の式を

$$z = a_1 x + b_1 y + c_1 \tag{4.44}$$

とし，3 点

$$(x^{(0)}, y^{(0)}, g(x^{(0)}, y^{(0)})),\ (x^{(1)}, y^{(1)}, g(x^{(1)}, y^{(1)})),\ (x^{(2)}, y^{(2)}, g(x^{(2)}, y^{(2)}))$$

を通る平面の式を

$$z = a_2 x + b_2 y + c_2 \tag{4.45}$$

とする．式 (4.44) と式 (4.45) で表される 2 つの平面と $z = 0$ で表される平面との交線はそれぞれ

$$\left.\begin{aligned} a_1 x + b_1 y + c_1 = 0, \\ a_2 x + b_2 y + c_2 = 0 \end{aligned}\right\} \tag{4.46}$$

で与えられる．式 (4.46) で表される 2 直線の交点を $(x^{(3)}, y^{(3)})$ とし

$$\begin{aligned} (x^{(1)}, y^{(1)}) &\rightarrow (x^{(0)}, y^{(0)}), \\ (x^{(2)}, y^{(2)}) &\rightarrow (x^{(1)}, y^{(1)}), \\ (x^{(3)}, y^{(3)}) &\rightarrow (x^{(2)}, y^{(2)}) \end{aligned}$$

と代入する．この計算をくり返して，近似解が収束すると，その極限が連立方程式 (4.43) の解となる．この方法は容易に n 次元まで拡張できる．

4.4.2　マラー法

割線法では収束の速さの向上があまり望めないため，**マラー法**が考えられている．これは 3 点を通る 2 次曲線近似を基にしている．3 つの相異なる値 $x^{(0)}$, $x^{(1)}$, $x^{(2)}$ を $f(x) = 0$ の解の近似値とし，$y^{(i)} = f(x^{(i)})$ とおく．3 点 $(x^{(0)}, y^{(0)})$, $(x^{(1)}, y^{(1)})$, $(x^{(2)}, y^{(2)})$ を通るラグランジュ補間多項式は 2 次関数で，これを

$$f_2(x) = a_0 + a_1 x + a_2 x^2 \tag{4.47}$$

と表すと

$$\begin{aligned} f_2(x^{(0)}) = y^{(0)} = a_0 + a_1 x^{(0)} + a_2 (x^{(0)})^2, \\ f_2(x^{(1)}) = y^{(1)} = a_0 + a_1 x^{(1)} + a_2 (x^{(1)})^2, \\ f_2(x^{(2)}) = y^{(2)} = a_0 + a_1 x^{(2)} + a_2 (x^{(2)})^2 \end{aligned}$$

となる．ここで

$$h^{(k)} = x^{(k)} - x^{(k-1)},$$
$$\lambda^{(k)} = \frac{h^{(k)}}{h^{(k-1)}}, \qquad (k = 1, 2, 3)$$
$$\delta^{(k)} = 1 + \lambda^{(k)}$$

とおき，新しい変数 $\lambda = (x - x^{(2)})/h^{(2)}$ を導入すると，$f_2(x)$ は

$$f_2(x) = \frac{\lambda^2}{\delta^{(2)}} \left[y^{(0)} \left(\lambda^{(2)}\right)^2 - y^{(1)}\lambda^{(2)}\delta^{(2)} + y^{(2)}\lambda^{(2)} \right] + \frac{\lambda}{\delta^{(2)}} \left[y^{(0)} \left(\lambda^{(2)}\right)^2 - y^{(1)} \left(\lambda^{(2)}\right)^2 + y^{(2)}(\lambda^{(2)} + \delta^{(2)}) \right] + y^{(2)} \tag{4.48}$$

となる．$f_2(x) = 0$ となる λ の値 $\lambda^{(3)}$ を求めることにより，次の近似解 $x^{(3)}$ を

$$x^{(3)} = x^{(2)} + \lambda^{(3)}(x^{(2)} - x^{(1)})$$

のように求めることができる．$f_2(x) = 0$ の解 $\lambda^{(3)}$ は 2 次方程式の根の公式によって

$$\lambda^{(3)} = -\frac{2y^{(2)}\delta^{(2)}}{g \pm \{g^2 - 4y^{(2)}\delta^{(2)}\lambda^{(2)}(y^{(0)}\lambda^{(2)} - y^{(1)}\delta^{(2)} + y^{(2)})\}^{1/2}} \tag{4.49}$$

と求められる．ここで

$$g = y^{(0)} \left(\lambda^{(2)}\right)^2 - y^{(1)} \left(\delta^{(2)}\right)^2 + y^{(2)}(\lambda^{(2)} + \delta^{(2)})$$

である．解をこのように表す理由は，誤差を少なくするためである．また，直接に x を求めず，λ を求める手法が，解を安定に求めるための非常に巧妙な工夫となっている．式 (4.49) で与えられる $\lambda^{(3)}$ から次の近似値 $x^{(3)}$ を計算し，同様にして順次 $x^{(k)}$ $(k = 4, 5, \cdots)$ を計算し，求める精度になるまでこの計算をくり返す．

マラー法による非線形方程式の数値解法を手順としてまとめると次のようになる．

ステップ (1)： 非線形方程式 $f(x) = 0$ の解の近似値 $x^{(0)}$, $x^{(1)}$, $x^{(2)}$ を見つけ，これを $x^{(k-2)}$, $x^{(k-1)}$, $x^{(k)}$ $(k = 2)$ とする．また，それぞれの近似値に対応する関数値を $y^{(k-2)}$, $y^{(k-1)}$, $y^{(k)}$ とする（図 4.5）．

ステップ (2)： $h^{(k)} = x^{(k)} - x^{(k-1)}$, $\lambda^{(k)} = \dfrac{h^{(k)}}{x^{(k-1)} - x^{(k-2)}}$ を計算する．

ステップ (3)： $g^{(k)} = (1+2\lambda^{(k)})(y^{(k)} - y^{(k-1)}) - (\lambda^{(k)})^2(y^{(k-1)} - y^{(k-2)})$ を計算する．

ステップ (4)： 次式で定義される $\lambda^{(k+1)}$ を計算する．

$$\begin{aligned}\lambda^{(k+1)} &= \frac{-2y^{(k)}(1+\lambda^{(k)})}{g^{(k)} \pm \sqrt{D}}, \\ D &= (g^{(k)})^2 - 4y^{(k)}(1+\lambda^{(k)})\lambda^{(k)} \\ &\qquad \times \{y^{(k)} - y^{(k-1)} - \lambda^{(k)}(y^{(k-1)} - y^{(k-2)})\}\end{aligned} \tag{4.50}$$

を計算する．ここで，式 (4.50) で $\lambda^{(k+1)}$ を求めるとき，分母の符号は分母の絶対値が大きくなるように選ぶ．こうすれば，$x^{(k+1)}$ が $x^{(k)}$ に近い数列が選ばれる．

ステップ (5)： 次式により，より真値に近い近似値を求める．

$$x^{(k+1)} = x^{(k)} + h^{(k)}\lambda^{(k+1)}, \quad y^{(k+1)} = f(x^{(k+1)}),$$
$$h^{(k+1)} = h^{(k)}\lambda^{(k+1)}$$

を計算する．

ステップ (3)〜(5) を $k = 3, 4, \cdots$ についてくり返し行い，次の収束条件

$$|f(x^{(k+1)})| < \delta \tag{4.51}$$

が満たされたとき，解は $x^{(k+1)}$ で与えられる．ここで，δ は求めようとする解の精度に応じて決まる小さな正数である．

計算の過程で，平方根内が負になる可能性もあり，その場合は複素根が現れるが，マラー法による数値解法は 4.3 節で説明したニュートン・ラフソン法の

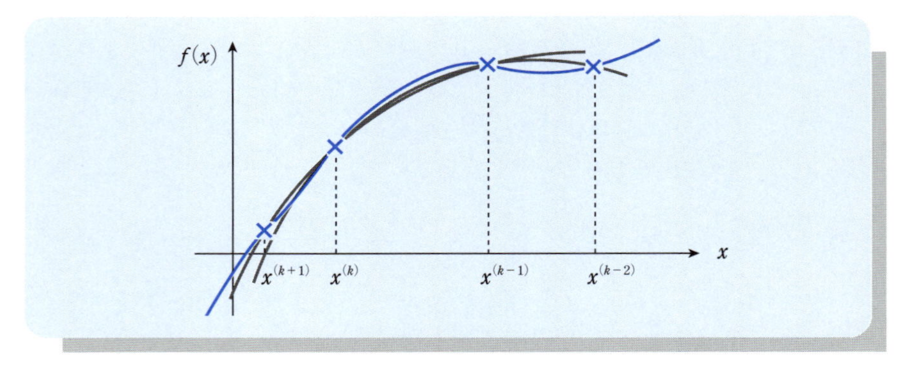

図 **4.5**　マラー法による非線形方程式 $f(x)=0$ の解法.

場合と同様，実数に限定された解析ではないので，複素数が現れても問題はない．ただ，実数解を求める過程で現れる複素数は数値誤差に伴うものであると考えられるので，そのときは虚部を無視する．

例題 6

マラー法により方程式 (4.1) の実根と複素根を有効数字 7 桁まで求めよ．ただし初期値を $x^{(0)}=0,\ x^{(1)}=-1,\ x^{(2)}=-2$ とし，収束判定条件 (4.51) においては $\delta=10^{-8}$ を用いよ．

解答　マラー法の手順に従い，計算を行うと表 4.5 に示す結果が得られる．真の解(実数根)は，$x=-2.637834253$ であるから，表 4.5 より数値解は 10 桁まで一致していることがわかる．また収束の速さはニュートン法に匹敵することがわかる．

表 **4.5**　マラー法による 3 次代数方程式 $x^3+6x^2+21x+32=0$ の数値解(実数根).

k	$x^{(k)}$	$f(x^{(k)})$
3	−2.575571099	6.2918371×10^{-1}
4	−2.650431242	-1.2905314×10^{-1}
5	−2.637785156	5.0178661×10^{-4}
6	−2.637834249	3.8504872×10^{-8}
7	−2.637834253	3.0704606×10^{-15}

マラー法を 2 変数以上に拡張するのは非常に難しい．しかし，実 2 変数に限れば，複素変数を利用して適用することができる．連立非線形方程式 (4.43) を考える．$z = x + iy$ とし

$$F(z) = f(x, y) + ig(x, y) \tag{4.52}$$

とおく．もちろん $F(z)$ は z の解析関数とは限らない．非線形方程式 (4.43) の 3 個の近似解を $(x^{(0)}, y^{(0)})$, $(x^{(1)}, y^{(1)})$, $(x^{(2)}, y^{(2)})$ とし，$z^{(0)} = x^{(0)} + iy^{(0)}$, $z^{(1)} = x^{(1)} + iy^{(1)}$, $z^{(2)} = x^{(2)} + iy^{(2)}$ とおく．1 変数に対するマラー法を適用して反復計算によって複素根 $z_s = x_s + iy_s$ を求める．このとき，(x_s, y_s) が式 (4.43) の数値解となる．

この方法を複素非線形方程式に適用したとき，一般には $g(z)$ が z の解析関数でないことから，数値的な誤差が大きくなる場合がある．この誤差を小さくするためには，2 次方程式

$$a_0 + a_1 z + a_2 z^2 = 0 \tag{4.53}$$

だけではなく，式 (4.48) において a_0, a_1, a_2 を与える式中で，y_0, y_1 および y_2 をそれらの複素共役におき換えて得られる a'_0, a'_1, a'_2 を用いて定義される 2 次方程式

$$a'_0 + a'_1 z + a'_2 z^2 = 0 \tag{4.54}$$

を同時に考える．式 (4.53) と (4.54) を解いて得られた根の中から最も $z^{(2)} = x^{(2)} + iy^{(2)}$ に近いものを $z^{(3)} = x^{(3)} + iy^{(3)}$ として反復計算を行うと誤差が少なくなることが示されている（参考文献 [7]）．

第 4 章の問題

□ **1** $e^{-x} - x^2 = 0$ の解を 2 分法とニュートン法の 2 つの方法により数値的に求めよ．

□ **2** 例題 3 を 2 次元ニュートン・ラフソン法を用いて数値的に解け．ただし，初期条件として $x^{(0)} = -1,\ y^{(0)} = -1$ を用いること．

□ **3** 連立方程式 $f(x,y) = e^{x-y} - 1 = 0$，$g(x,y) = 4 - e^{x^2} - e^{y^2} = 0$ の解をニュートン法を用いて数値的に求めよ．

□ **4** 方程式 $x = \tanh 2x$ の解をマラー法を用いてすべて求めよ．

□ **5** 3 次方程式 $x^3 + 9x^2 + 18x - 12 = 0$ の 3 根をカルダノの方法で求めよ．次に，ニュートン・ラフソン法を用いて実数計算および複素数計算により数値的に求めよ．なお初期条件は適当に与えること．

□ **6** 4 次方程式 $x^4 + 2x^2 - 4x + 8 = 0$ の 4 根をニュートン・ラフソン法を用いてすべて求めよ．なお**フェラーリの方法**によれば根は $x = 1 \pm \sqrt{-1},\ -1 \pm \sqrt{-3}$ である．

□ **7** 2 次方程式 $x^2 + 2x + 1.00001 = 0$ の実根を，実数に対するニュートン・ラフソン法で反復計算し，反復解がどのように変化していくか調べよ．なお初期条件は $x^{(0)} = 1$ を用いること．

□ **8** 図 4.3 で 1 次元ニュートン・ラフソン法による非線形方程式の数値解法を説明したのと同様に，2 次元ニュートン・ラフソン法による数値解法を図を描くことにより幾何学的に説明せよ（ヒント：接線の代わりに接平面を考えよ）．また，例題 3 で初期条件を $(x^{(0)}, y^{(0)}) = (-1, 2)$ とすると $J = 0$ となるが，これは幾何学的にどのような状況に対応するか考えよ．

第5章
線形計算

線形計算は理工学のいろいろな分野で現れる．例えば，有限要素法を用いて偏微分方程式を解くときやスペクトル法を用いて常微分方程式を解くときなどに，連立１次方程式が現れ，この方程式を数値的に解く必要が生じる．また構造物の振動を調べたり，連続体の線形安定性を計算するためには固有値を計算しなければならない．この章では線形計算の数値解法の代表として，ガウスの消去法，ヤコビ法，ガウス・ザイデル法，SOR 法（逐次過緩和法），共役勾配法などの連立１次方程式の解法と，代表的な固有値の計算方法としてべき乗法と QR 法，大規模行列の固有値問題を小規模行列の固有値問題に帰着するアーノルディの方法を紹介する．

[第5章の内容]

連立１次方程式
ガウスの消去法
LU 分解
コレスキー分解
反復法
共役勾配法（CG 法）
固有値計算法

5.1 連立1次方程式

n 個の未知数 $x_1, \cdots, x_n$ に関する m 個の線形の連立方程式

$$\left.\begin{array}{l} a_{11}x_1 + \cdots + a_{1n}x_n = b_1 \\ a_{21}x_1 + \cdots + a_{2n}x_n = b_2 \\ \quad\vdots \qquad\qquad\quad \vdots \\ a_{m1}x_1 + \cdots + a_{mn}x_n = b_m \end{array}\right\} \tag{5.1}$$

は**連立1次方程式**とよばれる．ここで，係数 a_{ij} と b_i $(i = 1, 2, \cdots, m,\ j = 1, 2, \cdots, n)$ は与えられた定数で，a_{ij} を成分とする行列 A を**係数行列**とよぶ．すべての b_i が 0 のとき，連立1次方程式 (5.1) は**同次**であるといい，$b_i \neq 0$ となる i が1つでもあるとき**非同次**であるという．ここで，係数行列 A を

$$A = \begin{bmatrix} a_{11} & a_{12} & a_{13} & \cdots & a_{1n} \\ a_{21} & a_{22} & a_{23} & \cdots & a_{2n} \\ \vdots & \vdots & \vdots & \ddots & \vdots \\ a_{m1} & a_{m2} & a_{m3} & \cdots & a_{mn} \end{bmatrix}$$

とおき，$\boldsymbol{x} = {}^t[x_1, x_2, \cdots, x_n]$, $\boldsymbol{b} = {}^t[b_1, b_2, \cdots, b_m]$ とおくと，方程式 (5.1) は次のようにベクトル形の方程式

$$A\boldsymbol{x} = \boldsymbol{b} \tag{5.2}$$

で簡潔に表現することができる．

線形代数学の定理によれば，$m = n$ の場合，A の行列式が 0 でなければ（$\det A \neq 0$ ならば）行列 A は**正則な n 次正方行列**とよばれ，連立1次方程式 (5.1) は一意的な解をもつ．この章では，この場合に限って連立1次方程式 (5.1) を解くための数値解法を説明する．連立1次方程式を解くための方法は大きく分けて2つの方法がある．一つは**直接法**とよばれ，ガウスの消去法がこれにあたる．もう一つは**反復法**とよばれ，代表的なものとしてSOR法がある．その中間的な解法として共役勾配法が考えられている．

5.2　ガウスの消去法

連立1次方程式の最も基本的な解法は**ガウスの消去法** (Gaussian elimination method) である．方程式 (5.1) で $m = n$ とおき，改めて次のように表す．

$$
\begin{aligned}
a_{11}x_1 + a_{12}x_2 + \cdots + a_{1n}x_n &= b_1, & ①\\
a_{21}x_1 + a_{22}x_2 + \cdots + a_{2n}x_n &= b_2, & ②\\
\vdots \qquad\qquad & \ \ \vdots & \vdots\\
a_{n1}x_1 + a_{n2}x_2 + \cdots + a_{nn}x_n &= b_n. & ⓝ
\end{aligned}
$$

ここで，② $- ① \times a_{21}/a_{11}$，③ $- ① \times a_{31}/a_{11}$，$\cdots$，ⓝ $- ① \times a_{n1}/a_{11}$ のように式 ⓘ $(i = 2, 3, \cdots, n)$ から式①に a_{i1}/a_{11} を乗じて辺々差し引くと

$$
\begin{aligned}
a_{11}x_1 + a_{12}x_2 + a_{13}x_3 + \cdots + a_{1n}x_n &= b_1, & ①\\
a_{22}^{(2)}x_2 + a_{23}^{(2)}x_3 + \cdots + a_{2n}^{(2)}x_n &= b_2^{(2)}, & ②^{(2)}\\
a_{32}^{(2)}x_2 + a_{33}^{(2)}x_3 + \cdots + a_{3n}^{(2)}x_n &= b_3^{(2)}, & ③^{(2)}\\
\vdots \qquad\qquad & \ \ \vdots & \vdots\\
a_{n2}^{(2)}x_2 + a_{n3}^{(2)}x_3 + \cdots + a_{nn}^{(2)}x_n &= b_n^{(2)} & ⓝ^{(2)}
\end{aligned}
$$

を得る．これをベクトル形で $A^{(2)}\boldsymbol{x} = \boldsymbol{b}^{(2)}$ と表す．ここで

$$
\begin{aligned}
a_{ij}^{(2)} &= a_{ij} - a_{1j} \times \frac{a_{i1}}{a_{11}} \quad (i = 2, 3, \cdots, n, \quad j = 2, 3, \cdots, n)\\
b_i^{(2)} &= b_i - b_1 \times \frac{a_{i1}}{a_{11}} \qquad (i = 2, 3, \cdots, n)
\end{aligned}
$$

とおいた．なお，$a_{ij}^{(1)} = a_{ij}$ $(i, j = 1, 2, \cdots, n)$ とする．

同様に，$③^{(2)} - ②^{(2)} \times a_{32}^{(2)}/a_{22}^{(2)}$，$\cdots$，$ⓝ^{(2)} - ②^{(2)} \times a_{n2}^{(2)}/a_{22}^{(2)}$ を計算すると

$$
\begin{aligned}
a_{11}x_1 + a_{12}x_2 + a_{13}x_3 + \cdots + a_{1n}x_n &= b_1, & ①\\
a_{22}^{(2)}x_2 + a_{23}^{(2)}x_3 + \cdots + a_{2n}^{(2)}x_n &= b_2^{(2)}, & ②^{(2)}\\
a_{33}^{(3)}x_3 + \cdots + a_{3n}^{(3)}x_n &= b_3^{(3)}, & ③^{(3)}\\
\vdots \qquad\qquad & \ \ \vdots & \\
a_{n3}^{(3)}x_3 + \cdots + a_{nn}^{(3)}x_n &= b_n^{(3)} & ⓝ^{(3)}
\end{aligned}
$$

となり，これを $A^{(3)}\boldsymbol{x}=\boldsymbol{b}^{(3)}$ と表す．ここで

$$a_{ij}^{(3)}=a_{ij}^{(2)}-a_{2j}^{(2)}\times\frac{a_{i2}^{(2)}}{a_{22}^{(2)}}\quad(i=3,4,\cdots,n,\quad j=3,4,\cdots,n)$$

$$b_{i}^{(3)}=b_{i}^{(2)}-b_{2}^{(2)}\times\frac{a_{i2}^{(2)}}{a_{22}^{(2)}}\quad(i=3,4,\cdots,n)$$

とおいた．この操作を $n-1$ 回くり返すと

$$\begin{aligned}
a_{11}x_1+a_{12}x_2+a_{13}x_3+\cdots+a_{1n}x_n&=b_1, &&① \\
a_{22}^{(2)}x_2+a_{23}^{(2)}x_3+\cdots+a_{2n}^{(2)}x_n&=b_2^{(2)}, &&②^{(2)} \\
a_{33}^{(3)}x_3+\cdots+a_{3n}^{(3)}x_n&=b_3^{(3)}, &&③^{(3)} \\
\vdots\qquad&\ \ \vdots &&\vdots \\
a_{n-1\,n-1}^{(n-1)}x_{n-1}+a_{n-1\,n}^{(n-1)}x_n&=b_{n-1}^{(n-1)}, &&\boxed{n-1}^{(n-1)} \\
a_{nn}^{(n)}x_n&=b_n^{(n)} &&ⓝ^{(n)}
\end{aligned}$$

が得られるので，これを $A^{(n)}\boldsymbol{x}=\boldsymbol{b}^{(n)}$ と表す．

このようにして得られた方程式を式 $ⓝ^{(n)}$，式 $\boxed{n-1}^{(n-1)}$，$\cdots$，式 $②^{(2)}$，式① の順序で解くことによって，次のように解 x_i $(i=1,2,3,\cdots,n)$ が得られる．

$$x_n=\frac{b_n^{(n)}}{a_{nn}^{(n)}},$$

$$x_{n-1}=\frac{b_{n-1}^{(n-1)}-a_{n-1\,n}^{(n-1)}x_n}{a_{n-1\,n-1}^{(n-1)}},$$

$$\vdots$$

$$x_1=\frac{b_1-a_{1n}x_n-\cdots-a_{12}x_2}{a_{11}}$$

このようにして連立1次方程式を解く方法がガウスの消去法である．第2章で3重対角型の方程式を解く方法を説明したが，これはガウスの消去法の適用例である．その場合と同様に，ここで最終的に得られた連立1次方程式

$A^{(n)}\boldsymbol{x} = \boldsymbol{b}^{(n)}$ (①, ②$^{(2)}$, $\cdots$, $\boxed{n-1}^{(n-1)}$, ⓝ$^{(n)}$) は，係数行列が上三角行列（正方行列 A の (i,j) 成分 a_{ij} が $i > j$ のとき $a_{ij} = 0$ である行列）になっていて，そのために直接的に解が求められたわけである．ガウスの消去法により解を求めるときに必要な乗算および除算の演算回数は，上三角行列に変換するときに必要な演算回数が

$$\sum_{i=n}^{2}(i-1)(1+i) = \sum_{i=1}^{n}(i^2-1) = \frac{1}{6}n(n+1)(2n+1) - n \tag{5.3}$$

回で，順に x_i を求めるときに必要な演算回数が

$$1 + 2 + \cdots + n = \frac{1}{2}n(n+1) \tag{5.4}$$

回となるので，合計 $\frac{1}{3}n(n+1)(n+2) - n$ 回となる．$n \to \infty$ の極限で演算回数は n の 3 乗に比例して大きくなるため，非常に大きな次元の連立 1 次方程式をガウスの消去法で解くことは大変非能率となるだけでなく，誤差も増大する．さらに計算機の記憶容量も n^2 に比例して増加するため，解くことが現実的に不可能となる場合が多い．

ガウスの消去法における計算の途中で，ある k $(1 \leq k \leq n)$ に対して $a_{kk}^{(k)} = 0$ となると，その後の計算が続行不可能となる．そうでなくても $|a_{kk}^{(k)}| \ll 1$ となると，非常に大きな誤差が発生する．これを避けるために**枢軸選び**（すうじく）(pivotting) を行う．その手順をまとめると次のようになる．すなわち，ガウスの消去法における上三角行列への変形過程の k 番目を考える．

ステップ (1)：$a_{kk}^{(k)}, a_{k+1,k}^{(k)}, \cdots, a_{nk}^{(k)}$ のうちで絶対値が最大のものを，$a_{lk}^{(k)}$ $(k \leq l \leq n)$ とする．

ステップ (2)：k 行と l 行を入れ替える．

$$a_{ks}^{(k)} \iff a_{ls}^{(k)} \quad (s = k, k+1, \cdots, n), \quad b_k^{(k)} \iff b_l^{(k)}.$$

このステップ (2) での係数の入替えが，方程式の解 ${}^t[x_1, x_2, \cdots, x_n]$ に影響を与えないことに注意する必要がある．この枢軸選びの操作を，上三角行列への変形過程の各段階で実行する．もし，$a_{kk}^{(k)}$, $a_{k+1\,k}^{(k)}$, $\cdots$, $a_{nk}^{(k)}$ のすべての絶対値が 0 となれば，それは行列が特異な場合で，そのときは $\det A = 0$ であり，

連立1次方程式 (5.1) が一意的な解をもたない．

枢軸選びの手順により上三角行列への変形を行うと，行列 A の行列式は

$$\det A = a_{11}a_{22}^{(2)}a_{33}^{(3)}\cdots a_{nn}^{(n)} \tag{5.5}$$

で与えられ，簡単に計算できる．これは以下のように証明できる．すなわち，係数行列 A の第 k 段階の変形の結果得られた行列を $A^{(k)}$ とする．$A^{(k)}$ から第 $A^{(k+1)}$ への変形は，第 k 行を定数倍したものを，$k+1$ 行から n 行まで加えていくので，線形代数学の結果によれば

$$\det A = \det A^{(2)} = \det A^{(3)} = \cdots = \det A^{(n)}$$

となる．$\det A^{(n)}$ を行列式の列による展開を第1行から順に行い計算を続けると，式 (5.5) が得られる．

例題 1

ガウスの消去法を用いて，次の連立1次方程式を解け．

$$x + 2y + z = 3$$

$$3x + 8y + 7z = 5$$

$$2x + 7y + 4z = 8$$

解答　この連立1次方程式は少数次元の連立1次方程式であり，特に必要がないので枢軸選びを行わずにガウスの消去法を適用する．ただし，計算の途中で，対角成分 $a_{kk}^{(k)} = 1$ となるように規格化しておく．このように規格化しておくと，コンピュータでプログラミングを行う際に見やすいプログラムとなる．連立1次方程式をベクトル形で表す．

$$\begin{bmatrix} 1 & 2 & 1 \\ 3 & 8 & 7 \\ 2 & 7 & 4 \end{bmatrix}\begin{bmatrix} x \\ y \\ z \end{bmatrix} = \begin{bmatrix} 3 \\ 5 \\ 8 \end{bmatrix}$$

2行目－1行目×3を新たに2行目とおき，3行目－1行目×2を3行目とおくと，次の式が得られる．

$$\begin{bmatrix} 1 & 2 & 1 \\ 0 & 2 & 4 \\ 0 & 3 & 2 \end{bmatrix}\begin{bmatrix} x \\ y \\ z \end{bmatrix} = \begin{bmatrix} 3 \\ -4 \\ 2 \end{bmatrix}.$$

2 行目× 1/2 を新たに 2 行目とおいて

$$\begin{bmatrix} 1 & 2 & 1 \\ 0 & 1 & 2 \\ 0 & 3 & 2 \end{bmatrix} \begin{bmatrix} x \\ y \\ z \end{bmatrix} = \begin{bmatrix} 3 \\ -2 \\ 2 \end{bmatrix}$$

が得られる．次に 3 行目− 2 行目× 3 を新たに 3 行とおくことにより

$$\begin{bmatrix} 1 & 2 & 1 \\ 0 & 1 & 2 \\ 0 & 0 & -4 \end{bmatrix} \begin{bmatrix} x \\ y \\ z \end{bmatrix} = \begin{bmatrix} 3 \\ -2 \\ 8 \end{bmatrix}$$

が得られる．3 行目× (−1/4) を新たに 3 行目とおいて

$$\begin{bmatrix} 1 & 2 & 1 \\ 0 & 1 & 2 \\ 0 & 0 & 1 \end{bmatrix} \begin{bmatrix} x \\ y \\ z \end{bmatrix} = \begin{bmatrix} 3 \\ -2 \\ -2 \end{bmatrix}$$

が得られる．こうして得られた方程式を，下の式から順に解いて z, y, x の順に求めると，$x = 1, y = 2, z = -2$ が得られる． ■

5.3 LU 分解

正則な n 次正方行列 A が，正則な下三角行列 L と上三角行列 U の積の形

$$A = LU \tag{5.6}$$

に分解できるとき，A を係数行列とする連立 1 次方程式

$$A\boldsymbol{x} = \boldsymbol{b}$$

は容易に解くことができる．式 (5.6) を行列 A の **LU 分解** (LU decomposition) という（参考文献 [10] 第 1 章）．この連立 1 次方程式を

$$LU\boldsymbol{x} = \boldsymbol{b}$$

と書き，L^{-1} を左からかけると

$$U\boldsymbol{x} = \boldsymbol{y}, \quad \boldsymbol{y} = L^{-1}\boldsymbol{b}$$

となる．これらの方程式は連立1次方程式 (5.1) に対応する上および下三角行列方程式で，この方程式を解くには，方程式

$$L\boldsymbol{y} = \boldsymbol{b} \tag{5.7}$$

より $\boldsymbol{y}$ を決定し，$\boldsymbol{x}$ を求めるために

$$U\boldsymbol{x} = \boldsymbol{y} \tag{5.8}$$

を解けばよい．方程式 (5.8) は上三角型であるから，ガウスの消去法で説明したようにして解くことができる．下三角型の方程式 (5.7) は，逆に，$y_1, y_2, \cdots, y_n$ の順に容易に求めることができる（第5章の問題5）．したがって，行列 A の LU 分解が可能なら，連立1次方程式 (5.1) を解くのは容易である．また，左辺の係数行列 A が同じなら，右辺の $\boldsymbol{b}$ が異なった方程式を解くときも，一度 LU 分解をして L, U を記憶しておけば，少ない演算回数で連立1次方程式を解くことができる．

次に，ガウスの消去法を行う過程で，行列 A に対して L, U を求める方法を簡単に説明する．なお枢軸選びをしなくてよい場合について説明するが，枢軸選びがあっても手順に大きな変更はない．ガウスの消去法の過程における係数行列の変形が，行列の積で表されることに注目する．次の行列 M_1 を定義する．

$$M_1 = \begin{bmatrix} 1 & & & & \text{\Large 0} \\ -m_{21} & 1 & & & \\ -m_{31} & 0 & 1 & & \\ \vdots & \vdots & \vdots & \ddots & \\ -m_{n1} & 0 & 0 & \cdots & 1 \end{bmatrix}, \quad m_{i1} = \frac{a_{i1}}{a_{11}} \quad (i = 2, 3, \cdots, n). \tag{5.9}$$

すると，容易に

$$M_1 A = A^{(2)} \tag{5.10}$$

であることがわかる．次に行列 M_2 を

$$M_2 = \begin{bmatrix} 1 & & & & & \text{\huge 0} \\ 0 & 1 & & & & \\ 0 & -m_{32} & 1 & & & \\ 0 & -m_{42} & 0 & 1 & & \\ \vdots & \vdots & \vdots & \vdots & \ddots & \\ 0 & -m_{n2} & 0 & 0 & \cdots & 1 \end{bmatrix}, \quad m_{i2} = \frac{a_{i2}^{(2)}}{a_{22}^{(2)}} \quad (i = 3, 4, \cdots, n) \tag{5.11}$$

と定義すると

$$M_2 A^{(2)} = A^{(3)} \tag{5.12}$$

であることがわかる．同様の操作を $n-1$ 回くり返すと

$$M_{n-1} M_{n-2} \cdots M_2 M_1 A = A^{(n)} \tag{5.13}$$

となり，最終的な方程式 $A^{(n)}\boldsymbol{x} = \boldsymbol{b}^{(n)}$ の係数行列が得られる[*1]．なお，行列 M_k は

$$M_k = \begin{bmatrix} 1 & & & & & & & \text{\huge 0} \\ 0 & 1 & & & & & & \\ 0 & 0 & 1 & & & & & \\ 0 & 0 & \cdots & 1 & & & & \\ 0 & 0 & \cdots & -m_{k+1\,k} & 1 & & & \\ 0 & 0 & \cdots & -m_{k+2\,k} & 0 & 1 & & \\ \vdots & \vdots & & \vdots & \vdots & & \ddots & \\ 0 & 0 & \cdots & -m_{nk} & 0 & \cdots & 0 & 1 \end{bmatrix},$$

$$m_{ik} = \frac{a_{ik}^{(k)}}{a_{kk}^{(k)}} \quad (i = k+1, k+2, \cdots, n) \tag{5.14}$$

で与えられる．

[*1] $A^{(n)}$ は p.100 の連立方程式 ①〜ⓝ$^{(n)}$ の係数行列，$\boldsymbol{b}^{(n)}$ は同じ方程式の右辺．

一方，簡単な計算でわかるように行列 M_k の逆行列 M_k^{-1} は

$$M_k^{-1} = \begin{bmatrix} 1 & & & & & & & \mathbf{0} \\ 0 & 1 & & & & & & \\ 0 & 0 & \cdots & & & & & \\ 0 & 0 & \cdots & 1 & & & & \\ 0 & 0 & \cdots & m_{k+1\,k} & 1 & & & \\ 0 & 0 & \cdots & m_{k+2\,k} & 0 & 1 & & \\ \vdots & \vdots & & \vdots & \vdots & & \ddots & \\ 0 & 0 & \cdots & m_{nk} & 0 & \cdots & 0 & 1 \end{bmatrix} \tag{5.15}$$

となる（第5章の問題13）．さらに行列の計算により

$$L = M_1^{-1}M_2^{-1}\cdots M_{n-1}^{-1} = \begin{bmatrix} 1 & & & & & \mathbf{0} \\ m_{21} & 1 & & & & \\ m_{31} & m_{32} & 1 & & & \\ \vdots & \vdots & \vdots & \ddots & & \\ \vdots & \vdots & \vdots & & 1 & \\ m_{n1} & m_{n2} & \cdots & \cdots & m_{n\,n-1} & 1 \end{bmatrix} \tag{5.16}$$

が得られる（第5章の問題14）．これから，行列 L は下三角行列であることがわかる．したがって，A は下三角行列 L と上三角行列 $U = A^{(n)}$ により

$$A = LU \tag{5.17}$$

と LU 分解されることがわかる．

このようにして，係数行列 A の LU 分解した形が得られれば，式 (5.7) と (5.8) を解くだけで連立1次方程式の解を求めることができる．このために必要な演算回数は式 (5.4) より

$$2 \times \frac{1}{2}n(n+1) = n(n+1)$$

回となり，$n \to \infty$ の極限で n の2乗に比例する．したがって，同一係数の連立1次方程式を，異なる右辺の値について何度も数値的に解く場合は LU 分解が得られると大変能率的となる．

例題 2

次の行列式 A を LU 分解せよ．

$$A = \begin{bmatrix} 2 & 2 & 1 \\ 3 & 6 & 2 \\ 4 & -2 & 5 \end{bmatrix}.$$

解答　行列 A をガウスの消去法に従って変形すると

$$A^{(2)} = \begin{bmatrix} 2 & 2 & 1 \\ 0 & 3 & 1/2 \\ 0 & -6 & 3 \end{bmatrix}, \quad A^{(3)} = \begin{bmatrix} 2 & 2 & 1 \\ 0 & 3 & 1/2 \\ 0 & 0 & 4 \end{bmatrix}$$

となり

$$U = A^{(3)} = \begin{bmatrix} 2 & 2 & 1 \\ 0 & 3 & 1/2 \\ 0 & 0 & 4 \end{bmatrix}$$

が得られる．また，これから

$$M_1 = \begin{bmatrix} 1 & 0 & 0 \\ -3/2 & 1 & 0 \\ -2 & 0 & 1 \end{bmatrix}, \quad M_2 = \begin{bmatrix} 1 & 0 & 0 \\ 0 & 1 & 0 \\ 0 & 2 & 1 \end{bmatrix}$$

が得られ，$L = M_1^{-1} M_2^{-1}$ を求めれば

$$L = \begin{bmatrix} 1 & 0 & 0 \\ 3/2 & 1 & 0 \\ 2 & 0 & 1 \end{bmatrix} \begin{bmatrix} 1 & 0 & 0 \\ 0 & 1 & 0 \\ 0 & -2 & 1 \end{bmatrix} = \begin{bmatrix} 1 & 0 & 0 \\ 3/2 & 1 & 0 \\ 2 & -2 & 1 \end{bmatrix}$$

となる．□

例題 3

LU 分解を用いて，次の連立 1 次方程式を解け．

$$\begin{aligned} 2x + 2y + z &= 4, \\ 3x + 6y + 2z &= 2, \\ 4x - 2y + 5z &= 8. \end{aligned}$$

解答　この連立 1 次方程式を例題 2 の結果を用い，LU 分解した形で表す．

$$\begin{bmatrix} 1 & 0 & 0 \\ 3/2 & 1 & 0 \\ 2 & -2 & 1 \end{bmatrix} \begin{bmatrix} 2 & 2 & 1 \\ 0 & 3 & 1/2 \\ 0 & 0 & 4 \end{bmatrix} \begin{bmatrix} x \\ y \\ z \end{bmatrix} = \begin{bmatrix} 4 \\ 2 \\ 8 \end{bmatrix}.$$

ここで，上式の左辺で

$$\begin{bmatrix} 2 & 2 & 1 \\ 0 & 3 & 1/2 \\ 0 & 0 & 4 \end{bmatrix} \begin{bmatrix} x \\ y \\ z \end{bmatrix} = \begin{bmatrix} x' \\ y' \\ z' \end{bmatrix}$$

とおくと，連立 1 次方程式は次式となる．

$$\begin{bmatrix} 1 & 0 & 0 \\ 3/2 & 1 & 0 \\ 2 & -2 & 1 \end{bmatrix} \begin{bmatrix} x' \\ y' \\ z' \end{bmatrix} = \begin{bmatrix} 4 \\ 2 \\ 8 \end{bmatrix}.$$

これより，$x' = 4,\ y' = -4,\ z' = -8$ が得られる．これらの値を ${}^t[x, y, z]$ に対する方程式に代入すると

$$\begin{bmatrix} 2 & 2 & 1 \\ 0 & 3 & 1/2 \\ 0 & 0 & 4 \end{bmatrix} \begin{bmatrix} x \\ y \\ z \end{bmatrix} = \begin{bmatrix} 4 \\ -4 \\ -8 \end{bmatrix}$$

となる．この連立 1 次方程式は z, y, x の順に解けて，解 $x = 4$, $y = -1$, $z = -2$ が求められる．　■

5.4 コレスキー分解

前節で，対称性をもたない一般の正則な n 次正方行列 A を下三角行列 L と上三角行列 U の積に分解する方法を学んだ．それでは A の (i,j) 成分が $a_{ij}=a_{ji}$ を満足するとき，すなわち A の転置行列を ${}^tA$ と表すと

$$A = {}^tA$$

となる**対称行列**に対して，LU 分解をどのように改良することができるのかを考えてみよう．コレスキー分解は，単に LU 分解の対称行列版であるばかりでなく，後に説明する不完全コレスキー分解によって，大規模疎行列に対する連立 1 次方程式の解法や，一般化固有値問題の解法に強力な補助手段を提供することができる．なお，ここでは LU 分解で考慮した枢軸選びを無視して説明するが，それを考慮しても内容は本質的に同様である．

式 (5.10) より $M_1A=A^{(2)}$ であるから

$$M_1A = \begin{bmatrix} a_{11} & a_{12} & a_{13} & \cdots & a_{1n} \\ 0 & a_{22}^{(2)} & a_{23}^{(2)} & \cdots & a_{2n}^{(2)} \\ 0 & a_{32}^{(2)} & a_{33}^{(2)} & \cdots & a_{3n}^{(2)} \\ \vdots & \vdots & \vdots & \ddots & \vdots \\ 0 & a_{n2}^{(2)} & a_{n3}^{(2)} & \cdots & a_{nn}^{(2)} \end{bmatrix}$$

となる．次に，$a_{1j}=a_{j1}\ (2\le j\le n)$ を考慮すると

$$M_1A\,{}^tM_1$$

$$= \begin{bmatrix} a_{11} & a_{12} & a_{13} & \cdots & a_{1n} \\ 0 & a_{22}^{(2)} & a_{23}^{(2)} & \cdots & a_{2n}^{(2)} \\ 0 & a_{32}^{(2)} & a_{33}^{(2)} & \cdots & a_{3n}^{(2)} \\ \vdots & \vdots & \vdots & \ddots & \vdots \\ 0 & a_{n2}^{(2)} & a_{n3}^{(2)} & \cdots & a_{nn}^{(2)} \end{bmatrix} \begin{bmatrix} 1 & -\dfrac{a_{21}}{a_{11}} & -\dfrac{a_{31}}{a_{11}} & \cdots & -\dfrac{a_{n1}}{a_{11}} \\ & 1 & 0 & \cdots & 0 \\ & & 1 & \cdots & 0 \\ & & & \ddots & \vdots \\ \text{\Large 0} & & & & 1 \end{bmatrix}$$

$$
= \begin{bmatrix} a_{11} & 0 & 0 & 0\cdots & 0 \\ 0 & a_{22}^{(2)} & a_{23}^{(2)} & \cdots & a_{2n}^{(2)} \\ 0 & a_{32}^{(2)} & a_{33}^{(2)} & \cdots & a_{3n}^{(2)} \\ \vdots & \vdots & \vdots & \ddots & \vdots \\ 0 & a_{n2}^{(2)} & a_{n3}^{(2)} & \cdots & a_{nn}^{(2)} \end{bmatrix}
$$

が得られる．${}^t(M_1 A\,{}^tM_1) = M_1 A\,{}^tM_1$ であるから $M_1 A\,{}^tM_1$ は対称行列である．したがって $a_{ij}^{(2)} = a_{ji}^{(2)}$ が成り立つ．この操作をくり返すと

$$
M_{n-1}M_{n-2}\cdots M_2 M_1 A\,{}^tM_1\,{}^tM_2\cdots{}^tM_{n-2}\,{}^tM_{n-1}
$$

$$
= \begin{bmatrix} a_{11} & & & & \text{\Large 0} \\ & a_{22}^{(2)} & & & \\ & & a_{33}^{(3)} & & \\ & & & \ddots & \\ \text{\Large 0} & & & & a_{nn}^{(n)} \end{bmatrix} = D
$$

となる．ここで，得られた対角行列を D とおいた．これより

$$
A = LD\,{}^tL, \quad L = M_1^{-1}M_2^{-1}\cdots M_{n-1}^{-1} \tag{5.18}
$$

が得られる．これを A の**修正コレスキー分解** (LDL decomposition) という．$\det M_i = 1$ $(i = 1, 2, \cdots, n)$ なので，$\det L = 1$ であり，

$$
\det A = \det D = a_{11}a_{22}^{(2)}\cdots a_{nn}^{(n)}
$$

となって，式 (5.5) が得られる．

もし，A が正定値行列，すなわち「任意のベクトル $\boldsymbol{x} = {}^t(x_1, x_2, \cdots, x_n)$ に対して

$$
\sum_{i=1}^{n}\sum_{j=1}^{n} x_i a_{ij} x_j \geq 0
$$

が成り立ち，等号が成立するのは $\boldsymbol{x}$ がゼロベクトルの場合に限る」という条件を満たすとき，D の対角成分はすべて正，すなわち，$a_{11} > 0$, $a_{kk}^{(k)} > 0$ $(2 \leq k \leq n)$ であることを証明できるので

$$D = D_1 D_1, \quad D_1 = \begin{bmatrix} \sqrt{a_{11}} & & & & 0 \\ & \sqrt{a_{22}^{(2)}} & & & \\ & & \sqrt{a_{33}^{(3)}} & & \\ & & & \ddots & \\ 0 & & & & \sqrt{a_{nn}^{(n)}} \end{bmatrix}$$

となる対角行列 D_1 を定義することができる．これを用いて行列

$$L_1 = LD_1 = \begin{bmatrix} \sqrt{a_{11}} & & & & 0 \\ -m_{21}\sqrt{a_{11}} & \sqrt{a_{22}^{(2)}} & & & \\ -m_{31}\sqrt{a_{11}} & -m_{32}\sqrt{a_{22}^{(2)}} & \sqrt{a_{33}^{(3)}} & & \\ \vdots & \vdots & \vdots & \ddots & \\ -m_{n1}\sqrt{a_{11}} & -m_{n2}\sqrt{a_{22}^{(2)}} & \cdots & \cdots & \sqrt{a_{nn}^{(n)}} \end{bmatrix} \tag{5.19}$$

を定義すると

$$A = LD_1{}^tD_1{}^tL = L_1{}^tL_1 \tag{5.20}$$

が得られる．これを A の**コレスキー分解** (Cholesky decomposition) という．

行列 L と L_1 の (i, j) 成分をそれぞれ l_{ij} および l_{ij}^1 とし，D の対角成分 $a_{kk}^{(k)}$ を d_k とする．計算の詳細は省くが，式 (5.18), (5.20) の両辺の各成分を比較すると，次の連立方程式を導くことができる．

$$l_{ij} = \frac{1}{d_j}\left(a_{ij} - \sum_{k=1}^{j-1} l_{ik}l_{jk}d_k\right) \quad (i > j), \quad l_{ii} = 1, \quad d_i = a_{ii} - \sum_{k=1}^{i-1} l_{ik}^2 d_k, \tag{5.21}$$

$$l_{ij}^1 = \frac{1}{l_{jj}^1}\left(a_{ij} - \sum_{k=1}^{j-1} l_{ik}^1 l_{jk}^1\right) \qquad (i > j), \qquad l_{ii}^1 = \sqrt{a_{ii} - \sum_{k=1}^{i-1} {l_{ik}^1}^2}. \tag{5.22}$$

実際に数値計算で（修正）コレスキー分解を行うときは，これらの式を (i,j) の小さな成分から逐次的に解くことにより，l_{ij}, l^1_{ij} を計算する．

A が成分に 0 を多く含む**大規模疎行列**（行列の次元 n が大きいが，0 成分も多い行列）の場合，計算の効率化のために L や L_1 の成分のうち，0 でない A の成分 a_{ij} と同じ添字 (i,j) をもつ L や L_1 の成分 l_{ij} や l'_{ij} だけを計算し，他の成分は 0 とおいた行列 L' および L'_1 を用いる場合が多い．このようにして計算した L' および L'_1 とそれらの転置行列との積は A とは正確には一致せず

$$A = L'_1\ {}^tL'_1 + R = L'D\ {}^tL' + R \tag{5.23}$$

のように，残差 R が生じる．これを**不完全コレスキー分解** (Incomplete Cholesky decomposition) (**不完全修正コレスキー分解** (Incomplete LDL decomposition)) とよび，大規模疎行列の計算に頻繁に利用される．残差 R の各要素の大きさは行列によって異なり，それを予想することは難しいが，一般的には比較的小さくなることが期待される．

5.5 反復法

この節では連立 1 次方程式 (5.1) を反復法により数値的に解くためのいくつかの方法について説明する．

連立 1 次方程式の係数行列 A を対角部分 D，下三角部分 L，上三角部分 U に分けて

$$A = D + L + U \tag{5.24}$$

とおく．ここで

$$D = \begin{bmatrix} a_{11} & & & & 0 \\ & a_{22} & & & \\ & & a_{33} & & \\ & & & \ddots & \\ 0 & & & & a_{nn} \end{bmatrix},$$

$$L = \begin{bmatrix} 0 & & & & \text{\Large 0} \\ a_{21} & 0 & & & \\ a_{31} & a_{32} & 0 & & \\ \vdots & \vdots & \vdots & \ddots & \\ a_{n1} & a_{n2} & a_{n3} & \cdots & 0 \end{bmatrix}, \quad U = \begin{bmatrix} 0 & a_{12} & a_{13} & \cdots & a_{1n} \\ & 0 & a_{23} & \cdots & a_{2n} \\ & & 0 & \cdots & a_{3n} \\ & & & \ddots & \vdots \\ \text{\Large 0} & & & & 0 \end{bmatrix} \tag{5.25}$$

である．式 (5.24) を用いて連立 1 次方程式 (5.1) を書き直すと

$$(D + L + U)\boldsymbol{x} = \boldsymbol{b} \tag{5.26}$$

となり，さらに変形すると

$$\boldsymbol{x} = -D^{-1}(L + U)\boldsymbol{x} + D^{-1}\boldsymbol{b} \tag{5.27}$$

が得られる．式 (5.27) がここで説明する反復法の基礎となる方程式である．なお，$a_{jj} \neq 0\ (j = 1, 2, \cdots, n)$ のとき D の逆行列 D^{-1} が

$$D^{-1} = \begin{bmatrix} a_{11}^{-1} & & & & \text{\Large 0} \\ & a_{22}^{-1} & & & \\ & & a_{33}^{-1} & & \\ & & & \ddots & \\ \text{\Large 0} & & & & a_{nn}^{-1} \end{bmatrix} \tag{5.28}$$

となることは明らかである．ここで注意すべき点は，前節で説明した行列 A の LU 分解では L, U は対角成分をもつが，ここで定義した L, U は対角成分をもたないことである．

5.5.1 ヤコビ法とガウス・ザイデル法

(1) ヤコビ法

ヤコビ法 (Jacobi method) は最も単純な反復法で，初期に近似解 $\boldsymbol{x}^{(0)}$ を適当に与え，逐次 $\boldsymbol{x}^{(k)}\ (k = 1, 2, \cdots)$ を反復式

$$\boldsymbol{x}^{(k+1)} = -D^{-1}(L + U)\boldsymbol{x}^{(k)} + D^{-1}\boldsymbol{b} \tag{5.29}$$

によって求める方法である．$\boldsymbol{x}^{(k)} = \boldsymbol{x}^{(k+1)}$ が成立すれば $\boldsymbol{x}^{(k)}$ は連立 1 次方程式 (5.26) の解であることは明らかである．解が十分に収束したことが確認され

たら反復計算を終えて，最終反復解を連立1次方程式の解とする．通常は，収束判定にはベクトルの L_2 ノルムの2乗を用いる．すなわち，次式が成り立てば収束したと判定する．

$$\left(\|\boldsymbol{x}^{(k+1)}-\boldsymbol{x}^{(k)}\|_2\right)^2=\sum_{i=1}^{n}(x_i^{(k+1)}-x_i^{(k)})^2<\delta. \tag{5.30}$$

ここで，δ は必要な精度に応じて与える小さな正数である．

反復式 (5.29) より

$$D\boldsymbol{x}^{(k+1)}=-(L+U)\boldsymbol{x}^{(k)}+\boldsymbol{b}$$

となる．この式を成分表示すると

$$a_{ii}x_i^{(k+1)}=-\sum_{l=1}^{i-1}a_{il}x_l^{(k)}-\sum_{l=i+1}^{n}a_{il}x_l^{(k)}+b_i \quad (i=1,2,\cdots,n) \tag{5.31}$$

となる．式 (5.31) で $i=1$ および $i=n$ の場合には，形式的に $\sum_{l=1}^{0}$ または $\sum_{l=n+1}^{n}$ のような和が生じるが，和の上限が下限よりも小さいときは和をとらない，すなわち

$$\sum_{l=1}^{0}a_{il}x_l^{(k)}=0, \quad \sum_{l=n+1}^{n}a_{il}x_l^{(k)}=0$$

とする．

ガウスの消去法などの直接法を用いるときは，計算機の容量が十分で，計算誤差が許容範囲内であれば，任意の正則な正方行列を係数行列にもつ連立1次方程式を解くことができる．一方，反復法では一般に解が求められる場合と，求められない場合がある．解が求められる場合は反復計算が収束するときで，反復計算が収束しないと解は求められない．ヤコビ法の反復計算が収束するための条件を考えてみよう．まず，反復の残差 $\boldsymbol{d}^{(k+1)}=\boldsymbol{x}^{(k+1)}-\boldsymbol{x}^{(k)}$ は (5.29) より

$$\boldsymbol{d}^{(k+1)}=-D^{-1}(L+U)\boldsymbol{d}^{(k)} \tag{5.32}$$

となる．これから

$$\|\boldsymbol{d}^{(k+1)}\|_2=\|D^{-1}(L+U)\boldsymbol{d}^{(k)}\|_2 \tag{5.33}$$

が得られる．一方，正方行列 B に対して L_2 ノルムが

$$\|B\|_2 = \operatorname*{Max}_{\|\boldsymbol{x}\|_2=1} \|B\boldsymbol{x}\|_2 \tag{5.34}$$

で定義されるので

$$\|\boldsymbol{d}^{(k+1)}\|_2 \leq \|D^{-1}(L+U)\|_2 \, \|\boldsymbol{d}^{(k)}\|_2 \tag{5.35}$$

となる．もし $S = \|D^{-1}(L+U)\|_2 < 1$ であれば，$k \to \infty$ で $\boldsymbol{d}^{(k)} \to \boldsymbol{0}$ となり，反復は収束する．証明は省略するが，$S < 1$ となるための十分条件として“$D^{-1}(L+U)$ のすべての固有値の絶対値が 1 より小さい” ことが知られている．この条件が成立するためには，A が**対角優位行列**

$$|a_{ii}| > \sum_{i \neq j, j=1}^{n} |a_{ij}| \quad (i = 1, 2, \cdots, n) \tag{5.36}$$

であればよく，または A が正値対称行列*2)であってもよい（参考文献 [3] 第 1 章）．

例題 4

ヤコビ法を用いて，次の連立方程式を解け．ただし初期近似解を $x_1 = x_2 = x_3 = x_4 = x_5 = 0$ とし，収束判定には $\delta = 10^{-8}$ を用いよ．

$$\begin{aligned}
10x_1 + 3x_2 + x_3 + 2x_4 + x_5 &= -22 \\
x_1 + 19x_2 + 2x_3 - x_4 + 5x_5 &= 27 \\
-x_1 + x_2 + 30x_3 + x_4 + 10x_5 &= 89 \\
-2x_1 + x_3 + 20x_4 + 5x_5 &= -73 \\
-3x_1 + 5x_2 + x_3 - 2x_4 + 25x_5 &= 22
\end{aligned}$$

解答 反復計算式 (5.31) に初期近似解 $x_1 = x_2 = x_3 = x_4 = x_5 = 0$ を代入し，近似解 $\boldsymbol{x}^{(k)}$ を $k = 1, 2, \cdots$ のように逐次計算すると，表 5.1 の結果が得られる．厳密解は $x_1 = -2$, $x_2 = 1$, $x_3 = 3$, $x_4 = -4$, $x_5 = 0$ であるから，表 5.1 より 10 回程度の反復計算で真の解にたどり着くことがわかる． □

*2) 任意の $\boldsymbol{x}$ $(\neq 0)$ に対して ${}^t\boldsymbol{x}A\boldsymbol{x} > 0$ となる対称行列（正値対称行列）の固有値はすべて正である．

表 5.1 ヤコビ法による例題 4 の解答例.

k	x_1	x_2	x_3	x_4	x_5
0	0.0000	0.0000	0.0000	0.0000	0.0000
1	−2.2000	1.4211	2.9667	−3.6500	8.8000×10^{-1}
2	−2.2810	0.80088	2.6743	−4.2383	-7.8877×10^{-2}
3	−1.8521	1.0573	3.0315	−3.9921	6.8070×10^{-5}
4	−2.0219	0.98930	3.0027	−3.9868	5.6583×10^{-3}
5	−2.0003	1.0002	2.9973	−4.0037	4.5534×10^{-4}
6	−1.9990	0.99998	3.0000	−4.0000	-2.3794×10^{-4}
7	−2.0000	1.0000	3.0001	−3.9998	1.1900×10^{-4}
8	−2.0001	0.99996	3.0000	−4.0000	8.9170×10^{-6}
9	−2.0000	1.0000	3.0000	−4.0000	-5.6396×10^{-7}
10	−2.0000	1.0000	3.0000	−4.0000	1.3899×10^{-6}

(2) ガウス・ザイデル法

ガウス・ザイデル法 (Gauss-Seidel method) はヤコビ法を変形した反復法で，反復計算で得られた解の一部を次の反復計算に用いるため，ヤコビ法より少し収束が速い．初期近似解 $\boldsymbol{x}^{(0)}$ を適当に与え，逐次 $\boldsymbol{x}^{(k)}$ を反復式

$$\boldsymbol{x}^{(k+1)} = -D^{-1}L\boldsymbol{x}^{(k+1)} - D^{-1}U\boldsymbol{x}^{(k)} + D^{-1}\boldsymbol{b} \tag{5.37}$$

あるいは $\boldsymbol{x}^{(k+1)}$ の入った項を左辺にまとめて

$$(E + D^{-1}L)\boldsymbol{x}^{(k+1)} = -D^{-1}U\boldsymbol{x}^{(k)} + D^{-1}\boldsymbol{b} \tag{5.38}$$

から求める．ここで，E は単位行列

$$E = \begin{bmatrix} 1 & & & & \text{\Large 0} \\ & 1 & & & \\ & & 1 & & \\ & & & \ddots & \\ \text{\Large 0} & & & & 1 \end{bmatrix} \tag{5.39}$$

である．方程式 (5.38) が容易に解けることは，$E + D^{-1}L$ が下三角行列であることからわかる．

ガウス・ザイデル法では (5.38) より

$$\boldsymbol{x}^{(k+1)} = -(D+L)^{-1}U\boldsymbol{x}^{(k)} + (D+L)^{-1}\boldsymbol{b}$$

となるので，反復の残差 $\boldsymbol{d}^{(k+1)} = \boldsymbol{x}^{(k+1)} - \boldsymbol{x}^{(k)}$ は

$$\begin{aligned}\boldsymbol{d}^{(k+1)} &= -\left\{(D+L)^{-1}U + E\right\}\boldsymbol{x}^{(k)} + (D+L)^{-1}\boldsymbol{b} \\ &= -D^{-1}L\boldsymbol{x}^{(k+1)} - (D^{-1}U+E)\boldsymbol{x}^{(k)} + D^{-1}\boldsymbol{b} \\ &= -(D+L)^{-1}U\boldsymbol{d}^{(k)} \end{aligned} \tag{5.40}$$

となる（第 5 章の問題 8）．すなわち，ガウス・ザイデル法における解の収束条件は

$$s = \|(D+L)^{-1}U\|_2 < 1$$

である．

反復計算式 (5.37) は

$$D\boldsymbol{x}^{(k+1)} = -L\boldsymbol{x}^{(k+1)} - U\boldsymbol{x}^{(k)} + \boldsymbol{b}$$

と表されるので，この式を各成分について書き表すと

$$a_{ii}x_i^{(k+1)} = -\sum_{l=1}^{i-1} a_{il}x_l^{(k+1)} - \sum_{l=i+1}^{n} a_{il}x_l^{(k)} + b_i \quad (i = 1, 2, \cdots, n) \tag{5.41}$$

となる．

例題 5

ガウス・ザイデル法を用いて，例題 4 と同じ連立方程式を解け．ただし初期条件は $x_1 = x_2 = x_3 = x_4 = x_5 = 0$ とし，収束判定には $\delta = 10^{-8}$ を用いよ．

解答 反復公式 (5.41) に初期近似解を代入し，$\boldsymbol{x}^{(k)}$ を逐次計算すると表 5.2 のような結果が得られる．この表より，ガウス・ザイデル法を用いれば 7 回程度の反復で真の解にたどり着くので，ヤコビ法より少し収束が速いことがわかる． ■

表 5.2 ガウス・ザイデル法による例題2の連立1次方程式の解答例.

k	x_1	x_2	x_3	x_4	x_5
0	0.0000	0.0000	0.0000	0.0000	0.0000
1	−2.2000	1.5368	2.8421	−4.0121	-1.2602×10^{-1}
2	−2.1302	1.0560	3.0362	−3.9833	-2.6944×10^{-2}
3	−2.0211	1.0053	3.0075	−3.9957	-3.5421×10^{-3}
4	−2.0028	1.0005	3.0009	−3.9994	-4.3438×10^{-4}
5	−2.0003	1.0001	3.0001	−3.9999	-4.8953×10^{-5}
6	−2.0000	1.0000	3.0000	−4.0000	-5.9761×10^{-6}
7	−2.0000	1.0000	3.0000	−4.0000	-6.6588×10^{-7}

5.5.2 SOR 法

SOR 法 (SOR method) は Successive Over Relaxation 法 (**逐次過緩和法**) の略でガウス・ザイデル法を改良した連立1次方程式の解法である．ガウス・ザイデル法による反復計算式は式 (5.37) より

$$\boldsymbol{x}^{(k+1)} = \boldsymbol{x}^{(k)} - D^{-1}L\boldsymbol{x}^{(k+1)} - (D^{-1}U + E)\boldsymbol{x}^{(k)} + D^{-1}\boldsymbol{b}$$

であった．SOR 法ではさらに**緩和係数**とよばれる調節パラメータ ω を導入して，これを

$$\boldsymbol{x}^{(k+1)} = \boldsymbol{x}^{(k)} + \omega\left\{-D^{-1}L\boldsymbol{x}^{(k+1)} - (D^{-1}U + E)\boldsymbol{x}^{(k)} + D^{-1}\boldsymbol{b}\right\} \quad (5.42)$$

と変形する．$\boldsymbol{x}^{(k+1)}$ を求める式は

$$(E + \omega D^{-1}L)\boldsymbol{x}^{(k+1)} = \left\{E - \omega(D^{-1}U + E)\right\}\boldsymbol{x}^{(k)} + \omega D^{-1}\boldsymbol{b}, \quad (5.43)$$

あるいは次のようになる．

$$\begin{aligned}\boldsymbol{x}^{(k+1)} &= (E + \omega D^{-1}L)^{-1}\left\{E - \omega(D^{-1}U + E)\right\}\boldsymbol{x}^{(k)} \\ &\quad + \omega(E + \omega D^{-1}L)^{-1}D^{-1}\boldsymbol{b}. \end{aligned} \quad (5.44)$$

式 (5.42) より

$$D\boldsymbol{x}^{(k+1)} = -\omega L\boldsymbol{x}^{(k+1)} + \{D - \omega(U + D)\}\boldsymbol{x}^{(k)} + \omega\boldsymbol{b}$$

となるので，この式を成分表示で書き表すと

$$a_{ii}x_i^{(k+1)} = -\omega \sum_{l=1}^{i-1} a_{il}x_l^{(k+1)} + (1-\omega)a_{ii}x_i^{(k)} - \omega \sum_{l=i+1}^{n} a_{il}x_l^{(k)} + \omega b_i$$

$$(i = 1, 2, \cdots, n) \quad (5.45)$$

が得られる．緩和係数 ω の値は，反復の収束を速くするように問題に応じて

$$1 < \omega < 2 \quad (5.46)$$

の範囲で最適な値が用いられることが多い．

例題 6

次の連立方程式を SOR 法を用いて数値的に解け．ただし，収束判定には $\delta = 10^{-8}$ を用いよ．

$$5x_1 + 4x_2 = 13,$$
$$2x_1 + 3x_2 = 8.$$

解答 反復公式 (5.45) に適当な初期近似解を代入して，近似解を逐次求めれば解が得られるが，ここでは復習の意味も含めて反復公式 (5.45) の導出を行う．問題の連立方程式を変形すると次式を得る．

$$x_1 = \frac{1}{5}(13 - 4x_2),$$
$$x_2 = \frac{1}{3}(8 - 2x_1).$$

ここで，新たな変数 $x_1^{(k)}$, $x_2^{(k)}$ $(k = 0, 1, \cdots)$ を導入し次の漸化式を作る．

$$x_1^{(k+1)} = \frac{1}{5}(13 - 4x_2^{(k)}),$$
$$x_2^{(k+1)} = \frac{1}{3}(8 - 2x_1^{(k+1)}).$$

さらに上式を加速係数 ω を用いて以下のように修正する．

$$x_1^{(k+1)} = \frac{\omega}{5}(13 - 4x_2^{(k)}) + (1-\omega)x_1^{(k)},$$
$$x_2^{(k+1)} = \frac{\omega}{3}(8 - 2x_1^{(k+1)}) + (1-\omega)x_2^{(k)}.$$

したがって，ω および $x_1^{(0)}$, $x_2^{(0)}$ を決めれば $x_1^{(k)}$, $x_2^{(k)}$ が決まり，$k \to \infty$ で $x_1^{(k)}$, $x_2^{(k)}$ がある値に収束するならばそれが解である．初期近似解を $x_1^{(0)} = 0$, $x_2^{(0)} = 0$ とし，緩和係数を $\omega = 1.2$ と選んだときの計算結果を表 5.3 に示す．■

表 5.3 SOR 法による例題 6 の解答例．

k	$x_1^{(k)}$	$x_2^{(k)}$
0	0	0
1	3.120000	0.704000
2	1.820160	1.603072
3	1.217018	1.905771
4	1.047057	1.981201
5	1.008636	1.996851
6	1.001296	1.999593
7	1.000131	1.999976
8	0.999997	2.000008
9	0.999993	2.000004
10	0.999999	2.000001

SOR 法において，緩和係数を導入するとなぜ収束が速くなるかを簡単な例で説明する．

例 1次元線形方程式

$$x - ax = b \quad (a > 0,\ a \neq 1) \tag{5.47}$$

を考える．この方程式の解は明らかに $x = b/(1-a)$ である．これを反復法

$$x^{(k+1)} = ax^{(k)} + b \tag{5.48}$$

で解く．この式 (5.48) を漸化式とみなすと，数列 $x^{(k)}$ の一般項は

$$x^{(k)} = a^k x^{(0)} + \frac{1-a^k}{1-a}b \tag{5.49}$$

となり，$a < 1$ であれば $k \to \infty$ で $x^{(k)} \to b/(1-a)$ となる．反復式 (5.48) を SOR 法で変形すると

$$x^{(k+1)} = \alpha x^{(k)} + \omega b, \quad \alpha = 1 + \omega(a-1) \tag{5.50}$$

となる（$a > 1$ の場合は第 5 章の問題 10）．式 (5.50) を漸化式とみなすと数列 $x^{(k)}$ の一般項は

$$x^{(k)} = \alpha^k x^{(0)} + \frac{1-\alpha^k}{1-\alpha}\omega b \tag{5.51}$$

となり，$|\alpha| < 1$ であれば $k \to \infty$ で $x^{(k)} \to \omega b/(1-\alpha) = b/(1-a)$ となる．緩和係数 ω を $1 < \omega < \dfrac{1+a}{1-a}$ の範囲で適当に選ぶと，$|\alpha| < a$ となり収束が速くなることが期待される．なお，$\omega = 1/(1-a)$ で $\alpha = 0$ となり，収束が最も速くなる．これが SOR 法，つまり逐次過緩和法で解が効率的に求められる理由である．■

5.6　共役勾配法（CG 法）

前節で説明した連立 1 次方程式の反復解法，すなわち，ヤコビ法，ガウス・ザイデル法や SOR 法以外によく用いられる連立 1 次方程式の解法として共役勾配法（きょうやくこうばいほう）(CG 法，Conjugate Gradient method) とよばれる方法がある．この方法は特に係数行列 A が大規模疎行列の場合に有力で，しばしば SOR 法よりも効率がよい．また，丸め誤差などの影響がないとすると，有限回の反復計算で真の解に到達することが数学的に保証されている．ただし，実際の問題に適用する場合は非常に大きな次元 n の連立方程式を扱うことが多いので，そのときは n に比べてずっと少数回の反復計算で必要な精度の解を求める必要がある．また，係数行列 A の性質によっては，必ずしも簡単に真の解に収束しない場合もある．ここでは共役勾配法について，その概略だけを説明するにとどめるので，詳しくは専門書を参照していただきたい（例えば，参考文献 [8]）．

係数行列 A が a_{ij} を (i,j) 成分とする正則な正値対称行列であるとする．このとき $\boldsymbol{x}$ が

$$A\boldsymbol{x} = \boldsymbol{b} \tag{5.52}$$

の解であることと，関数

$$f(\boldsymbol{x}) = \frac{1}{2}(\boldsymbol{x}, A\boldsymbol{x}) - (\boldsymbol{x}, \boldsymbol{b}) \tag{5.53}$$

を最小にすることとが同値であることは次のようにして簡単に証明される．なお，式 (5.53) で $(\boldsymbol{a}, \boldsymbol{b})$ は 2 つのベクトル $\boldsymbol{a}$ と $\boldsymbol{b}$ の内積を表し

$$(\boldsymbol{a}, \boldsymbol{b}) = \sum_{j=1}^{n} a_j b_j \tag{5.54}$$

で定義される．また，L_2 ノルムはこの内積を用いると $\| \boldsymbol{x} \|_2 = (\boldsymbol{x}, \boldsymbol{x})^{1/2}$ と表される．

もし $\boldsymbol{x}$ が $f(\boldsymbol{x})$ の最小値を与えるとすると，すべての x_i $(i = 1, 2, \cdots, n)$ に関する $f(\boldsymbol{x})$ の偏微分が 0 となるので，

$$\frac{\partial f(\boldsymbol{x})}{\partial x_i} = \sum_{j=1}^{n} a_{ij} x_j - b_i = 0 \tag{5.55}$$

となり，方程式 (5.52) が成り立ち，$\boldsymbol{x}$ は式 (5.52) の解であることが保証される．逆に，式 (5.55) が成り立っているとすると，点 $\boldsymbol{x}$ で $f(\boldsymbol{x})$ は停留点または極大点あるいは極小点となるが，A が正値対称行列であることから，この点は極小点とならなければならないことが証明される．これより，反復計算によって $f(\boldsymbol{x})$ を最小にする $\boldsymbol{x}$ を見つければ，連立 1 次方程式の解が求められることになる．共役勾配法はこの反復計算において，ある近似解 $\boldsymbol{x}^{(k-1)}$ から次の近似解 $\boldsymbol{x}^{(k)}$ を探すときの差ベクトル $\boldsymbol{x}^{(k)} - \boldsymbol{x}^{(k-1)}$ の方向（**探索方向**とよぶ）とそのベクトルの大きさを決める方法である．

式 (5.53) を最小にする $\boldsymbol{x}$ を逐次計算法で求める．第 k ステップ目の近似解 $\boldsymbol{x}^{(k-1)}$ がわかっているときに，次のステップの近似解 $\boldsymbol{x}^{(k)}$ を求めるための探索方向として，最も簡単に思いつくのは，$f(\boldsymbol{x})$ の最急勾配の逆方向

$$-\nabla f(\boldsymbol{x}^{(k-1)}) = \boldsymbol{b} - \boldsymbol{A}\boldsymbol{x}^{(k-1)} \tag{5.56}$$

だろう．そこで，近似解 $\boldsymbol{x}^{(k-1)}$ から次の近似解 $\boldsymbol{x}^{(k)}$ へ進む方向 $\boldsymbol{p}^{(k)}$ として $\boldsymbol{x}^{(k-1)}$ の**残差**（ざんさ）

$$\boldsymbol{r}^{(k)} = \boldsymbol{b} - \boldsymbol{A}\boldsymbol{x}^{(k-1)} \tag{5.57}$$

をとり，次に $f(\boldsymbol{x})$ が最小となるようにベクトルの長さを決定する．しかし，単純に $f(\boldsymbol{x})$ の最急勾配の逆方向に探索方向を求めていくと，実際の数値計算では反復計算を行っていくに従って解の探索の精度が悪化し，収束が保証されないことが知られている．これを防ぐために，探索方向に修正を加えることによって，より収束を効率的にすることが可能となる．共役勾配法における解の収束と探索方向の変化を見るための例として，方程式 $3x + y = 2$，$x + 2y = -1$ を

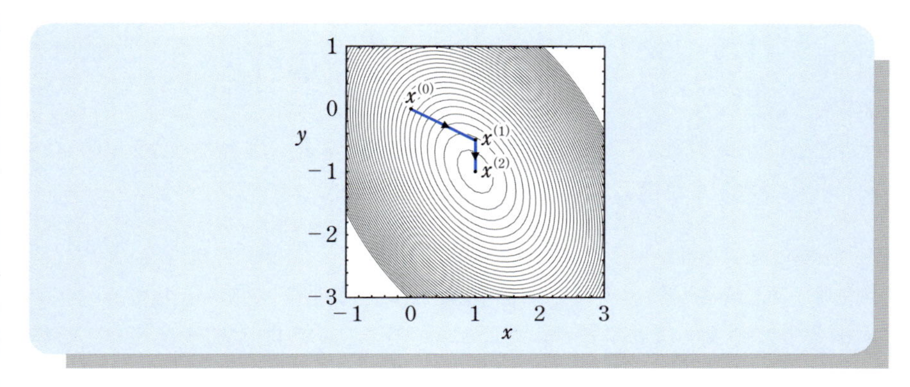

図 5.1　方程式 $3x + y = 2$, $x + 2y = -1$ の共役勾配法による解．
共役勾配法を用いるとこの方程式の解は 2 ステップで求められる．
曲線線は $f(x, y) = 3x^2/2 + xy + y^2 - 2x + y$ の等高線．

とり，その解の収束の様子を図 5.1 に示しておこう．この図より明らかなように，最初の探索方向は等高線と直交し，最急勾配の逆方向が探索方向となっているが，次のステップでは探索方向は等高線と直交していない．

反復計算を行うための初期条件は真の解に近ければ近いほどよいが，$\boldsymbol{x}^{(0)} = \boldsymbol{0}$ と選んでも他の初期条件を選んでも近似解を得る反復回数にあまり差はない．なぜなら，$\boldsymbol{x}^{(0)} \neq \boldsymbol{0}$ の初期条件を選んだ場合には，$\boldsymbol{y} = \boldsymbol{x} - \boldsymbol{x}^{(0)}$ を初期条件 $\boldsymbol{y}^{(0)} = \boldsymbol{0}$ のもとに方程式 $A\boldsymbol{y} = \boldsymbol{b} - A\boldsymbol{x}^{(0)}$ の解として求めた後に，$\boldsymbol{x} = \boldsymbol{y} + \boldsymbol{x}^{(0)}$ を計算すれば同じ結果となるからである．

初期条件を $\boldsymbol{x}^{(0)} = \boldsymbol{0}$ とし，近似解 $\boldsymbol{x}^{(1)}$ の探索方向 $\boldsymbol{p}^{(1)}$ として残差

$$\boldsymbol{p}^{(1)} = \boldsymbol{r}^{(1)} = \boldsymbol{b} - A\boldsymbol{x}^{(0)} = \boldsymbol{b} \tag{5.58}$$

をとる．第 1 次近似解 $\boldsymbol{x}^{(1)}$ を

$$\boldsymbol{x}^{(1)} = \alpha^{(1)}\boldsymbol{p}^{(1)} \tag{5.59}$$

と表す．ここで，$\alpha^{(1)}$ を $f(\boldsymbol{x}^{(1)})$ が最小となるための条件で求める．すなわち

$$\frac{\partial f(\boldsymbol{x}^{(1)})}{\partial \alpha^{(1)}} = 0$$

より $\alpha^{(1)}$ を求めると

$$\alpha^{(1)} = \frac{(\boldsymbol{p}^{(1)}, \boldsymbol{b})}{(\boldsymbol{p}^{(1)}, A\boldsymbol{p}^{(1)})} = \frac{(\boldsymbol{p}^{(1)}, \boldsymbol{r}^{(1)})}{(\boldsymbol{p}^{(1)}, A\boldsymbol{p}^{(1)})} \tag{5.60}$$

が得られる．

ここで，2つのベクトル $\boldsymbol{a}$ と $\boldsymbol{b}$ の**共役**の関係を定義しておこう．2つのベクトル $\boldsymbol{a}$ と $\boldsymbol{b}$ が A に関して共役の関係にあるとは

$$(\boldsymbol{a}, A\boldsymbol{b}) = 0 \tag{5.61}$$

が成り立つことをいう．共役の関係 (5.61) は，行列 A を重みとして，ベクトル $\boldsymbol{a}$ と $\boldsymbol{b}$ が直交していると考えることもできる．次の探索方向 $\boldsymbol{p}^{(2)}$ は，近似解 $\boldsymbol{x}^{(1)}$ に対する式 (5.52) の残差 $\boldsymbol{r}^{(2)}$

$$\boldsymbol{r}^{(2)} = \boldsymbol{b} - \alpha^{(1)} A\boldsymbol{p}^{(1)} = \boldsymbol{r}^{(1)} - \alpha^{(1)} A\boldsymbol{p}^{(1)} \tag{5.62}$$

を $\boldsymbol{p}^{(1)}$ と共役になるように修正したものである．$\boldsymbol{p}^{(2)}$ を求めるため，$\boldsymbol{p}^{(2)} = \boldsymbol{r}^{(2)} + \beta^{(1)}\boldsymbol{p}^{(1)}$ とおいて，$\boldsymbol{p}^{(2)}$ が $\boldsymbol{p}^{(1)}$ の共役の関係

$$(\boldsymbol{p}^{(2)}, A\boldsymbol{p}^{(1)}) = 0 \tag{5.63}$$

を満たすように，$\beta^{(1)}$ を決めると

$$\beta^{(1)} = -\frac{(\boldsymbol{r}^{(2)}, A\boldsymbol{p}^{(1)})}{(\boldsymbol{p}^{(1)}, A\boldsymbol{p}^{(1)})} \tag{5.64}$$

となり

$$\boldsymbol{p}^{(2)} = \boldsymbol{r}^{(2)} - \frac{(\boldsymbol{r}^{(2)}, A\boldsymbol{p}^{(1)})}{(\boldsymbol{p}^{(1)}, A\boldsymbol{p}^{(1)})}\boldsymbol{p}^{(1)} \tag{5.65}$$

が得られる．こうして求めた探索方向 $\boldsymbol{p}^{(2)}$ を用いて，次の近似解 $\boldsymbol{x}^{(2)}$ を

$$\boldsymbol{x}^{(2)} = \boldsymbol{x}^{(1)} + \alpha^{(2)}\boldsymbol{p}^{(2)} \tag{5.66}$$

と表し，$\alpha^{(2)}$ を $f(\boldsymbol{x}^{(2)})$ が最小となるように求めると

$$\alpha^{(2)} = \frac{(\boldsymbol{p}^{(2)}, \boldsymbol{b})}{(\boldsymbol{p}^{(2)}, A\boldsymbol{p}^{(2)})} = \frac{(\boldsymbol{p}^{(2)}, \boldsymbol{r}^{(2)} + \alpha^{(1)} A\boldsymbol{p}^{(1)})}{(\boldsymbol{p}^{(2)}, A\boldsymbol{p}^{(2)})} = \frac{(\boldsymbol{p}^{(2)}, \boldsymbol{r}^{(2)})}{(\boldsymbol{p}^{(2)}, A\boldsymbol{p}^{(2)})} \tag{5.67}$$

となる．ここで，式 (5.63) を用いた．

探索方向 $\boldsymbol{p}^{(3)}$ は，近似解 $\boldsymbol{x}^{(2)}$ に対する式 (5.52) の残差 $\boldsymbol{r}^{(3)}$

$$\boldsymbol{r}^{(3)} = \boldsymbol{b} - A\boldsymbol{x}^{(2)} = \boldsymbol{b} - \alpha^{(1)} A\boldsymbol{p}^{(1)} - \alpha^{(2)} A\boldsymbol{p}^{(2)} = \boldsymbol{r}^{(2)} - \alpha^{(2)} A\boldsymbol{p}^{(2)} \tag{5.68}$$

を $\boldsymbol{p}^{(2)}$ と共役となるように修正したものである．$\boldsymbol{p}^{(2)}$ を求めたときと同様に，$\boldsymbol{p}^{(3)} = \boldsymbol{r}^{(3)} + \beta^{(2)}\boldsymbol{p}^{(2)}$ とおいて，$\boldsymbol{p}^{(3)}$ が $\boldsymbol{p}^{(2)}$ と共役の関係

$$(\boldsymbol{p}^{(3)}, A\boldsymbol{p}^{(2)}) = 0$$

から，$\beta^{(2)}$ が

$$\beta^{(2)} = -\frac{(\boldsymbol{r}^{(3)}, \boldsymbol{A}\boldsymbol{p}^{(2)})}{(\boldsymbol{p}^{(2)}, A\boldsymbol{p}^{(2)})} \tag{5.69}$$

のように得られ，$\boldsymbol{p}^{(3)}$ は

$$\boldsymbol{p}^{(3)} = \boldsymbol{r}^{(3)} - \frac{(\boldsymbol{r}^{(3)}, \boldsymbol{A}\boldsymbol{p}^{(2)})}{(\boldsymbol{p}^{(2)}, A\boldsymbol{p}^{(2)})}\boldsymbol{p}^{(2)} \tag{5.70}$$

となる．同様に，このような反復を計算くり返す．証明を省略する（参考文献 [3] 第 1 章）が，ここで説明した反復計算を行うと，探索方向 $\boldsymbol{p}^{(i+1)}$ は，$\boldsymbol{p}^{(i)}$ だけでなくすべての $\boldsymbol{p}^{(k)}$ $(1 \leq k \leq i-1)$ と共役の関係になり，$1 \leq i, j \leq n$ に対して

$$(\boldsymbol{p}^{(i)}, A\boldsymbol{p}^{(j)}) = 0 \quad (i \neq j) \tag{5.71}$$

を満たす．また，残差 $\boldsymbol{r}^{(i)}$ と $\boldsymbol{r}^{(j)}$ は直交関係

$$(\boldsymbol{r}^{(i)}, \boldsymbol{r}^{(j)}) = 0 \quad (i \neq j) \tag{5.72}$$

を満たし，互いに直交するので一次独立となる．n 次元空間では $n+1$ 個の一次独立なベクトルは存在しないので，$\boldsymbol{r}^{(n+1)} = \boldsymbol{0}$ とならなければならない．これより，n 回の反復で得られた $\boldsymbol{x}^{(n)}$ が厳密解となる．もちろん，n 回以下の反復回数で厳密解へ到達する場合も存在する．このように，最急勾配方向 $\boldsymbol{r}^{(i)}$ $(i = 1, 2, \cdots, n)$ を基にして，それらが共役の関係を満たすように探索の方向 $\boldsymbol{p}^{(i)}$ $(i = 1, 2, \cdots, n)$ を求めて，方程式 (5.52) の解を反復計算により求める方法が**共役勾配法**（CG 法）である．

共役勾配法を解ベクトルの展開という面から見れば，解 $\boldsymbol{x}$ が

$$\boldsymbol{x} = \alpha^{(1)}\boldsymbol{p}^{(1)} + \alpha^{(2)}\boldsymbol{p}^{(2)} + \cdots + \alpha^{(n)}\boldsymbol{p}^{(n)} \tag{5.73}$$

のように探索ベクトル $\boldsymbol{p}^{(k)}$ によって展開されている．任意の 2 つのベクトル $\boldsymbol{p}^{(i)}$ と $\boldsymbol{p}^{(j)}$ $(i \neq j)$ は共役の関係 $(\boldsymbol{p}^{(i)}, A\boldsymbol{p}^{(j)}) = 0$ を満たしているので，その係数 $\alpha^{(i)}$ は，式 (5.73) に A をかけて $\boldsymbol{p}^{(i)}$ との内積をとれば

$$\alpha^{(i)} = \frac{(\boldsymbol{p}^{(i)}, \boldsymbol{b})}{(\boldsymbol{p}^{(i)}, A\boldsymbol{p}^{(i)})} = \frac{(\boldsymbol{p}^{(i)}, \boldsymbol{r}^{(i)})}{(\boldsymbol{p}^{(i)}, A\boldsymbol{p}^{(i)})} \tag{5.74}$$

のように得られる．これは，各ステップで $f(\boldsymbol{x})$ を最小化するように $\alpha^{(i)}$ を決定した結果と一致している．ただし，ここで $\boldsymbol{r}^{(i)} = \boldsymbol{b} - \sum_{k=1}^{i-1} \alpha^{(k)} A\boldsymbol{p}^{(k)}$ の関係を用いた．

共役勾配法のアルゴリズムをまとめると次のようになる．

ステップ (1)：第0近似解 $\boldsymbol{x}^{(0)} = \boldsymbol{0}$ とする．

ステップ (2)：第0近似に対する残差を計算する．

$$\boldsymbol{r}^{(1)} = \boldsymbol{b}.$$

ステップ (3)：探索方向 $\boldsymbol{p}^{(1)}$ を与える．

$$\boldsymbol{p}^{(1)} = \boldsymbol{r}^{(1)}.$$

ステップ (4)：$\alpha^{(1)}$ を与える．

$$\alpha^{(1)} = \frac{(\boldsymbol{p}^{(1)}, \boldsymbol{r}^{(1)})}{(\boldsymbol{p}^{(1)}, A\boldsymbol{p}^{(1)})} \qquad \left(\alpha^{(k)} = \frac{(\boldsymbol{p}^{(k)}, \boldsymbol{r}^{(k)})}{(\boldsymbol{p}^{(k)}, A\boldsymbol{p}^{(k)})}\right).$$

ステップ (5)：第1近似解 $\boldsymbol{x}^{(1)}$ を求める．

$$\boldsymbol{x}^{(1)} = \alpha^{(1)}\boldsymbol{p}^{(1)} \qquad \left(\boldsymbol{x}^{(k)} = \boldsymbol{x}^{(k-1)} + \alpha^{(k)}\boldsymbol{p}^{(k)}\right).$$

ステップ (6)：$\boldsymbol{r}^{(2)}$ を求める．

$$\boldsymbol{r}^{(2)} = \boldsymbol{r}^{(1)} - \alpha^{(1)}A\boldsymbol{p}^{(1)} \quad \left(\boldsymbol{r}^{(k+1)} = \boldsymbol{r}^{(k)} - \alpha^{(k)}A\boldsymbol{p}^{(k)}\right).$$

ステップ (7)：$\beta^{(1)}$ を計算する．

$$\beta^{(1)} = -\frac{(\boldsymbol{r}^{(2)}, A\boldsymbol{p}^{(1)})}{(\boldsymbol{p}^{(1)}, A\boldsymbol{p}^{(1)})} \qquad \left(\beta^{(k)} = -\frac{(\boldsymbol{r}^{(k+1)}, A\boldsymbol{p}^{(k)})}{(\boldsymbol{p}^{(k)}, A\boldsymbol{p}^{(k)})}\right).$$

ステップ (8)：$\boldsymbol{p}^{(2)}$ を求める．

$$\boldsymbol{p}^{(2)} = \boldsymbol{r}^{(2)} + \beta^{(1)}\boldsymbol{p}^{(1)} \qquad \left(\boldsymbol{p}^{(k+1)} = \boldsymbol{r}^{(k+1)} + \beta^{(k)}\boldsymbol{p}^{(k)}\right).$$

ステップ (9)： 収束の判定を行い，収束していなかったら $k \to k+1$ として
ステップ (4) に戻る．

ここまでの説明では，A を正値対称行列に限定したが，A が正値でなく，さらに一般の非対称行列であっても共役勾配法を適用することが可能である．A が正則な行列なら ${}^tAA$ が明らかに正値対称行列となるので，式 (5.52) を

$$ {}^tAA\boldsymbol{x} = {}^tA\boldsymbol{b} \tag{5.75} $$

と変形して，式 (5.75) を既に説明した正値対称行列に対する解法を用いて解けばよい．

A が大規模疎行列のときは，前処理付の共役勾配法が大変有力である（参考文献 [9] 第 10 章）．例としては不完全コレスキー分解付共役勾配法（ICCG 法，参考文献 [3] 第 1 章）があり，A の不完全コレスキー分解 $A = L_1' \, {}^tL_1' + R$ が与えられたとき，連立方程式

$$ {L_1'}^{-1} A \, {}^t{L_1'}^{-1} \boldsymbol{y} = {L_1'}^{-1}\boldsymbol{b}, \quad {}^tL_1'\boldsymbol{x} = \boldsymbol{y} \tag{5.76} $$

を解く．一般に ${L_1'}^{-1} A \, {}^t{L_1'}^{-1}$ は性質のよい行列になっていることが期待されるので，前処理をしない場合と比べて，はるかに容易に計算することができる．

例題 7

次の連立方程式を共役勾配法を用いて数値的に解け．

$$ 3x_1 + x_2 = 1, \quad x_1 + 2x_2 + x_3 = 1, \quad x_2 + x_3 = 1. $$

解答　反復公式に初期条件 $\boldsymbol{x}^{(0)} = \boldsymbol{0}$ を代入して逐次計算すると

$$ \boldsymbol{p}^{(1)} = (1,1,1), \quad \boldsymbol{x}^{(1)} = (3/10, 3/10, 3/10), \quad \boldsymbol{r}^{(1)} = (-1/5, -1/5, 2/5) $$
$$ \boldsymbol{p}^{(2)} = (-3/25, -3/25, 12/25), \ \boldsymbol{x}^{(2)} = (1/6, 1/6, 5/6), \ \boldsymbol{r}^{(2)} = (1/3, -1/3, 0) $$
$$ \boldsymbol{p}^{(3)} = (2/9, -4/9, 4/9), \quad \boldsymbol{x}^{(3)} = (1/2, -1/2, 3/2), \quad \boldsymbol{r}^{(3)} = (0,0,0) $$

のように，3 回の反復で厳密解

$$ \boldsymbol{x} = \boldsymbol{x}^{(3)} = (1/2, -1/2, 3/2) $$

が得られる．　■

近年，線形計算で，共役勾配法やそれ以外の反復法と深い関係のあるクリロフ部分空間に注目が集まっている．これについて簡単に説明しておこう．n 次元線形空間において，$\boldsymbol{r}_0$ を適当なベクトル，A を n 次の正方行列とする．このとき，k 個のベクトル $\boldsymbol{r}_0, A\boldsymbol{r}_0, A^2\boldsymbol{r}_0, \cdots, A^{k-1}\boldsymbol{r}_0$ (**クリロフ列** (Krylov series)) によって張られる線形空間を**クリロフ部分空間** (Krylov subspace) とよび

$$\mathcal{K}_k = \mathrm{span}\left\{\boldsymbol{r}_0, A\boldsymbol{r}_0, A^2\boldsymbol{r}_0, \cdots, A^{k-1}\boldsymbol{r}_0\right\} \tag{5.77}$$

と表す．このとき，共役勾配法による第 k ステップ目の近似解 $\boldsymbol{x}_k$ は，解の構成方法からわかるように $\boldsymbol{x}_0 = \boldsymbol{x}^{(0)}$, $\boldsymbol{r}_0 = \boldsymbol{b}$ とおき，線形空間

$$\mathcal{K} = \boldsymbol{x}_0 + \mathcal{K}_k$$

の中から解を探すことに対応する．探索方針は

$$f(\boldsymbol{x}) = \frac{1}{2}(\boldsymbol{x}, A\boldsymbol{x}) - (\boldsymbol{x}, \boldsymbol{b})$$

を最小にすることであるが，この条件は近似解を $\boldsymbol{x}_k$ とし，$\boldsymbol{x}$ を連立方程式 (5.52) の真の解とすると

$$(\boldsymbol{x}_k - \boldsymbol{x}, A(\boldsymbol{x}_k - \boldsymbol{x})) \tag{5.78}$$

を最小にすることと同値であることが容易にわかる．したがって，共役勾配法は空間 $\mathcal{K}$ の中で，A を重みとして，真の解との誤差ノルムの2乗 (式 (5.78)) を最小にする方法であることがわかる．また，その条件は A^{-1} を重みとする残差のノルムの2乗

$$(A\boldsymbol{x}_k - \boldsymbol{b}, A^{-1}(A\boldsymbol{x}_k - \boldsymbol{b})) \tag{5.79}$$

を最小にするのと同値でもある．

一方，最近注目を浴びている **GMRES 法** (Generalized minimal residual method) は，非対称な係数行列 A をもつ連立1次方程式に対して適応可能な方法で，クリロフ部分空間 $\mathcal{K}_k$ の中で残差の L_2 ノルム

$$\| A\boldsymbol{x}_k - \boldsymbol{b} \|_2$$

を最小化するように解を探索する方法である．ただし，$\| \boldsymbol{x} \|_2 = (\boldsymbol{x}, \boldsymbol{x})^{1/2}$ である（詳細は参考文献 [18] 第6章を参照)．

5.7 固有値計算法

この節では行列の固有値の数値計算法について説明する．最初に固有値の一般的な性質を説明した後，代表的な方法としてべき乗法と QR 法の説明を行う．また，アーノルディの方法を説明し，大規模行列の固有値問題を小規模行列の固有値問題に帰着する方法を紹介する．

A を n 次実正方行列とする．このとき $\| \boldsymbol{x} \|_2 \neq 0$ である n 次元ベクトル $\boldsymbol{x}$ に対して

$$A\boldsymbol{x} = \lambda \boldsymbol{x} \tag{5.80}$$

が成り立つとき，$\boldsymbol{x}$ を**固有ベクトル** (eigenvector)，λ を**固有値** (eigenvalue) といい，これらを求める問題を**固有値問題** (eigenvalue problem) という．このとき，一般には固有値は n 個存在するが，それらの値はすべて異なるとは限らず，同じ値をもつこともある．m 個の固有値が同じ値をもつとき，その重複度は m であるという．異なる固有値に対応する固有ベクトルは線形独立である．固有値問題は多くの理学の分野や工学的応用分野で現れ，特に巨大な次数の行列に対する固有値および固有ベクトルを求める必要性がしばしば生じる．行列 A を構成する n 個の列ベクトルを $\boldsymbol{a}_1, \boldsymbol{a}_2, \cdots, \boldsymbol{a}_n$ とし

$$A = \begin{bmatrix} \boldsymbol{a}_1 & \boldsymbol{a}_2 & \cdots & \boldsymbol{a}_n \end{bmatrix} \tag{5.81}$$

と表す．列ベクトル $\boldsymbol{a}_1, \boldsymbol{a}_2, \cdots, \boldsymbol{a}_n$ の中で，一次独立なベクトルの最大数を r とするとき，r を A の**階数**(かいすう)(rank) とよぶ．0 固有値 $\lambda = 0$ は $\det A = 0$ のときに限って存在し，このとき $r < n$ である．また $\lambda = 0$ の重複度は $n - r$ に等しい．

固有値は，E を n 次単位行列として，正方行列 $A - \lambda E$ の行列式

$$\det(A - \lambda E) = 0 \tag{5.82}$$

から得られる．なぜなら，上の条件が満たされるとき，方程式 (5.80) は $\| \boldsymbol{x} \|_2 \neq 0$ となる解をもつからである．方程式 (5.82) は λ に関する n 次代数方程式で，**固有方程式** (proper equation) または**特性方程式** (characteristic equation) とよばれる．

3 次の正方行列 A を

$$A = \begin{bmatrix} a_{11} & a_{12} & a_{13} \\ a_{21} & a_{22} & a_{23} \\ a_{31} & a_{32} & a_{33} \end{bmatrix} \tag{5.83}$$

とすると，固有方程式は次のようになる．

$$\begin{aligned} &\lambda^3 - (a_{11} + a_{22} + a_{33})\lambda^2 \\ &\quad + \left(\begin{vmatrix} a_{22} & a_{23} \\ a_{32} & a_{33} \end{vmatrix} + \begin{vmatrix} a_{11} & a_{12} \\ a_{21} & a_{22} \end{vmatrix} + \begin{vmatrix} a_{11} & a_{13} \\ a_{31} & a_{33} \end{vmatrix} \right) \lambda \\ &\quad - \begin{vmatrix} a_{11} & a_{12} & a_{13} \\ a_{21} & a_{22} & a_{23} \\ a_{31} & a_{32} & a_{33} \end{vmatrix} = 0 \end{aligned} \tag{5.84}$$

第4章で説明したように，3次方程式は解析的に解くことが可能であり，行列の次数が大きくなっても n 次方程式の解を数値的に求めることは理論的には可能である．しかし，次数の増加とともに計算の困難さは飛躍的に増大し，現実的に，代数方程式を解くという方法で計算することは不可能である．しかし，固有値が固有方程式 (5.82) の解であるという性質を利用することによって，たとえ次数が非常に大きい場合でも，正確に数値的な解を求める方法が開発されている．

2つあるいはいくつかのベクトルの直交性および直交化は線形代数学の重要な概念であり，固有値の数値計算法においても重要なので，**グラム・シュミットの直交化法** (Gram-Schmidt orthonormalization) を紹介する．ここで，ベクトル $\boldsymbol{a}_i$ の大きさとして L_2 ノルムをとり，正規化するとは $\boldsymbol{a}'_i = \boldsymbol{a}_i / \| \boldsymbol{a}_i \|_2$ を求めることをいう．また，2つの独立なベクトル $\boldsymbol{a}_i$ と $\boldsymbol{a}_j$ を直交化するとは $\boldsymbol{a}_i$ と $\boldsymbol{a}_j$ から $(\boldsymbol{a}'_i, \boldsymbol{a}'_j) = 0$ となるように2つのベクトルを求めることをいう．n 個の独立なベクトルの組 $\{\boldsymbol{a}_1, \boldsymbol{a}_2, \cdots, \boldsymbol{a}_n\}$ を考え，このベクトル系（ベクトルの集合）より互いに直交するベクトル系を構成する．最初に $\boldsymbol{a}_1$ を正規化して

$$\boldsymbol{e}_1 = \frac{\boldsymbol{a}_1}{\| \boldsymbol{a}_1 \|_2}$$

とおく．次に $(\boldsymbol{a}_2', \boldsymbol{e}_1) = 0$ となるように，$\boldsymbol{a}_2$ から $\boldsymbol{e}_1$ の $(\boldsymbol{a}_2, \boldsymbol{e}_1)$ 倍を引いて，

$$\boldsymbol{a}_2' = \boldsymbol{a}_2 - (\boldsymbol{a}_2, \boldsymbol{e}_1)\boldsymbol{e}_1$$

を求め，これを規格化して，

$$\boldsymbol{e}_2 = \frac{\boldsymbol{a}_2'}{\| \boldsymbol{a}_2' \|_2}$$

を定義する．さらに，$(\boldsymbol{a}_3', \boldsymbol{e}_1) = 0$ および $(\boldsymbol{a}_3', \boldsymbol{e}_2) = 0$ となるように，$\boldsymbol{a}_3$ から $\boldsymbol{e}_1$ の $(\boldsymbol{a}_3, \boldsymbol{e}_1)$ 倍と $\boldsymbol{e}_2$ の $(\boldsymbol{a}_3, \boldsymbol{e}_2)$ 倍を引いて，

$$\boldsymbol{a}_3' = \boldsymbol{a}_3 - (\boldsymbol{a}_3, \boldsymbol{e}_1)\boldsymbol{e}_1 - (\boldsymbol{a}_3, \boldsymbol{e}_2)\boldsymbol{e}_2$$

を計算し，これを規格化して，

$$\boldsymbol{e}_3 = \frac{\boldsymbol{a}_3'}{\| \boldsymbol{a}_3' \|_2}$$

を定義する．同様にして順次 $\boldsymbol{e}_i$ $(i = 4, 5, \cdots, n)$ を定義して，ベクトル系 $\{\boldsymbol{e}_1, \boldsymbol{e}_2, \cdots, \boldsymbol{e}_n\}$ を構成する．これらは

$$(\boldsymbol{e}_i, \boldsymbol{e}_j) = \delta_{ij} \tag{5.85}$$

を満足し，正規直交系とよばれる．

まず最初に，絶対値最大固有値を求める方法の 1 つである**べき乗法** (power iteration) について説明する．行列 A の固有値で絶対値が最大のものを λ_1 とし，それ以外の固有値で絶対値が λ_1 に等しいものは存在しないとする．固有値 λ_i $(i = 1, 2, \cdots, n)$ に対応する固有ベクトルを $\boldsymbol{x}_i$ とし，$\{\boldsymbol{x}_1, \boldsymbol{x}_2, \cdots, \boldsymbol{x}_n\}$ は n 次元ベクトル空間の基底となるとする．このとき，任意の $\mathbf{0}$ でないベクトルを $\boldsymbol{r}_0$ とすると

$$\boldsymbol{r}_0 = \sum_{i=1}^{n} a_i \boldsymbol{x}_i$$

と表すことができる．ただし，$a_1 \neq 0$ であるとする．A^k を $\boldsymbol{r}_0$ にかけると

$$A^k \boldsymbol{r}_0 = \sum_{i=1}^{n} a_i A^k \boldsymbol{x}_i = \sum_{i=1}^{n} a_i \lambda_i^k \boldsymbol{x}_i = \lambda_1^k \left(a_1 \boldsymbol{x}_1 + \sum_{i=2}^{n} a_i \frac{\lambda_i^k}{\lambda_1^k} \boldsymbol{x}_i \right)$$

となる．この式の最右辺で $i = 2$ から n についての和は $|\lambda_i|/|\lambda_1| < 1$ の仮定より $k \to \infty$ で 0 に近づくので，$a_1 \neq 0$ であればクリロフ列 $A^k \boldsymbol{r}_0$ は $k \to \infty$ で，固有ベクトル $\boldsymbol{x}_1$ の $a_1 \lambda_1^k$ 倍に近づくことがわかる．これが**べき乗法**

の基本原理であり，反復計算による固有値の数値計算法の基礎となっている．

行列 A が対称行列であれば，すべての固有値 λ_i $(i = 1, 2, \cdots, n)$ は実数であり，異なる固有値に対応する固有ベクトルは互いに直交しているので，もしすべての固有値の絶対値が互いに異なっており，0 でもない場合は，λ_1 だけでなくすべての固有値をべき乗法によって計算することができる．そのために，最初に適当なベクトル $\boldsymbol{r}_{10}$ を選び，それを正規化して $\widehat{\boldsymbol{r}}_{10} = \boldsymbol{r}_{10}/\parallel \boldsymbol{r}_{10} \parallel_2$ とする．次に，$\boldsymbol{r}_{11} = A\boldsymbol{r}_{10}$ を求め，$\widehat{\boldsymbol{r}}_{10}$ との内積を $p_{11} = (\boldsymbol{r}_{11}, \widehat{\boldsymbol{r}}_{10})$ とおいた後，$\boldsymbol{r}_{11}$ を正規化して $\widehat{\boldsymbol{r}}_{11} = \boldsymbol{r}_{11}/\parallel \boldsymbol{r}_{11} \parallel_2$ とする．同様にして，

$$\boldsymbol{r}_{1k} = A\widehat{\boldsymbol{r}}_{1(k-1)}, \quad p_{1k} = (\boldsymbol{r}_{1k}, \widehat{\boldsymbol{r}}_{1(k-1)}), \quad \widehat{\boldsymbol{r}}_{1k} = \frac{\boldsymbol{r}_{1k}}{\parallel \boldsymbol{r}_{1k} \parallel_2}$$

により，$p_{1j}, \widehat{\boldsymbol{r}}_{1j}$ $(j = 2, \cdots, k)$ を求める．こうして求めた数列 p_{1k} とベクトル列 $\widehat{\boldsymbol{r}}_{1k}$ が収束するとき，すなわち，あらかじめ与えた小さな正数 $\varepsilon_s, \varepsilon_r$ に対して $|p_{1k} - p_{1(k-1)}| < \varepsilon_s$ が成り立ち，しかも $\parallel \widehat{\boldsymbol{r}}_{1k} - \widehat{\boldsymbol{r}}_{1(k-1)} \parallel_2 < \varepsilon_r$ または $\parallel \widehat{\boldsymbol{r}}_{1k} + \widehat{\boldsymbol{r}}_{1(k-1)} \parallel_2 < \varepsilon_r$ $(\min(\parallel \widehat{\boldsymbol{r}}_{1k} - \widehat{\boldsymbol{r}}_{1(k-1)} \parallel_2, \parallel \widehat{\boldsymbol{r}}_{1k} + \widehat{\boldsymbol{r}}_{1(k-1)} \parallel_2) < \varepsilon_r)$ が成り立てば p_{1k} を固有値 λ_1 とし，$\widehat{\boldsymbol{r}}_{1k}$ を固有ベクトル $\boldsymbol{x}_1$ とする．

2番目に絶対値が大きい固有値 λ_2 を求めるため，$\boldsymbol{x}_1$ と直交する適当なベクトル $\boldsymbol{r}_{20}$ を選び，正規化して $\widehat{\boldsymbol{r}}_{20}$ とする．λ_1 を求めたときと同様に，$\boldsymbol{r}_{21} = A\widehat{\boldsymbol{r}}_{20}$ を計算するが，このときは，$\boldsymbol{r}_{21}$ が $\boldsymbol{x}_1$ と直交するように，$\boldsymbol{r}'_{21} = \boldsymbol{r}_{21} - (\boldsymbol{r}_{21}, \boldsymbol{x}_1)\boldsymbol{x}_1$ を求めた後に，$p_{21} = (\boldsymbol{r}_{21}, \widehat{\boldsymbol{r}}_{20})$ を計算し，$\boldsymbol{r}'_{21}$ を正規化して $\widehat{\boldsymbol{r}}_{21} = \boldsymbol{r}'_{21}/\parallel \boldsymbol{r}'_{21} \parallel_2$ を求める．同様にして，数列 p_{2k} とベクトル列 $\widehat{\boldsymbol{r}}_{2k}$ を求め，これらが収束したとき，$\lambda_2 = p_{2k}, \boldsymbol{x}_2 = \widehat{\boldsymbol{r}}_{2k}$ とする．

3番目以降の固有値 λ_i と固有ベクトル $\boldsymbol{x}_i$ $(i = 3, 4, \cdots, n)$ についても同様の方法で求めることができるが，$\widehat{\boldsymbol{r}}_{ik}$ は常に $\boldsymbol{x}_j$ $(j = 1, 2, \cdots, i-1)$ のすべてに直交するように計算する．すなわち，$\widehat{\boldsymbol{r}}_{i(k-1)}$ まで求めた後，p_{ik} と $\widehat{\boldsymbol{r}}_{ik}$ は

$$\boldsymbol{r}_{ik} = A\widehat{\boldsymbol{r}}_{i(k-1)}, \quad p_{ik} = (\boldsymbol{r}_{ik}, \widehat{\boldsymbol{r}}_{i(k-1)}),$$
$$\boldsymbol{r}'_{ik} = \boldsymbol{r}_{ik} - \sum_{j=1}^{i-1}(\boldsymbol{r}_{ik}, \boldsymbol{x}_j)\boldsymbol{x}_j, \quad \widehat{\boldsymbol{r}}_{ik} = \frac{\boldsymbol{r}'_{ik}}{\parallel \boldsymbol{r}'_{ik} \parallel_2}$$

のように計算する．こうしてすべての固有値と固有ベクトルを求めることができる．このとき，固有ベクトル $\{\boldsymbol{x}_1, \boldsymbol{x}_2, \cdots, \boldsymbol{x}_n\}$ は正規直交系となっている．

例　3 次の正方行列

$$A = \begin{bmatrix} 3 & 1 & 0 \\ 1 & 2 & 1 \\ 0 & 1 & 1 \end{bmatrix}$$

にべき乗法を適用して，固有値 λ_i と固有ベクトル $\boldsymbol{x}_i$ $(i = 1, 2, 3)$ を計算する．収束判定では $\varepsilon_s = \varepsilon_r = 1 \times 10^{-8}$ ととり，初期値として，$\boldsymbol{r}_{10} = {}^t(1, 1, 1)$, $\boldsymbol{r}_{20} = {}^t(1, 2, 1)$, $\boldsymbol{r}_{30} = {}^t(2, 1, -1)$ を選ぶと，第 1 固有値と固有ベクトルは 29 回の逐次計算で $\lambda_1 = 3.73205$, $\boldsymbol{x}_1 = {}^t(0.788675, 0.577350, 0.211326)$ となり，第 2 固有値と第 3 固有値についてもそれぞれ 11 回，3 回で収束し $\lambda_2 = 2.00000$, $\boldsymbol{x}_2 = {}^t(0.577350, -0.577350, -0.577350)$, $\lambda_3 = 0.267949$, $\boldsymbol{x}_3 = {}^t(0.788675, 0.577350, -0.788675)$ と求められる．なお，解析解は $\lambda_1 = 2 + \sqrt{3}$, $\boldsymbol{x}_1 = {}^t(1, -1 + \sqrt{3}, 2 - \sqrt{3})/(3 - \sqrt{3})$, $\lambda_2 = 2$, $\boldsymbol{x}_2 = {}^t(1, -1, -1)/\sqrt{3}$, $\lambda_3 = 2 - \sqrt{3}$, $\boldsymbol{x}_3 = {}^t(1, -1 - \sqrt{3}, 2 + \sqrt{3})/(3 + \sqrt{3})$ である．■

行列 A が実正方行列であっても非対称行列のときは，固有値 λ_i $(1 \leq i \leq n)$ は一般には複素数となる，もしすべての固有値が実数でしかも絶対値が互いに異なっており，0 でない場合は，対称行列の場合の固有値計算法を修正して適用することができる．この場合は，行列 A とその転置行列 ${}^tA$ の固有値はすべて等しく，固有値 λ_i に対応する A の固有ベクトル $\boldsymbol{x}_i$ $(1 \leq i \leq n)$ と ${}^tA$ の固有ベクトル $\boldsymbol{y}_i$ $(1 \leq i \leq n)$ とが直交しており，$(\boldsymbol{x}_i, \boldsymbol{y}_j) = 0$ $(i \neq j)$ が成り立つ．すなわち，非対称行列の場合は異なる i と j について $\boldsymbol{x}_i$ と $\boldsymbol{x}_j$ の直交性ではなく，$\boldsymbol{x}_i$ と $\boldsymbol{y}_j$ の直交性を用いるので，A の固有値・固有ベクトルを求めるためには，${}^tA$ の固有値・固有ベクトルを同時に並行して求める必要がある．

絶対値最大の第 1 固有値 λ_1 と固有ベクトル $\boldsymbol{x}_1$ および $\boldsymbol{y}_1$ を求める方法は対称行列の場合と同様である．適当なベクトル $\boldsymbol{r}_{10}$ と $\boldsymbol{s}_{10}$ を選び，順次計算を行って，$p_{1j}, \widehat{\boldsymbol{r}}_{1j}, \widehat{\boldsymbol{s}}_{1j}$ $(j = 1, \cdots, k)$ を求めて，それらの数列とベクトル列が収束したときに，$\lambda_1 = p_{1j}$，$\boldsymbol{x}_1$ および $\boldsymbol{y}_1$ とおく．また，第 2 固有値を計算するための準備として，固有ベクトル系 $\{\widehat{\boldsymbol{x}}_1, \widehat{\boldsymbol{x}}_2, \cdots, \widehat{\boldsymbol{x}}_n\}$ と $\{\widehat{\boldsymbol{y}}_1, \widehat{\boldsymbol{y}}_2, \cdots, \widehat{\boldsymbol{y}}_n\}$ を構成するために，$\widehat{\boldsymbol{x}}_1 = \boldsymbol{x}_1$, $\widehat{\boldsymbol{y}}_1 = \boldsymbol{y}_1$ とおく．

2 番目に絶対値の大きい固有値 λ_2 とその固有ベクトル $\boldsymbol{x}_2$ と $\boldsymbol{y}_2$ を求めると

きは，対称行列の場合と用いる直交条件のみが異なる．適当なベクトル $\boldsymbol{r}_{20}$ と $\boldsymbol{s}_{20}$ から $\boldsymbol{r}_{21} = A\boldsymbol{r}_{20}$, $\boldsymbol{s}_{21} = {}^tA\boldsymbol{s}_{20}$ を計算し，$\boldsymbol{r}_{21}$ は $\widehat{\boldsymbol{y}}_1$ と直交し，$\boldsymbol{s}_{21}$ は $\widehat{\boldsymbol{x}}_1$ と直交するように $\boldsymbol{r}'_{21} = \boldsymbol{r}_{21} - (\boldsymbol{r}_{21}, \widehat{\boldsymbol{y}}_1)\widehat{\boldsymbol{y}}_1$, $\boldsymbol{s}'_{21} = \boldsymbol{s}_{21} - (\boldsymbol{s}_{21}, \widehat{\boldsymbol{x}}_1)\widehat{\boldsymbol{x}}_1$ を求めた後に，$p_{21} = (\boldsymbol{r}'_{21}, \widehat{\boldsymbol{r}}_{20})$ を計算し，それらを正規化して $\widehat{\boldsymbol{r}}_{21} = \boldsymbol{r}'_{21}/\parallel \boldsymbol{r}'_{21} \parallel_2$ を求める．$\widehat{\boldsymbol{s}}_{21} = \boldsymbol{s}'_{21}/\parallel \boldsymbol{s}'_{21} \parallel_2$ とする．同様にして，

$$
\begin{gathered}
\boldsymbol{r}_{2k} = A\widehat{\boldsymbol{r}}_{2(k-1)}, \quad \boldsymbol{s}_{2k} = {}^tA\widehat{\boldsymbol{s}}_{2(k-1)}, \\
\boldsymbol{r}'_{2k} = \boldsymbol{r}_{2k} - (\boldsymbol{r}_{2k}, \widehat{\boldsymbol{y}}_1)\widehat{\boldsymbol{y}}_1, \quad \boldsymbol{s}'_{2k} = \boldsymbol{s}_{2k} - (\boldsymbol{s}_{2k}, \widehat{\boldsymbol{x}}_1)\widehat{\boldsymbol{x}}_1, \\
p_{2k} = (\boldsymbol{r}'_{2k}, \widehat{\boldsymbol{r}}_{2(k-1)}), \quad \widehat{\boldsymbol{r}}_{2k} = \boldsymbol{r}'_{2k}/\parallel \boldsymbol{r}'_{2k} \parallel_2, \quad \widehat{\boldsymbol{s}}_{2k} = \boldsymbol{s}'_{1k}/\parallel \boldsymbol{s}'_{1k} \parallel_2
\end{gathered}
$$

により，$p_{2k}, \widehat{\boldsymbol{r}}_{2k}, \widehat{\boldsymbol{s}}_{2k}$ を求め，これらが収束するとき，p_{2k} を固有値 λ_1 とし，$\widehat{\boldsymbol{r}}_{2k}$ と $\widehat{\boldsymbol{s}}_{2k}$ をそれぞれ固有ベクトル $\boldsymbol{x}_2$ および $\boldsymbol{y}_2$ とする．さらに，固有ベクトルから正規直交系を構成するために，$\boldsymbol{x}'_2 = \boldsymbol{x}_2 - (\boldsymbol{x}_2, \widehat{\boldsymbol{x}}_1)\widehat{\boldsymbol{x}_1}$, $\widehat{\boldsymbol{x}}_2 = \boldsymbol{x}'_2/\parallel \boldsymbol{x}'_2 \parallel_2$, $\boldsymbol{y}'_2 = \boldsymbol{y}_2 - (\boldsymbol{y}_2, \widehat{\boldsymbol{y}}_1)\widehat{\boldsymbol{y}_1}$, $\widehat{\boldsymbol{y}}_2 = \boldsymbol{y}'_2/\parallel \boldsymbol{y}'_2 \parallel_2$ を計算しておく．このようにしてすべての固有値 λ_i と固有ベクトル $\boldsymbol{x}_i$, $\boldsymbol{y}_i$ を求めることができる．このとき $\{\boldsymbol{x}_1, \boldsymbol{x}_2, \cdots, \boldsymbol{x}_n\}$ と $\{\boldsymbol{y}_1, \boldsymbol{y}_2, \cdots, \boldsymbol{y}_n\}$ のそれぞれは正規直交系ではないことに注意する．

行列 A のすべての固有値を反復法によって求める代表的な方法の1つに QR 法がある．QR 法は先に説明した直交化を行いながら固有値・固有ベクトルを計算するべき乗法と同等である．説明を簡単にするため，A は対称行列であっても非対称行列でもよいが，固有値はすべて異なり，絶対値の等しい固有値もなく，0 固有値も存在しないと仮定する．QR 法は行列 A を A_1 として，直交行列 Q_k を用いて逐次 $A_{k+1} = {}^tQ_kA_kQ_k$ のように変換を行い，A_k を上三角行列に近づける方法である．ここで，直交行列とは $Q_k^{-1} = {}^tQ_k$ の性質をもつ行列である．また，$A_{k+1} = Q_k^tA_kQ_k$ のような，直交行列による変換を**相似変換**といい，相似変換を行っても行列の特性方程式は不変で，従って固有値も不変である．この相似変換により，A_k が上三角行列に収束したとき，その対角成分は行列 A の固有値であり，その固有値は絶対値の大きい順に並んでいる．

QR 法では行列 A を $A = QR$ のように直交行列 Q と上三角行列 R の積に分解する．これを A の **QR 分解** (QR decomposition) とよぶ．QR 分解にはいくつかの方法があるが，ここではグラム・シュミットの直交化法を用いる．

行列 A の縦ベクトルの組 $\{\boldsymbol{a}_1, \boldsymbol{a}_2, \cdots, \boldsymbol{a}_n\}$ からグラム・シュミットの直交化法により正規直交系 $\{\boldsymbol{e}_1, \boldsymbol{e}_2, \cdots, \boldsymbol{e}_n\}$ を構成する．このとき，$\boldsymbol{a}_j$

$$\boldsymbol{a}_j = \sum_{k=1}^{j} (\boldsymbol{a}_j, \boldsymbol{e}_k)\boldsymbol{e}_k \tag{5.86}$$

と表されるので，$i > j$ のとき $(\boldsymbol{e}_i, \boldsymbol{a}_j) = 0$ となる．ここで，$\{\boldsymbol{e}_1, \boldsymbol{e}_2, \cdots, \boldsymbol{e}_n\}$ を列ベクトルする行列

$$Q_1 = \begin{bmatrix} \boldsymbol{e}_1 & \boldsymbol{e}_2 & \cdots & \boldsymbol{e}_n \end{bmatrix} \tag{5.87}$$

を定義すると，Q_1 は ${}^tQ_1 Q_1 = Q_1^t Q_1 = E$ を満たし，直交行列となる．また，A を A_1 として，${}^tQ_1$ と A_1 との積を計算すると，$(\boldsymbol{e}_i, \boldsymbol{a}_j) = 0\ (i > j)$ より，

$${}^tQ_1 A = R_1 = \begin{bmatrix} r_{11} & \times & \cdots & \times \\ & r_{22} & & \vdots \\ & & \ddots & \times \\ 0 & & & r_{nn} \end{bmatrix} \tag{5.88}$$

となって，対角成分 $r_{ii}\ (i = 1, 2, \cdots, n)$ より下の行列要素 $r_{ij}\ (i > j)$ がすべて 0 となる上三角行列であることがわかる．なお式 (5.88) で $\times$ は必ずしも 0 にならない要素を示す．式 (5.88) は

$$A_1 = Q_1 R_1 \tag{5.89}$$

と表せ，これにより A_1 を QR 分解することができた．さらに，式 (5.89) の両辺に左側から ${}^tQ_1$ をかけ，右側から Q_1 をかけて得られる ${}^tQ_1 A_1 Q_1$ を A_2 とおくと

$$A_2 = {}^tQ_1 A_1 Q_1 = {}^tQ_1 Q_1 R_1 Q_1 = R_1 Q_1 \tag{5.90}$$

となって，A_2 は Q_1 による A_1 の相似変換であり，式 (5.89) の右辺で Q_1 と R_1 の順序を入れ替えて得られる行列である．行列 A_2 は一般には上三角行列とはならないが，相似変換 $A_k = {}^tQ_{k-1} A_{k-1} Q_{k-1}$ を繰り返していくと，$k \to \infty$ で Q_k は単位行列 E に近づき，A_k は上三角行列に近づくことが証明される (参考文献 [3] 3.8 節参照)．すなわち，

$$A_\infty = \lim_{k\to\infty} {}^tQ_k \cdots {}^tQ_2\, {}^tQ_1 A Q_1 Q_2 \cdots Q_k = \begin{bmatrix} d_1 & \times & \cdots & \times \\ & d_2 & & \vdots \\ & & \ddots & \times \\ 0 & & & d_n \end{bmatrix} \tag{5.91}$$

となる．Q_k がすべて直交行列であることから，A_k の固有値は A の固有値と等しく，対角成分 $\{d_i\}$ は A の固有値 $\{\lambda_i\}$ であり，絶対値の大きい順に並んでいる（参考文献 [3] 3.8 節参照）．このようにして固有値を計算する方法を **QR 法** (QR method) とよぶ．

もし A が 0 固有値をもてば，A の列ベクトルのうち，独立なものの個数は 0 固有値の重複度を $n-r$ とすると r に等しい．したがって，グラム・シュミットの直交化法を用いて直交化する際に，途中で線形独立なベクトルが不足し，単位ベクトル $\boldsymbol{e}_i$ $(i=1,2,\cdots,n)$ をすべて求めることができない．その場合は，必要な残りの $n-r$ 個の直交単位ベクトルを，それまでに求められた直交ベクトルの空間の補空間（n 次元ベクトル空間内で，求められた直交ベクトルの張る空間に垂直なベクトルによって作られる $n-r$ 次元空間）の基本単位ベクトルから構成する．このようにすれば，0 固有値はその空間に限定され，他のベクトル空間から分離される．固有値に絶対値が等しいもの（多重固有値，符号が違うが絶対値の等しい固有値，複素共役固有値）などがある場合は，これらの固有値以外の固有値に対応する部分は上三角行列に収束する．しかし，絶対値の等しい固有値に対応する部分の行列数列の極限 (5.91) は，例えば次のようなブロック対角形

$$A_\infty = \begin{bmatrix} d_1 & \times & \times & \times & \cdots & \times \\ & \delta_{22} & \delta_{23} & \times & & \times \\ & \delta_{32} & \delta_{33} & \times & & \times \\ & & & d_4 & & \vdots \\ & & & & \ddots & \times \\ 0 & & & & & d_n \end{bmatrix}$$

となり，ブロック部分は収束する場合と振動をくり返して収束しない場合があ

るが，上三角行列に収束する場合もある．したがって，絶対値の等しい固有値に対しては個別的に対応しなければならない．上の例では方程式

$$(\delta_{22}-\lambda)(\delta_{33}-\lambda)-\delta_{23}\delta_{32}=0$$

を解いて絶対値の等しい 2 つの固有値を求める．

例題 8

次の行列の固有値を QR 法で求めよ．

$$A=\begin{bmatrix}3 & 1 & 0\\ 1 & 2 & 1\\ 0 & 1 & 1\end{bmatrix}.$$

解答 3 行 3 列の固有値は式 (5.82) を解くと，$\lambda=2,\ 2\pm\sqrt{3}$ つまり $\lambda=2,\ 3.73205,\ 0.267949$ となる．一方，QR 法による計算を行うためには，$\boldsymbol{a}_1=(3,1,0)$，$\boldsymbol{a}_2=(1,2,1)$，$\boldsymbol{a}_3=(0,1,1)$ とおいて，これらをグラム・シュミットの直交化法を用いて，正規直交系を作ると，$\boldsymbol{e}_1=(3/\sqrt{10},1/\sqrt{10},0)$，$\boldsymbol{e}_2=(-1/\sqrt{14},3/\sqrt{14},2/\sqrt{14})$，$\boldsymbol{e}_3=(1/\sqrt{35},-3/\sqrt{35},5/\sqrt{35})$ となる．これらより，Q_1 は

$$Q_1=\begin{bmatrix}3/\sqrt{10} & -1/\sqrt{14} & 2/\sqrt{35}\\ 1/\sqrt{10} & 3/\sqrt{14} & -6/\sqrt{35}\\ 0 & 2/\sqrt{14} & 10/\sqrt{35}\end{bmatrix}$$

と表される．こうして求められた Q_1 を用いて $A_1={}^tQ_1AQ_1$ を計算すれば

$$A_1=\begin{bmatrix}7/2 & 7/\sqrt{140} & 0\\ 7/\sqrt{140} & 31/\sqrt{14} & 4/7\sqrt{10}\\ 0 & 4/7\sqrt{10} & 2/7\end{bmatrix}$$

が得られる．同様に計算すれば，$A_i\ (i=2,3,\cdots)$ が求められるが，計算が複雑になるので，ここではコンピュータを用いて $A_i\ (i=2,\cdots,5)$ を数値的に計算すると

$$A_2 = \begin{bmatrix} 3.6587 & 0.34876 & 0 \\ 0.34876 & 2.0730 & 0.023252 \\ 0 & 0.023252 & 0.26826 \end{bmatrix},$$

$$A_3 = \begin{bmatrix} 3.7103 & 0.19270 & 0 \\ 0.19270 & 2.0217 & 0.0030684 \\ 0 & 0.0030684 & 0.26796 \end{bmatrix},$$

$$A_4 = \begin{bmatrix} 3.7258 & 0.10420 & 0 \\ 0.10420 & 2.0063 & 0.00040924 \\ 0 & 0.00040924 & 0.26795 \end{bmatrix},$$

$$A_5 = \begin{bmatrix} 3.7302 & 0.055984 & 0 \\ 0.055984 & 2.0018 & 0.000054757 \\ 0 & 0.000054757 & 0.26795 \end{bmatrix}$$

となって，5回の反復計算で有効数字3桁が正確に求められる． □

理工学の分野で実際にQR法で固有値を計算するとき，非常に大きな次数 n の行列 A を取り扱うことが多い．そのように大きな次数をもつ行列の固有値を求めるとき，A が対称行列であれば，**ハウスホルダー法** (Householder method) によって**三重対角行列** (tridiagonal matrix) ($a_{ij} = 0,\ |i-j| \geq 2$) に変換してからQR法を適用すると，少ない計算回数で固有値が求められる．また，A が非対称行列の場合にはハウスホルダー法あるいは**アーノルディの方法** (Arnoldi's method) によって**ヘッセンベルグ形** (Hessenberg form) ($a_{ij} = 0,\ i > j+1$) に変形してからQR法を適用する．ヘッセンベルグ行列とは

$$H = \begin{bmatrix} h_{11} & h_{12} & h_{13} & \cdots & h_{1(n-1)} & h_{1n} \\ h_{21} & h_{22} & h_{23} & \cdots & h_{2(n-1)} & h_{2n} \\ 0 & h_{32} & h_{33} & \cdots & h_{3(n-1)} & h_{3n} \\ & 0 & h_{43} & \cdots & h_{4(n-1)} & h_{4n} \\ & & \ddots & \ddots & \vdots & \vdots \\ \mathbf{0} & & & 0 & h_{n(n-1)} & h_{nn} \end{bmatrix}$$

のように，対角成分よりも1つ下の非対角成分までが必ずしも0ではなく，そ

れよりも下の成分がすべて 0，すなわち，$i > j+1$ を満たすすべての h_{ij} が 0 となる行列である．このように一度ヘッセンベルグ行列に変形した後に QR 法を適用すると効率良く固有値を求めることができる．また，行列の固有値をすべて求める必要はなく，一部の固有値のみを絶対値の大きな順に求めるときにもアーノルディの方法が用いられる．ここではアーノルディの方法による，行列 A のヘッセンベルグ行列への変換と大きな次数の行列を小さくするクリロフ部分空間への射影について説明する．

n 次正方行列 A をアーノルディの方法によってヘッセンベルグ行列に変形するために，任意のベクトルを選び $\boldsymbol{x}_1$ とする．A と $\boldsymbol{x}_1$ を用いてクリロフ列 $\{\boldsymbol{x}_1, A\boldsymbol{x}_1, A^2\boldsymbol{x}_1, \cdots, A^{m-1}\boldsymbol{x}_1\}$ $(m \leq n)$ を作り，これを $\{\boldsymbol{x}_1, \boldsymbol{x}_2, \boldsymbol{x}_3, \cdots, \boldsymbol{x}_m\}$ とおく．このベクトル列からグラム・シュミットの直交化法により，正規直交系列 $\{\widehat{\boldsymbol{x}}_1, \widehat{\boldsymbol{x}}_2, \widehat{\boldsymbol{x}}_3, \cdots, \widehat{\boldsymbol{x}}_m\}$ を構成する．すなわち，

$$\boldsymbol{x}_{i+1} = A\widehat{\boldsymbol{x}}_i, \quad \boldsymbol{x}'_{i+1} = \boldsymbol{x}_{i+1} - \sum_{j=1}^{i} \widehat{\boldsymbol{x}}_j, \quad \widehat{\boldsymbol{x}}_{i+1} = \frac{\boldsymbol{x}'_{i+1}}{\|\ \boldsymbol{x}'_{i+1}\ \|_2}$$

のように $\widehat{\boldsymbol{x}}_{i+1}$ を求める．これらの式を $A\widehat{\boldsymbol{x}}_i$ について表すと，

$$A\widehat{\boldsymbol{x}}_i = \widehat{\boldsymbol{x}}'_{i+1} + \sum_{j=1}^{i} \widehat{\boldsymbol{x}}_j = \|\ \widehat{\boldsymbol{x}}_{i+1}\ \|_2\ \widehat{\boldsymbol{x}}_{i+1} + \sum_{j=1}^{i} \widehat{\boldsymbol{x}}_j = \sum_{j=1}^{i+1} c_j \widehat{\boldsymbol{x}}_j$$

となり，$A\widehat{\boldsymbol{x}}_i$ は定数 c_j を係数として $\widehat{\boldsymbol{x}}_j$ $(j = 1, 2, \cdots, i+1)$ の 1 次結合で表される．この式で j を k に，i を j に変更し，$\widehat{\boldsymbol{x}}_i$ との内積 $(\widehat{\boldsymbol{x}}_i, A\widehat{\boldsymbol{x}}_j)$ を計算すると，

$$(\widehat{\boldsymbol{x}}_i, A\widehat{\boldsymbol{x}}_j) = \sum_{k=1}^{j+1} c_k (\widehat{\boldsymbol{x}}_i, \widehat{\boldsymbol{x}}_k) = \begin{cases} 0 & (i > j+1) \\ c_i & (i \leq j+1) \end{cases} \tag{5.92}$$

が得られる．これより行列 H を $H = \{h_{ij}\} = \{(\widehat{\boldsymbol{x}}_i, A\widehat{\boldsymbol{x}}_j)\}$ と定義すると，行列 H はヘッセンベルグ行列となる．このようにして n 次正方行列を m 次 $(m \leq n)$ のヘッセンベルグ行列に変形することができる．ここで行った計算は，正規直交系 $\{\widehat{\boldsymbol{x}}_1, \widehat{\boldsymbol{x}}_2, \widehat{\boldsymbol{x}}_3, \cdots, \widehat{\boldsymbol{x}}_m\}$ を列ベクトルとする行列 Q を用いて，$H = {}^tQAQ$ と表される．Q は直交行列なので，$m = n$ のときは A の固有値と H の固有値が一致する．しかし，行列 A が重複固有値をもつときは，A の 0 以外の異なる固有値の数を l とすると，l 行目よりも後ろの行（i 行目，$i > l$）の要素 h_{ij} はすべて 0 となるので，そのような行と $l+1$ 列目以降を除いて正

方行列を作れば，アーノルディの方法で得られるヘッセンベルグ行列 H は高々 l 次正方行列である．$m < l$ のとき，H の固有値は A の固有値の絶対値が大きい順に m 個選んだ固有値の近似値に等しい．その理由はアーノルディの方法は正規直交化を用いたべき乗法と同等ではあるが，大きな行列の固有値を小さな次数の行列の固有値で近似的に計算するために誤差が生じる．アーノルディの方法が適用可能な正方行列 A については非対称行列でもよく，固有値がすべて異なっている必要もない．ただし重複固有値はその重複度が 1 となり，単純固有値として求められる．ここでは紹介しないが，A が対称行列のときにはランチョス (Lanczos) の方法という方法により 3 重対角行列に変形することができる．

例　固有値がすべて異なる 4 次の正方行列

$$A = \begin{bmatrix} 2 & 3 & -1 & 2 \\ 2 & 1 & -1 & 1 \\ 2 & -3 & 1 & 2 \\ 1 & 1 & 1 & 2 \end{bmatrix}$$

を考える．A をアーノルディの方法でコンピュータを用いて数値的にヘッセンベルグ行列に変形すると，

$$H = \begin{bmatrix} 2.000 & 4.061 & 0.1687 & 0.6938 \\ 2.380 & 1.529 & -0.5585 & -2.761 \\ 0.0 & 0.5370 & 2.756 & 2.246 \\ 0.0 & 0.0 & 0.2857 & -0.2800 \end{bmatrix}$$

となる．A と H の固有値は誤差の範囲内で一致し，$\lambda_1 = 4.815$, $\lambda_2 = 2.963$, $\lambda_3 = -1.368$, $\lambda_4 = -0.4100$ となる．変形したヘッセンベルグ行列を 3 次の正方行列で近似したときの固有値は $\lambda_1 = 4.834$, $\lambda_2 = 2.752$, $\lambda_3 = -1.305$ となって，第 2 固有値以降は誤差が大きくなるが実用上はもっと大きな次数の行列 A を比較的小さな次数の行列 H で近似するので，もっと良い近似値が得られることが多い． ■

次に，2 重固有値をもつ例を考える．

例　3 次の正方行列

$$A = \begin{bmatrix} -3 & -3 & -3 \\ 4 & 3 & 2 \\ 8 & 4 & 5 \end{bmatrix}$$

の固有値は $\lambda_1 = 3$, $\lambda_2 = \lambda_3 = 1$ である．A をアーノルディの方法によりヘッセンベルグ行列に変形すると，

$$H = \begin{bmatrix} 19/3 & -20/(3\sqrt{14}) & 0 \\ 112/(3\sqrt{14}) & -7/3 & 0 \\ 0 & 0 & 0 \end{bmatrix}$$

となり，その固有値は 0 固有値を除けば $\lambda_1 = 3$, $\lambda_2 = 1$ となって 2 重固有値は単純固有値として得られる． ■

行列の成分が複素数のときは $\boldsymbol{x}$ の L_2 ノルムを $\| \boldsymbol{x} \|_2 = (\boldsymbol{x}^*, \boldsymbol{x})^{1/2}$ のように，$\boldsymbol{x}$ の各成分の複素共役の成分をもつ $\boldsymbol{x}^*$ との内積で定義し，A の転置行列 ${}^tA$ の代わりに ${}^tA$ の各成分の複素共役の成分をもつ行列（随伴行列）を考える必要がある．

一方，n 次行列 A と正則な n 次行列 B に対して式 (5.80) と同様な問題

$$A\boldsymbol{x} = \lambda B\boldsymbol{x} \tag{5.93}$$

が理工学の応用例でしばしば現れる．これを**一般化固有値問題** (generalized eigenvalue problem) という．式 (5.93) の左から B^{-1} をかけると

$$B^{-1}A\boldsymbol{x} = \lambda\boldsymbol{x}$$

となり，式 (5.78) と同じ形となるのでわざわざ区別する必要はないように思われる．しかし，実際にとり扱う大規模行列では逆行列を計算することは困難を伴い，通常は式 (5.93) の形を保って変形を行い，固有値を計算する．よく用いられるのは，不完全コレスキー分解を利用する方法で，B の不完全コレスキー分解 $B = L'_1\,{}^tL'_1 + R$ が与えられたとき

$$L'^{-1}_1 A\,{}^tL'^{-1}_1 \boldsymbol{y} = \lambda L'^{-1}_1 B\,{}^tL'^{-1}_1 \boldsymbol{y}, \quad \boldsymbol{y} = {}^tL'_1\boldsymbol{x}$$

と変形して固有値を求める．代表的な数値計算法として **QZ 法** (QZ method) がある．

QR 法の説明から予想されるように，行列の固有値を数値的に求めるのは容易でなく，原点移動などさまざまな加速法が工夫されていて，実用には完成されたパッケージを利用することを推奨する．行列の固有値・固有ベクトルを計算する方法の研究結果は，古くは EISPACK，最近は LAPACK とよばれる形でまとめられていて，ユーザーは自由に利用することができる（参考文献 [19]）．

第5章の問題

□ **1** ガウスの消去法を用いて，次の連立方程式を解け．

$$
\begin{aligned}
x - y + 2z &= 5, \\
-x + 2y - 3z &= -6, \\
3x + y + z &= 8.
\end{aligned}
$$

□ **2** 次の行列 A を LU 分解せよ．

$$
A = \begin{bmatrix} 1 & 2 & 1 \\ 3 & 8 & 7 \\ 2 & 7 & 4 \end{bmatrix}.
$$

□ **3** 次の行列 A は LU 分解できないことを示せ．

$$
A = \begin{bmatrix} 0 & 0 & 1 \\ 0 & 1 & 0 \\ 1 & 0 & 0 \end{bmatrix}.
$$

□ **4** 行列 A が，式 (5.6) の形に LU 分解されたとき

$$
\det A = l_{11} l_{22} l_{33} \cdots l_{nn} \cdot u_{11} u_{22} u_{33} \cdots u_{nn}
$$

となることを示せ．ここで l_{ij}, u_{ij} はそれぞれ行列 L, U の (i, j) 成分である．

□ **5** 下三角型の方程式 (5.7) を解くためのアルゴリズムを書け．

□ **6** 次の連立方程式を SOR 法により解け．ただし，初期近似解は適当に選ぶこと．また，反復計算が速く収束するように，方程式の順序を適当に変えて計算すること．

$$
\begin{aligned}
x_1 + 2x_2 + 3x_3 + 2x_4 + x_5 &= 3, \\
x_1 + x_2 + x_3 + 3x_4 + 4x_5 &= 4, \\
2x_1 + x_2 + 2x_3 + 2x_4 + 3x_5 &= 3, \\
-x_1 - x_2 + 2x_3 + x_4 + 3x_5 &= 1, \\
x_1 + x_2 + 3x_3 + x_4 - x_5 &= 3.
\end{aligned}
$$

□ **7** ヤコビ法を用いて，次の対角優位でない連立方程式を解け．反復計算の途中経過はどうなるか．ただし初期条件は $x_1 = x_2 = x_3 = x_4 = x_5 = 0$ とし，収束判定には $\delta = 10^{-8}$ を用いよ．

$$
\begin{aligned}
x_1 + 3x_2 + x_3 + 2x_4 + x_5 &= -4,\\
x_1 + x_2 + 2x_3 - x_4 + 5x_5 &= 9,\\
-x_1 + x_2 + 3x_3 + x_4 + 10x_5 &= 8,\\
-2x_1 + x_3 + 2x_4 + 5x_5 &= -1,\\
-3x_1 + 5x_2 + x_3 - 2x_4 + 2x_5 &= 22.
\end{aligned}
$$

□ **8**　式 (5.40) を証明せよ．行列 A, B に対して

$$(AB)^{-1} = B^{-1}A^{-1}$$

が成り立つことを利用せよ．

□ **9**　連立方程式 $x + ay = b$, $ax + y = c$ を，初期条件を $x = x^{(0)}$, $y = y^{(0)}$ として，ヤコビ法およびガウス・ザイデル法を適用し，第 k 段階の反復解を $x^{(0)}$, $y^{(0)}$ で表せ．さらに，a がどのような範囲の値をとるとき，解は収束するか調べよ．また，両方法による解の収束の速さを比較せよ．

□ **10**　反復計算式 (5.50) で $a > 1$ の場合，緩和係数 ω の値をどのようにとれば反復計算によって解が求まるか．

□ **11**　例題 6 を緩和係数 $\omega = 1.5$ として解き，$\omega = 1.2$ を用いたときの計算と解の収束の速さを比較せよ．

□ **12**　n 元連立 1 次方程式 $A\boldsymbol{x} = \boldsymbol{b}$ をクラメール（Cramer）の公式（参考文献 [10] 第 4 章）を用いて解くときの乗除算の演算回数を求めよ．

□ **13**　式 (5.14) で与えられる行列 M_k の逆行列 M_k^{-1} は

$$
M_k^{-1} = \begin{bmatrix}
1 & & & & & & & 0\\
0 & 1 & & & & & & \\
0 & 0 & 1 & & & & & \\
0 & 0 & \cdots & 1 & & & & \\
0 & 0 & \cdots & m_{k+1\,k} & 1 & & & \\
0 & 0 & \cdots & m_{k+2\,k} & 0 & \ddots & & \\
\vdots & \vdots & & \vdots & \vdots & & 1 & \\
0 & 0 & \cdots & m_{nk} & 0 & \cdots & 0 & 1
\end{bmatrix}
$$

となることを示せ．

□ **14** 式 (5.16) が成り立つこと，すなわち

$$M_1^{-1}M_2^{-1}\cdots M_{n-1}^{-1} = \begin{bmatrix} 1 & & & & & 0 \\ m_{21} & 1 & & & & \\ m_{31} & m_{32} & 1 & & & \\ \vdots & \vdots & \vdots & \ddots & & \\ \vdots & \vdots & \vdots & & 1 & \\ m_{n1} & m_{n2} & \cdots & \cdots & m_{n\,n-1} & 1 \end{bmatrix}$$

となることを示せ.

□ **15** n 次3重対角行列 $A = [a_{ij}]$ を LU 分解せよ．ここで $a_{ii} = d_i$ $(1 \leq i \leq n)$, $a_{i+1\,i} = l_i$, $a_{i\,i+1} = u_i$ $(1 \leq i \leq n-1)$ とする.

□ **16** 例題3を共役勾配法で解け．ただし，例題3の連立方程式を $A\boldsymbol{x} = \boldsymbol{b}$ とおくと，その両辺に左から ${}^tA$ をかけて ${}^tA A\boldsymbol{x} = {}^tA\boldsymbol{b}$ としたのち共役勾配法を適用せよ.

□ **17** 連立方程式 $3x + y = 2$, $x + 2y = -1$ を共役勾配法で解き，図5.1に示されるように，$\boldsymbol{x}^{(0)} = (0, 0)$, $\boldsymbol{x}^{(1)} = (1, -0.5)$, $\boldsymbol{x}^{(2)} = (1, -1)$ となることを確認せよ.

□ **18** 行列 A $(= A_1)$ が n 次対称行列で，その固有値の絶対値がすべて異なるとき，QR 法により，$A_k = {}^tQ_{k-1}A_{k-1}Q_{k-1}$ を求めていくと，A_k は $k \to \infty$ で対角行列に近づき，

$$Q_\infty = \lim_{k\to\infty} Q_1 Q_2 \cdots Q_k$$

の各列が固有ベクトルとなることを示せ．ただし，Q_1 は式 (5.87) で定義される行列であり，$Q_2, Q_3, \cdots, Q_k$ も同様に定義される行列である.

第 6 章
常微分方程式

微分方程式を求積法により解く場合には，微分方程式の分類についてよく知っている必要がある．それらの種類によって解く手順が異なるからである．特に，線形微分方程式と非線形微分方程式の区別は重要である．非線形微分方程式については求積法による一般的な解法は存在しない．一方，微分方程式の初期値問題を数値的に解く場合には，線形微分方程式と非線形微分方程式の区別は重要ではない．また，微分方程式の種類によって解き方が違うわけでもない．しかし，微分方程式の基本的な性質を知っているほうが，より効率よく簡単に数値解を求めることができる．また，境界値問題のように，微分方程式の基本的な性質を知らないと数値解を求めることができない場合もある．この章では，常微分方程式の数値解法に必要な最低限の微分方程式に関する性質の復習と，いくつかの数値解法について説明を行う．

第 6 章の内容

6.1 微分方程式の初期値問題

6.1.1 1階微分方程式の解と数値解

独立変数 x の関数 $y(x)$ に対して次の形の微分方程式を**正規形1階微分方程式**という.

$$\frac{dy}{dx} = f(x, y). \tag{6.1}$$

ここで，関数 $f(x, y)$ は2つの変数 x と y について連続であるとする．微分方程式 (6.1) は独立変数 x について1階微分までの微分を含む方程式なので，1階微分方程式とよばれ，求積法*1)によればその解は1つの任意定数を含む形で書け，そのような解を**一般解**という．一般解に含まれる任意定数は初期条件などが与えられると，その条件を満たすように決定される．このようにして決定される任意定数を含まない解を**特殊解**または**特解**という (参考文献 [12] 第1章).
数値解法においては初期条件

$$y(x_0) = y_0 \tag{6.2}$$

を満たす微分方程式 (6.1) の特殊解を数値的に求めるものとする.

ここで，微分方程式 (6.1) の解の存在とその一意性について簡単に述べておく．2つの正定数 p と q について，関数 $f(x, y)$ が

$$|x - a| \leq p, \quad |y - b| \leq q \tag{6.3}$$

において連続で，ある正の定数 L, M について

$$|f(x, y)| \leq M \tag{6.4}$$

を満たし，さらに次の**リプシッツ条件** (Lipschitz condition)

$$|f(x, y_1) - f(x, y_2)| \leq L|y_1 - y_2| \tag{6.5}$$

を満たすとき，初期条件

---

*1) 方程式を変形し，不定積分を行うことによって解を求める方法を求積法とよび，得られた解を求積解とよぶ.

$$y(a) = b \tag{6.6}$$

を満たす微分方程式 (6.1) の解は

$$|x - a| \leq r \tag{6.7}$$

で存在し，一意的であることが示される．ここで，r は p と q/M のうちのどちらか小さいほうを表す．

条件 (6.4) と (6.5) が満たされれば，初期条件 (6.2) を満たす微分方程式 (6.1) の解は一意的に求められることがわかったので，微分方程式 (6.1) を数値的に解くことを考える．ここでは，微分方程式 (6.1) の解を $x = [x_0, x_N]$ の範囲で求める．また，その解は初期条件 (6.2) を満たすものとする．区間 $x = [x_0, x_N]$ を N 等分し，両端を含みその分割点を $x = x_0, x_1, x_2, \cdots, x_N$ とする．微分方程式 (6.1) の解は本来は $x = [x_0, x_N]$ の範囲の任意の x の値に対して $y(x)$ の値を与えるものでなければならない．しかし，ここでは分割点 x_i $(i = 1, 2, \cdots, N)$ に対してのみ $y(x_i)$ の値を求めることにする．これを**離散変数法**という．

まず，$x = x_0$ から微小間隔 $h = (x_N - x_0)/N$ だけ離れた点 x_1 における $y(x)$ の値 $y(x_1)$ を近似的に求めることを試みる．h は小さい値であることを考慮して $y(x_1)$ の値を x_0 点を中心にテイラー展開すると

$$y(x_1) = y(x_0 + h) = y(x_0) + y'(x_0)h + \frac{1}{2}y''(x_0)h^2 + \cdots \tag{6.8}$$

となる．上式で h^2 と同程度の大きさおよびそれ以下の項（$O(h^2)$ と表す）を無視する近似を行い，$y'(x_0) = f(x_0, y_0)$ であることを考慮すると

$$y(x_1) = y(x_0) + y'(x_0)h = y(x_0) + f(x_0, y_0)h \tag{6.9}$$

が得られる．この操作を N 回くり返して行うと，x_i $(i = 1, 2, \cdots, N)$ における $y(x)$ の値 $y_i = y(x_i)$ $(i = 1, 2, \cdots, N)$ が求められる．こうして微分方程式 (6.1) の解が分割点 x_i $(i = 1, 2, \cdots, N)$ において求められた．この手順を図示すると図 6.1 のようになる．このようにして解を各区分ごとに近似して求める数値解を**区分**（くぶん）**近似解**とよび，その方法を**区分近似解法**という．

ここまでは，区分近似解を求めるとき，区間 $x = [x_0, x_N]$ を等間隔に N 等分してそれぞれの区間で $y(x)$ を直線近似したが，$f(x, y)$ の絶対値が小さいところでは大きな間隔で，絶対値が大きなところでは小さな間隔で直線近似をす

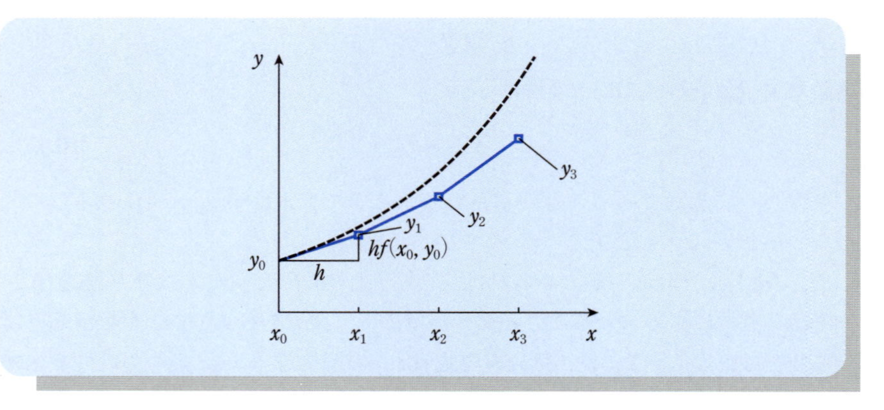

図 **6.1**　オイラー法 (6.9) の図形的表現．----：求積解．

るとより少ない分割点でよい精度の近似が可能であることは容易に想像できる．そのような場合には等間隔に並んでいない分割点 x_i $(i = 1, 2, \cdots, N)$ をとり，$y(x_i)$ がわかっているとき

$$y(x_{i+1}) = y(x_i) + (x_{i+1} - x_i) f(x_i, y_i) \tag{6.10}$$

により，$y(x_{i+1})$ を求める．このようにして小さな区間ごとに近似解を求める方法を**コーシー・オイラーの方法** (Cauchy-Euler's method)，または**オイラー法**とよぶ．

例題 1

微分方程式 $dy/dx = ay$ の解を $0 \leq x \leq 1$ の範囲で区分近似解法により求め，用いた分割数 N が大きくなると，その区分近似解は求積法により求めた解に漸近することを示せ．

解答　区間 $x = [0, 1]$ を N 等分し，両端を含めてその分割点を x_i $(i = 0, 1, 2, \cdots, N)$ とする．ここで，$x_i = i/N$ であり，$h = 1/N$ とおく．分割点 x_i での $y(x_i)$ の値を y_i とおくと

$$y(x_{i+1}) = y(x_i) + f(x_i, y_i)h = y_i + ay(x_i)h$$

より，次式が得られる．

$$y_{i+1} = y_i + ahy_i = (1 + ah)y_i$$

したがって

$$y_i = (1+ah)y_{i-1} = (1+ah)^2 y_{i-2} = \cdots = (1+ah)^i y_0$$

が求められる．分割数 N を大きくしていくと $y(x_i)$ がどのような関数に近づくか調べるために，$h = 1/N$ を代入して

$$y(x_i) = \left(1+\frac{a}{N}\right)^i y_0$$

を得る．ここで，$y_i = y(x_i) = y(i/N)$ であることを用いた．また，e の定義式

$$e = \lim_{n\to\infty}\left(1+\frac{1}{n}\right)^n$$

を用いて上式を書き換え，離散変数 x_i から連続変数 $x = x_i$ に戻して，$N \to \infty$ の極限をとると次式を得る．

$$\begin{aligned} y(x) &= \lim_{N\to\infty}\left(1+\frac{a}{N}\right)^{(ia/N)(N/a)} y_0 \\ &= \lim_{N\to\infty}\left[\left(1+\frac{a}{N}\right)^{(N/a)}\right]^{ax} y_0 \\ &= y_0 \exp(ax). \end{aligned}$$

こうして得られた解を与えられた微分方程式に代入してその微分方程式を満足していることが確かめられる．ただし，この例題のように区分近似解の極限が計算でき，微分方程式の厳密解に一致することが確かめられる例はまれである．

オイラー法による区分近似解に含まれる誤差を調べるために，$x = 1$ における近似値 $y(1) = y_N$ と厳密解 $y = e^a$ との差を評価する．$ah \ll 1$ とすると，テイラー展開（テイラーの公式，付録B）により，$e^{ah} = 1 + ah + (1/2)R(h)(ah)^2$ と表すことができる．ここで，$R(h)$ は $h \to 0$ のとき $R(h) \to 1$ となる h の関数であり，その絶対値は $O(1)$ の大きさである．$y_N = y_0(1+ah)^N$ にこの式を代入し，2 項定理を用いると

$$\begin{aligned} y_N &= y_0(1+ah)^N = y_0\left\{e^{ah} - R(h)(ah)^2/2\right\}^N \\ &= y_0\left\{e^{ahN} - R(h)Ne^{ah(N-1)}(ah)^2/2 + O((ah)^2)\right\} = y_0 e^a + O(h) \end{aligned}$$

が得られ，オイラー法による区分近似解に含まれる誤差は $O(h)$ であることがわかる．　□

6.1.2 オイラー法

前節で説明した微分方程式の区分近似解法である**オイラー法**は微分方程式の最も簡単な近似解法でもある．微分方程式の数値解法には差分近似解法，関数展開法，有限要素法など数多くの方法がある．オイラー法は差分近似解法の一種である．式 (6.8) または (6.9) を書き換えると

$$\left.\frac{dy}{dx}\right|_{x=x_i} = \frac{y(x_i+h)-y(x_i)}{h} + O(h) \quad \text{（前進オイラー法）} \qquad (6.11)$$

と表される．ここで，h は小さい量であると考えており，$O(h)$ は h と同程度あるいは h よりも小さい量を表している．式 (6.11) は $x = x_i$ における微分係数 $dy/dx|_{x=x_i}$ を x_i と x_{i+1} の有限区間 $h = x_{i+1} - x_i$ の間の平均変化率で近似する式であり，**差分近似式**とよばれる．また，この差分近似法は x_i より h だけ "前に進んだ" x_{i+1} と x_i における y の値を用いて近似を行っているので**前進オイラー法** (forward Euler method) ともよばれている．上式からわかるように前進オイラー法により微分係数 $dy/dx|_{x=x_i}$ を近似したとき，その誤差は $O(h)$ つまり h と同程度あるいはそれ以下の誤差である．

ここでは微分方程式 (6.1) を前進オイラー法により数値的に解くことを考える．点 (x_i, y_i) における微分係数 $f(x_i, y_i)$ を用いて $x_{i+1} = x_i + h$ における $y(x_{i+1})$ の値 y_{i+1} を計算すると，$y_{i+1} = y_i + f(x_i, y_i)h$ のように，x_i における微分係数 $dy/dx|_{x=x_i}$ に h をかけるので y_{i+1} に含まれる誤差は $O(h^2)$ である．区間 $x = [0, L]$ の範囲を $1/h$ 等分して，微分方程式 (6.1) を差分間隔 h で解くときには，この操作を L/h 回行うので，終端 $x = L$ における $y(L)$ に含まれる誤差は $O(h)$ となる．

例題 2

次の微分方程式を前進オイラー法により $x = [0, 1]$ の範囲で数値計算し，その精度について比較検討せよ．ただし，初期条件を $y(0) = 1$ とする．このとき，差分間隔 h をいろいろな値にとり計算をくり返し行うことにより $x = 1$ における y に含まれる誤差について検討せよ．

$$\frac{dy}{dx} = y + x^2 - 2x.$$

解答　計算領域 $x=[0,1]$ を N 等分し，差分間隔を $h=1/N$ とおいて，与えられた微分方程式を前進オイラー法により $x=[0,1]$ の範囲で数値的に解く．ここでは，$N=5,10,20$ の 3 通りの場合について数値計算を行う．まず，$N=5$ の場合を考える．x_i $(i=0,1,2,\cdots,N)$ における y の値を y_i とおくと，前進オイラー法の公式 (6.11) より

$$y_1=y_0+h\times(y_0+x_0^2-2x_0)$$

となり，この式に $y_0=1$, $h=1/5=0.2$, $x_0=0$ を代入して $y_1=1.2$ を得る．また

$$y_2=y_1+h\times(y_1+x_1^2-2x_1)$$

に $y_1=1.2$, $x_1=0.2$ を代入して $y_2=1.368$ を得る．この計算を 5 回くり返して，$x=1$ における y の値 $y(1)=y_5=1.785984$ を得る．同様に計算を行うと，$N=10$ のとき $y(1)=1.753117$，$N=20$ のとき $y(1)=1.735963$，$N=40$ のとき $y(1)=1.727191$ となる．このようにして得られた数値解をグラフに表すと，図 6.2 のようになる．この図において，□ のついた点線は $N=5$ の場合，△ のついた破線は $N=10$ の場合，+ のついた 1 点鎖線は $N=20$ の場合の数値解であり，求積解（実線，$y=e^x-x^2$）と $N=40$ の数値解は値が近く，この図では区別ができないので同じ実線で表している．

分割数 N と絶対誤差 $\varepsilon=|y_N-y(1)|$ の関係をまとめると表 6.1 のようになる．ここで，$y(1)$ は求積解 $y(x)$ に $x=1$ を代入した値である．このままでは，わかりにくいのでグラフにしたのが図 6.3 である．図 6.3 では，両軸ともに対数軸がとられている．両対数グラフで，誤差 ε を表すグラフがほぼ直線であり，その傾きがおよそ -1 である．このことは $\varepsilon\propto N^{-1}$ を表している．すなわち，オイラー法を用いて，差分近似により数値解を求めたとき，y_N に含まれる誤差は

$$O(N^{-1})=O(h)$$

であることが確かめられた．　■

表 6.1　$x=1$ での近似解とその誤差．

N	$y(1)$ $(=y_N)$	絶対誤差
5	1.785984	0.067702
10	1.753117	0.034835
20	1.735963	0.017681
40	1.727191	0.008909
真値	1.718282	—

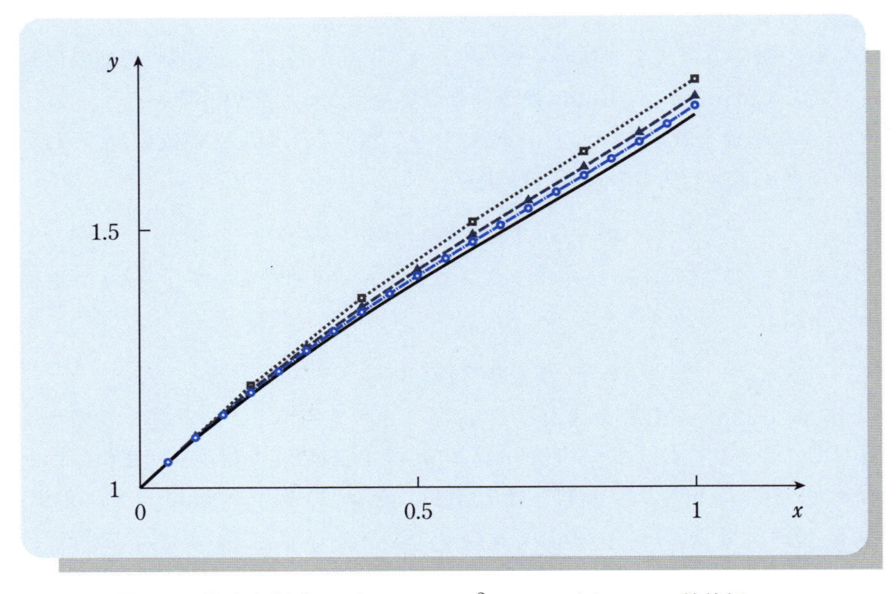

図 6.2　微分方程式 $dy/dx = y + x^2 - 2x$, $y(0) = 1$ の数値解．
……■……：$N = 5$，－－▲－－：$N = 10$，－・－○－・－：$N = 20$，
実線：求積解 $y = e^x - x^2$ と $N = 40$（重なって見える）．

前進オイラー法と対比される差分近似法に**後退オイラー法** (backward Euler method) があり

$$\left.\frac{dy}{dx}\right|_{x=x_i} = \frac{y(x_i) - y(x_i - h)}{h} + O(h) \quad \text{（後退オイラー法）} \tag{6.12}$$

と表される．後退オイラー法も前進オイラー法と同様に導くことができる．すなわち，$y(x_i - h)$ の値を x_i 点を中心にテイラー展開すると，次式が得られる．

$$y(x_i - h) = y(x_i) - y'(x_i)h + \frac{1}{2}y''(x_i)h^2 + \cdots \tag{6.13}$$

この式を $O(h)$ で打ち切ると後退オイラー法の近似式 (6.12) が導かれる．

微分方程式 (6.1) を後退オイラー法により差分近似により数値的に解こうとするとき，点 (x_{i+1}, y_{i+1}) における微分係数 $f(x_{i+1}, y_{i+1})$ を用いて y_{i+1} を表すと，$O(h^2)$ の項を無視して

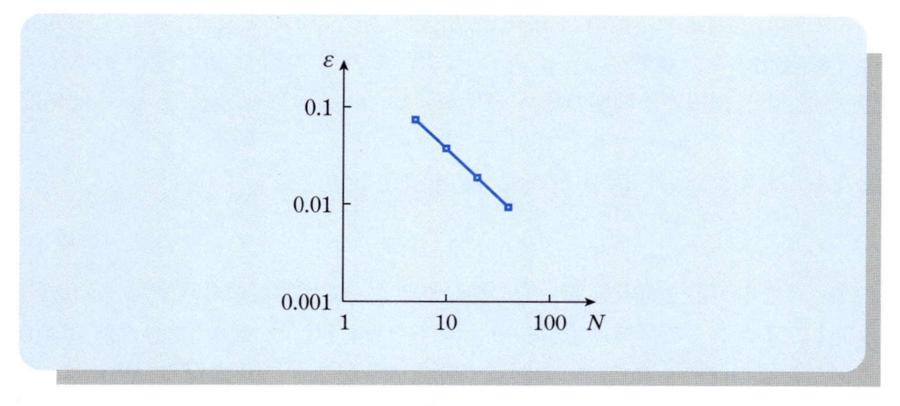

図 6.3　微分方程式 $dy/dx = y + x^2 - 2x$, $y(0) = 1$ の数値解の $x = 1$ での値 y_N に含まれる絶対誤差 ($\varepsilon = |y(1) - y_N|$). N は分割数.

$$y_{i+1} = y_i + f(x_{i+1}, y_{i+1})h \tag{6.14}$$

と書ける．この式から y_{i+1} を計算するためには y_{i+1} について方程式 (6.14) を解く必要がある．このように，求めようとする値 y_{i+1} が直接に求められず，y_{i+1} に関する方程式を解いて初めて y_{i+1} が求められる方法を**陰解法** (implicit method) とよび，前進オイラー法のように直接に y_{i+1} が求められる方法を**陽解法** (explicit method) とよぶ．

実際の数値計算においては，後退オイラー法を用いるとどのような利点があるのだろうか．このことを一般的に議論するのは難しいので，簡単な例について前進オイラー法と後退オイラー法の 2 つの近似法を用いて具体的に解くことにより，両者の長所と短所を考える．例として，微分方程式

$$\frac{dy}{dx} = -ay \quad (a > 0) \tag{6.15}$$

の初期値問題を考える．ここで，a は正の定数であり，初期条件を $y(0) = y_0$ とする．この問題の解は容易に得られて

$$y = y_0 \exp(-ax) \tag{6.16}$$

である．解 (6.16) は単調減少であり，$x \to \infty$ のとき解 $y(x)$ は 0 に漸近する．

この初期値問題の数値解を $x=[0,L]$ の範囲で求める．この区間を N 等分して離散化する．離散点 $x_i=ih=iL/N$ での y の値を y_i とし，前進オイラー法によれば例題1の解答で a の代わりに $-a$ とおくと y_{i+1} と y_i の関係は

$$y_{i+1}=y_i-ay_ih=(1-ah)y_i,\quad h=L/N$$

となる．したがって，y_0 を用いて y_N を表すと

$$y_N=y_0(1-ah)^N \tag{6.17}$$

のようになる．差分間隔 h が一定の値になるように保ちながら，$N\to\infty$ ($L\to\infty$) となるとき，数値解は $y_N\to 0$ とならなければ，求積法で求めた解 (6.16) と同じ性質ではなくなる．したがって，数値解が $y_N\to 0$ となるためには

$$|1-ah|\le 1$$

でなければならない．これより，差分間隔 h は条件

$$0\le h\le \frac{2}{a} \tag{6.18}$$

を満たさなければならないことがわかる．すなわち，定数 a が大きければ，差分間隔 h を小さくとる必要がある．さらに，求積法によって求めた解 (6.16) は単調減少であった．数値解も単調減少性をもつためには

$$0\le 1-ah\le 1$$

を満たさなくてはいけないので，h はさらに制限を受けて

$$0\le h\le \frac{1}{a} \tag{6.19}$$

の範囲になくてはならないという結果が得られる．

一方，この初期値問題を後退オイラー法により解くとき，y_{i+1} と y_i の関係は

$$y_{i+1}=y_i-ay_{i+1}h$$

となる．したがって，y_0 を用いて y_N を表すと

$$y_N=y_0(1+ah)^{-N} \tag{6.20}$$

のようになる．この数値解は h が正でありさえすれば，h の大きさにかかわらず，$N\to\infty$ ($L\to\infty$) となるとき $y_N\to 0$ となり，単調減少であり，しかも0に漸近する．

微分方程式を差分近似のもとで解くときには必ず誤差が生じる．区間 $x = [0, L]$ を N 等分して微分方程式 (6.15) を前進オイラー法で解くとき，$x = L$ での y の近似値 y_N に含まれる誤差は差分間隔 $h = L/N$ のオーダーである．しかし，差分間隔がある値よりも大きいときにはこのオーダー以上の誤差が生じて，$x = 0$ から逐次差分近似で y_i を計算していく途中で誤差が急激に増大し，y_i の値がオーバーフローして $x = L$ まで到達できないときがある．このような数値解法を**不安定な解法**という．逆に，誤差が $O(h)$ の範囲で y の値が求められるとき，**安定な解法**であるという*2)．微分方程式 (6.15) の初期値問題を前進オイラー法で数値的に解くとき，安定な解法であるためには条件 (6.19) が必要であったが，後退オイラー法では無条件に安定な解法となっている．

例題 3

次の微分方程式（**ロジスティック方程式**）を前進オイラー法により $x = [0, 20]$ の範囲で数値計算し，解法の安定性について比較検討せよ．ただし，初期条件を $y(0) = 0.1$ とする．差分間隔 h をいろいろな値にとり計算をくり返し行うと，求積法による正しい解以外に差分解特有の性質をもった解が現れることを確かめよ．また，そのような差分解が生じる原因について考えよ．

$$\frac{dy}{dx} = y - y^2. \tag{6.21}$$

解答　計算領域 $0 \leq x \leq 20$ を N 等分し，差分間隔を $h = 20/N$ とおき，ロジスティック方程式を前進オイラー法により数値的に解く．離散点 x_i を $x_i = ih$ で定義し，$y_i = y(x_i)$ とおく．微分方程式 (6.21) を前進オイラー法により差分近似して

$$y_{i+1} - y_i = h(y_i - y_i^2) \tag{6.22}$$

が得られる．初期値は $y_0 = 0.1$ である．ここでは，$N = 8, 10, 20$ の 3 通りの場合について数値計算を行う．計算により得られた数値解をグラフに表すと，図 6.4 のようになる．この図において，実線は求積法によって得られた解

$$y = \frac{y_0}{(1 - y_0)\exp(-x) + y_0} \tag{6.23}$$

*2) 数値解法の安定性と解の精度とは直接の関係はないことに注意．

である．ここで，$y_0 = y(0)$ とおいた．すなわち，求積解は単調変化で，$x \to \infty$ のとき $y \to 1$ となる．一方，$N = 20$ の場合の数値解は求積法で求めた解とほぼ同じふるまいをしているが，$N = 10$ の場合は振動的なふるまいをする．また，$N = 8$ の場合は不規則な変動をしているようにも見える．

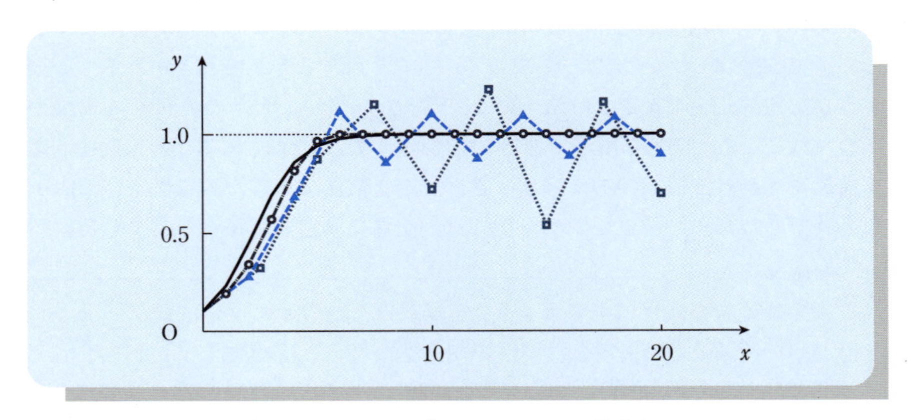

図 6.4　微分方程式 $dy/dx = y - y^2$, $y(0) = 0.1$ の数値解．……■……：$N = 8$，- - ▲ - -：$N = 10$，-·-○-·-：$N = 20$，実線：求積解．N は分割数．

差分間隔 h が比較的大きいときには，求積法による解とは定性的に異なった結果が得られるが，その原因について考える．そのために，式 (6.22) で次の変数変換

$$z_i = \frac{h}{1+h} y_i$$

を行うと，z_{i+1} と z_i の間には次の関係式が成り立つ．

$$z_{i+1} = \alpha z_i (1 - z_i).$$

ただし，上式において $\alpha = 1+h$ とおいた．この式は z_i から z_{i+1} への写像と考えることができる．この写像は**ロジスティック写像**とよばれ，**カオス**の発生やその性質を議論するときに最も簡単な例題の一つとしてよく用いられる．この写像をわかりやすく図示すると，図 6.5 のようになる．ここでは，$\alpha = 3.4$，すなわち $h = 2.4$ とおいた例を示している．初期条件 $y_0 = 0.1$ を $z_0 = hy_0/(1+h)$ で z_0 に換算すれば $z_0 = 0.1 \times 2.4/3.4 \sim 0.070588$ である．z_1 は直線 $z_i = 0.070588$ と曲線 $z_{i+1} = \alpha z_i(1 - z_i)$ との交点における z_{i+1} の値から $z_1 = 0.223059$ が得られる．また，z_2 は $z_{i+1} = 0.223059$ と直線 $z_{i+1} = z_i$ との交点から引い

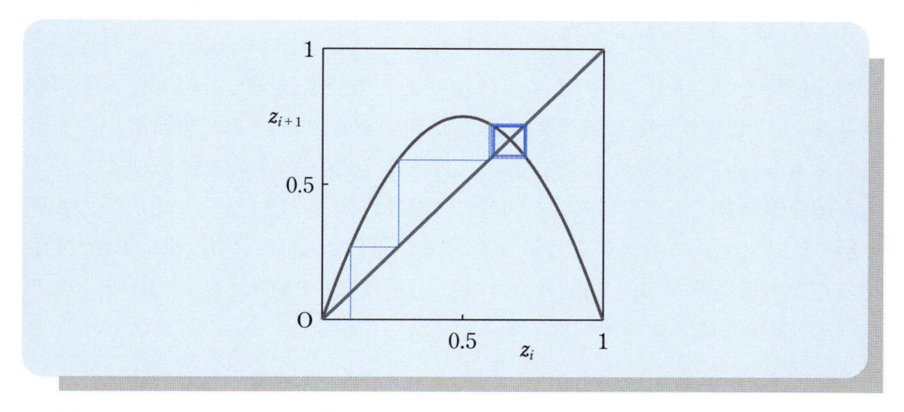

図 6.5 ロジスティック写像 $z_{i+1} = \alpha z_i(1 - z_i)$, $z_0 = 0.070588$. $\alpha = 3.4$. この場合には $i \gg 1$ で 2 周期解 $z_{i-1} = z_{i+1} = 0.45196$, $z_i = z_{i+2} = 0.84215$ に近づく.

た z_{i+1} に平行な線と曲線 $z_{i+1} = \alpha z_i(1-z_i)$ との交点における z_{i+1} の値から $z_2 = 0.589232$ が得られる．このようにして，順次 $z_3, z_4, \cdots$ が得られる．こうして求められた数値解は i が十分に大きくなると，$z_{i-1} = z_{i+1} = 0.45196$, $z_i = z_{i+2} = 0.84215$ というように，1 つおきに異なる値をもち，2 周期解とよばれる解に漸近する．その様子は図 6.5 からも見てとれる．

パラメータ α の値をいろいろに変えて同様な図をかいてみると，α（すなわち h）の値によって数値解のふるまいが異なることが調べられる．曲線 $z_{i+1} = \alpha z_i(1 - z_i)$ と直線 $z_{i+1} = z_i$ との交点は $z_i = z_{i+1} = 1 - 1/\alpha$ であり，このような点は**不動点**とよばれる．この不動点は $i \to \infty$ における z_i の漸近点の第一候補となり得る．実際，$1 < \alpha \leq 3$ $(0 < h \leq 2)$ のときは，$0 < z_0 < 1$ から出発すれば必ずこの点に漸近する．このとき，z_i が単調変化によってこの点に漸近する場合 $(1 < \alpha \leq 2, 0 < h \leq 1)$ と振動しながらこの点に漸近する場合 $(2 < \alpha \leq 3, 1 < h \leq 2)$ の 2 通りの場合がある．パラメータ α の値が大きくなると，図 6.5 に示すような 2 周期解や 4 周期解，カオス解などいろいろな数値解が得られることになる．ここでは，求積解と同じ性質をもった数値解を得ることが目的なので，$\alpha \leq 2$ すなわち $h \leq 1$ ととれば，目的の数値解が得られることになる．詳しくは参考文献 [11] 第 3 章参照．また第 6 章の問題 10 も参照．

6.1.3 リープ・フロッグ法

差分間隔を h とすると，オイラー法により微分を差分で近似したときの精度は $O(h)$ であり，微分方程式をある範囲で解くとき，その数値解に含まれる誤差も $O(h)$ であった．ここでは，もう少し精度の高い近似の一つとして**中心差分法**を考える．これまでと同様に，微分方程式 (6.1) を $x = [0, L]$ の範囲で解くこととし，この区間を $2N$ 等分する．離散点を $x_i = ih$ $(h = L/(2N))$，その点での近似解を $y_i = y(x_i)$ とする．$y(x_i + h)$ の値と $y(x_i - h)$ をそれぞれ x_i 点を中心にテイラー展開すると

$$y(x_i + h) = y(x_i) + y'(x_i)h + \frac{1}{2}y''(x_i)h^2 + \frac{1}{3!}y'''(x_i)h^3 + O(h^4), \quad (6.24)$$

$$y(x_i - h) = y(x_i) - y'(x_i)h + \frac{1}{2}y''(x_i)h^2 - \frac{1}{3!}y'''(x_i)h^3 + O(h^4) \quad (6.25)$$

となり，式 (6.24) から式 (6.25) を引いて，まとめると，次の中心差分近似式

$$\left.\frac{dy}{dx}\right|_{x=x_i} = \frac{y(x_i + h) - y(x_i - h)}{2h} + O(h^2) \quad （中心差分法） \quad (6.26)$$

が得られる．

中心差分近似 (6.26) を用いて微分方程式 (6.1) を数値的に解くときには，初

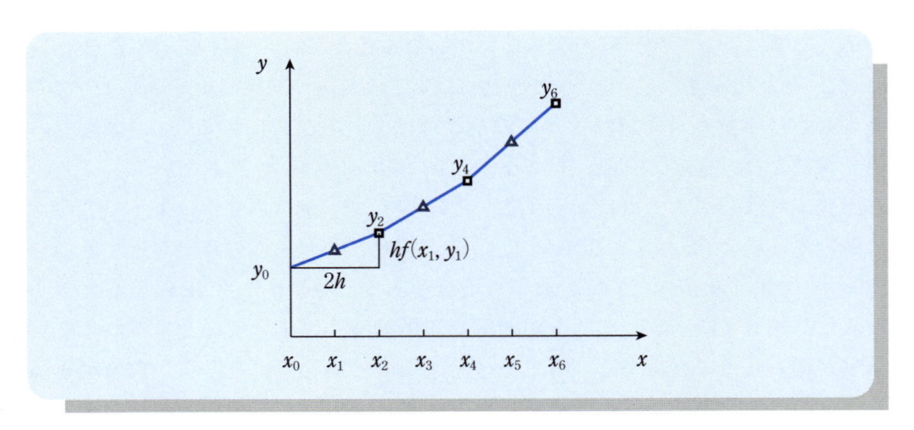

図 6.6 中心差分近似による微分方程式の解法．y_i を 1 つおきに計算する (y_{2i}: □)．y_{2i+1}(△) は微分係数を評価するために計算する．

期値 y_0 から差分間隔 $2h$ ごとに y_{2i} $(i=1,2,\cdots)$ を計算する（図 6.6）．したがって，中心差分解法においては差分間隔は h ではなく，$2h$ $(=L/N)$ であるといえる．y_{2i}（図 6.6，□ 印）の値がわかっているときに y_{2i+2} を計算しようとすれば，それらの中間点 (x_{2i+1},y_{2i+1})（図 6.6，△ 印）における微分係数 $dy/dx|_{x=x_{2i+1}}=f(x_{2i+1},y_{2i+1})$ の値が必要である．ところが，$y(x)$ の近似値を偶数番目の離散点 x_{2i} においてのみ計算していくと，y_{2i+1} の値がわからないために微分係数 $dy/dx|_{x=x_{2i+1}}=f(x_{2i+1},y_{2i+1})$ を評価できない．そのため，奇数番目の離散点における $y(x)$ の近似値も同時に計算を行う．y_0 から y_1 を計算するときには，式 (6.26) は使えないので，前進オイラー差分近似により

$$y_1=y_0+hf(x_0,y_0)$$

として，y_1 を計算する．その後は，y_{2i} と y_{2i+1} $(i=1,2,\cdots)$ を交互に，中心差分法により順次計算する．中心差分法を用いてこのようにして微分方程式を解く方法を**リープ・フロッグ法**（蛙跳び法，leap-frog method）という．ただし，中心差分法とリープ・フロッグ法は同義ではなく，偏微分方程式の数値解法では中心差分法はリープ・フロッグ法と関係なく用いられる．

また，前進オイラー法による解法では 1 回の操作で y_i から y_{i+1} を計算できたので **1 段解法**とよばれるのに対して，リープ・フロッグ法では y_{2i} から y_{2i+2} を求める際に中間の y_{2i+1} を計算するので，**2 段解法**とよばれる．前進オイラー差分法により求めた y_{i+1} に含まれる誤差は $O(h^2)$ である．一方，中心差分における y_{2i+2} の誤差は $O(h^3)$ であるが，区間 $x=[0,L]$ を $2N$ 等分して，微分方程式 (6.1) を差分間隔 h $(=L/(2N))$ で解くときには，この操作を $L/(2h)=N$ 回行うので，終端 $x=L$ における $y(L)$ に含まれる誤差は $O(h^2)$ となる．

例題 4

次の微分方程式を前進オイラー法とリープ・フロッグ法の 2 通りの方法により $x=[0,2]$ の範囲で数値計算し，数値解の精度について比較検討せよ．ただし，初期条件を $y(0)=1$ とする．

$$\frac{dy}{dx}=-y-\pi\exp(-x)\sin\pi x. \tag{6.27}$$

解答 与えられた微分方程式を前進オイラー法およびリープ・フロッグ法により数値的に解く．前進オイラー法においては，計算領域 $x=[0,2]$ を N 等分し，差分間隔を $h=2/N$ とおく．離散点 x_i を $x_i=ih$ で定義し，$y_i=y(x_i)$ とおくと，微分方程式 (6.21) を前進オイラー法により差分近似して

$$y_{i+1}-y_i=h(-y_i+\pi e^{-x_i}\sin\pi x_i) \tag{6.28}$$

が得られる．初期値は $y_0=1$ である．ここでは，分割数 $N=20$ の場合について数値計算を行う．計算により得られた数値解は図 6.7 で ……… で示されているようになる．次に，リープ・フロッグ法により微分方程式を解く．ここでは，計算領域 $x=[0,2]$ を $2N$ 等分する ($h=1/N$)． x_1 における $y(x)$ の値 y_1 は前進オイラー法により求めるので式 (6.28) で $x_i=0$ とおいて

$$y_1=y_0+h(-y_0+\pi e^{-x_0}\sin\pi x_0) \tag{6.29}$$

となる．y_2 以降は中心差分法により

$$y_{i+1}=y_{i-1}+2h(-y_i+\pi e^{-x_i}\sin\pi x_i) \tag{6.30}$$

により，評価する．このようにして求めた数値解を図 6.7 に ----- で示す．ただし，リープ・フロッグ法では偶数番目の値 y_{2i} $(i=1,2,\cdots,N)$ のみを表示した．前進オイラー法による数値解(………)とリープ・フロッグ法による数値解(-----)を比較すると $x=2$ では前進オイラー法のほうが求積解（実線，$y=e^{-x}\cos\pi x$）とよく一致しているようにも見えるが，これはリープ・フロッグ法による計算の分割数が不足しているためであり，さらに分割数 N を大きくするとリープ・フロッグ法のほうが精度よく解を求めることができる．

中心差分法による数値解の精度を確かめるために，分割数 N をいろいろな値にとって計算をくり返し，その誤差を求める．誤差 $\varepsilon=|y(2)-y_N|$ と分割数 N との関係を図示すると図 6.8 のようになる．この図より，誤差と分割数の関係が $\varepsilon\propto N^{-2}$ の関係にあり，前進オイラー法による数値解の誤差 ε は $\varepsilon\propto N^{-1}$ でしか小さくならないのに比べて，分割数を大きくすると，中心差分法による解のほうがずっと速く解析解に近づくことがわかる． ■

中心差分近似によるリープ・フロッグ法は特に次の2階微分方程式を数値的に解くときに有効である．

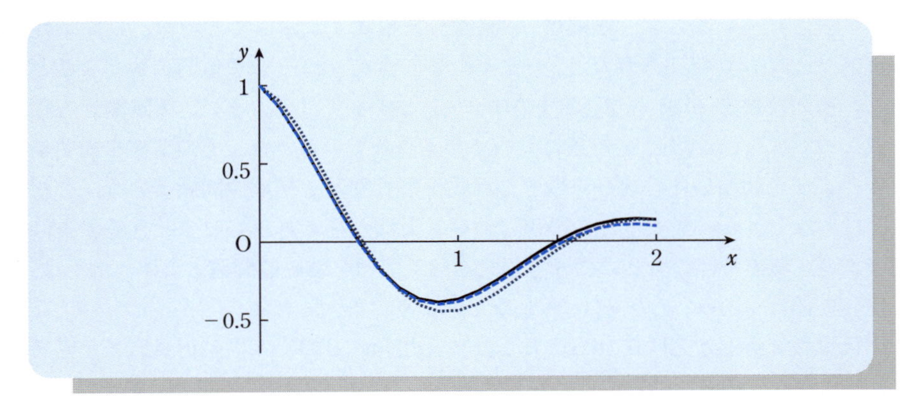

図 6.7 微分方程式 $dy/dx = -y - \pi \exp(-x) \sin \pi x$, $y(0) = 1$ の数値解．N は分割数．⋯⋯：前進オイラー法 ($N = 20$)．- - - -：リープ・フロッグ法による数値解 ($2N = 40$，偶数番目の値のみをプロット)．実線：求積解．

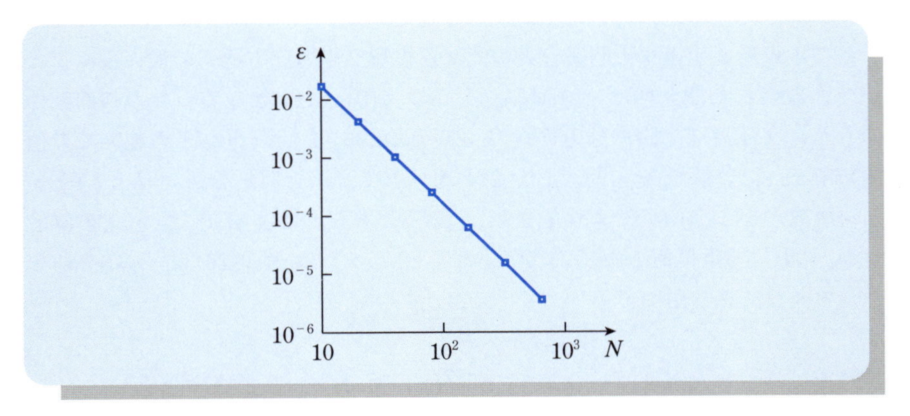

図 6.8 微分方程式 $dy/dx = -y - \pi \exp(-x) \sin \pi x$, $y(0) = 1$ の数値解に含まれる誤差 ε．N は分割数．中心差分近似によるリープ・フロッグ法．

$$\frac{d^2y}{dx^2} = f\left(x, y, \frac{dy}{dx}\right). \tag{6.31}$$

式 (6.31) のように最高階微分である 2 階微分について表されている微分方程式を**正規形 2 階微分方程式**という．ここで，関数 f は 3 つの変数 x と y および dy/dx について連続であるとする．同様に，微分方程式が独立変数 x について n 階までの微分を含むとき，$\boldsymbol{n}$ **階微分方程式**とよび，n 階微分について表されているとき，**正規形 n 階微分方程式**とよぶ．ここでは，初期条件 $y(0)$ と $y'(0)$ が与えられたとき，2 階微分方程式 (6.31) を数値的に解くこととし，初期条件を $y(0) = y_0$ と $y'(0) = z_0$ とする．このように，2 階微分方程式について条件が同じ x の値について与えられているとき，その条件を初期条件とよび，初期条件のもとに微分方程式を解く問題を**初期値問題**という．これとは異なり，x の異なる 2 つの値について条件が与えられているとき境界条件とよび，境界条件のもとに微分方程式を解く問題を**境界値問題**とよぶ．例えば，境界条件は $y(0) = a$ と $y(1) = b$ などのように与えられる．

正規形 2 階微分方程式 (6.31) は $z(x) = dy/dx$ とおくと次の正規形 2 元連立 1 階微分方程式の形に書くことができる．

$$\frac{dy}{dx} = z, \tag{6.32}$$

$$\frac{dz}{dx} = f(x, y, z). \tag{6.33}$$

逆に正規形 2 元連立 1 階微分方程式は正規形 2 階微分方程式の形に書くことができる[*3]．初期条件は $y(0) = y_0$ および $z(0) = z_0$ となる．この初期条件のもとに 2 元連立 1 階微分方程式 (6.32) と (6.33) を $x = [0, L]$ の範囲で数値的に解く．計算領域 $x = [0, L]$ を $2N$ 等分して，差分間隔を $h = L/(2N)$ とし，離散点を $x_i = ih$ $(i = 0, 1, 2, \cdots, 2N)$ とする．関数 $y(x)$ と $z(x)$ の離散点 x_i における近似値を y_i および z_i とする．y_1 と z_1 は式 (6.32) と (6.33) を前進オイラー法を用いて

$$y_1 = y_0 + hz_0,$$
$$z_1 = z_0 + hf(x_0, y_0, z_0)$$

により計算する．その後は，y_{2i} および z_{2i} $(i = 1, 2, \cdots, N)$ と y_{2i+1} および z_{2i+1} $(i = 1, 2, \cdots, N-1)$ を交互に，中心差分近似

$$y_{i+2} = y_i + 2hz_{i+1},$$
$$z_{i+2} = z_i + 2hf(x_{i+1}, y_{i+1}, z_{i+1})$$

により計算する．

---

*3) 一般に，n 階微分方程式を n 元連立 1 階微分方程式の形に書くことは可能であるが，その逆は必ずしも可能ではない．

例題 5

次の 2 階微分方程式を前進オイラー法とリープ・フロッグ法（中心差分法）の 2 通りの方法により $x = [0, 10]$ の範囲で数値計算し，数値解法の安定性と精度について比較検討せよ．ただし，初期条件を $y(0) = 1$ および $dy/dx(0) = 0$ とする．

$$\frac{d^2y}{dx^2} = -y. \tag{6.34}$$

解答　微分方程式 (6.34) は単振動の式としてよく知られている．この方程式の一般解は $y = c_1 \cos x + c_2 \sin x$ と表される．積分定数 c_1 と c_2 は初期条件を代入することにより，決めることができ，$c_1 = 1$ および $c_2 = 0$ と求められる．この初期値問題を数値計算により解くために，$dy/dx = z$ とおいて，y と z に関する 2 元連立微分方程式

$$\frac{dy}{dx} = z,$$

$$\frac{dz}{dx} = -y$$

を得る．計算領域 $x = [0, 10]$ を $2N$ 等分して，差分間隔を $h = L/(2N)$ とし，離散点を $x_i = ih$，その点での $y(x)$ と $z(x)$ の離散点 x_i における近似値を y_i および z_i とする．このとき，初期条件は $y_0 = 1$ および $z_0 = 0$ と表せる．前進オイラー法による解法は省略してリープ・フロッグ法による解法を説明する．y_1 と z_1 は前進オイラー法で近似して

$$y_1 = y_0 + hz_0,$$

$$z_1 = z_0 - hy_0$$

により計算する．その後は，y_{2k} $(k = 1, 2, \cdots, N)$ と z_{2k+1} $(k = 1, 2, \cdots, N-1)$ を交互に，中心差分近似

$$y_{2k} = y_{2k-2} + 2hz_{2k-1},$$

$$z_{2k+1} = z_{2k-1} - 2hy_{2k}$$

により計算する．$2N = 100$ とおいて，この初期値問題を数値的に解いた例を図 6.9 に示す．この図では求積解を実線で，リープ・フロッグ法による解を青

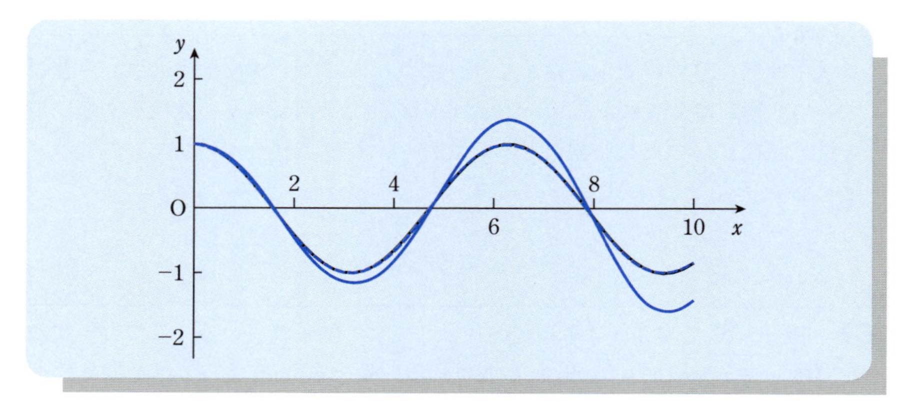

図 6.9　微分方程式 $d^2y/dx^2 = -y$, $y(0) = 1$, $dy/dx(0) = 0$ の数値解．分割数 $2N = 100$. 黒色実線：求積解 ($y = \cos x$), 青色破線：リープ・フロッグ法, 青色実線：前進オイラー法.

色破線で表しているが，両者はほとんど一致しているので区別がつかない．一方，前進オイラー法による数値解は，青色実線で示すように x の増加とともに求積解から離れていく． ■

前進オイラー法とリープ・フロッグ法による数値解の性質をもっと詳しく調べるために，**位相図**という概念を導入する．位相図というのは，その図を見れば解の"状態"がわかる図のことである．解の状態とは，ある x の値について1組の変数の値がわかれば，それ以降の解のふるまいが決まるとき，その1組の変数の値をいう．ここで取り扱っている問題では，ある $x = a$ の値について y の値と z の値がわかれば，$x > a$ での微分方程式の解が決まる．このとき，y と z を2つの軸とする図が位相図であり，その図中の各点が解の状態である．例題5の場合は，y の値としては偶数番目の値 y_{2k}，z の値としては奇数番目の値 z_{2k-1} のみを計算すればよかったが，位相図をかくのには偶数番目の z の値 z_{2k} も必要となる．前進オイラー法とリープ・フロッグ法によって計算した数値解を位相図に表すと，図6.10のようになる．この図でもリープ・フロッグ法による数値解は青色破線で表されているが，黒色実線でかかれた求積解と重なっていて見分けられない．これに反して，青色実線で表される前進オイラー法による数値解は単調に求積解から離れていく．

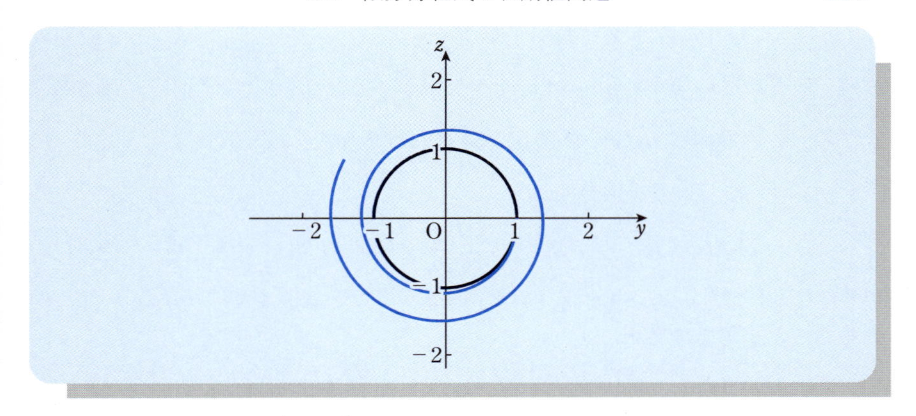

図 6.10　微分方程式 $d^2y/dx^2 = -y$, $y(0) = 1$, $dy/dx(0) = 0$ の数値解（位相図）．
分割数 $2N = 100$. 黒色実線：求積解 $(y^2 + z^2 = 1)$,
青色破線：リープ・フロッグ法，青色実線：オイラー法．

6.1.4　ホイン法

差分間隔を h として，差分法により y_i から y_{i+1} を求めたときの誤差が $O(h^{p+1})$ であれば，その差分法の精度は p 次精度であるという．中心差分法では，y_{2i} から y_{2i+2} を求めたときの誤差は $O(h^3)$ であったので，中心差分法は 2 次精度である．精度が $O(h^2)$ の差分近似解法は中心差分法以外にもよく使われる方法がいくつかあり，その基本的な導出法は次節で説明をする 4 次精度のルンゲ・クッタ法（Runge-Kutta's method）と同じである．したがって，ここではルンゲ・クッタの方法により，2 次精度の差分近似法を導くことにする．

微分方程式 (6.1) の解 $y(x)$ を **2 次のルンゲ・クッタ法**により数値的に解くことを考える．ある点 x_i における y の値 y_i がわかっているとき，$x_{i+1} = x_i + h$ における y の値 y_{i+1} を次のように近似する．

$$\left.\begin{aligned} k_1 &= hf(x_i, y_i), \\ k_2 &= hf(x_i + ph, y_i + qk_1), \\ y_{i+1} &= y_i + ak_1 + bk_2. \end{aligned}\right\} \tag{6.35}$$

ここで，p, q, a, b は定数であり，近似式 (6.35) で表される y_{i+1} が $O(h^2)$ の精度で正しい値を近似するように決める．近似式 (6.35) で定義される k_2 を

(x_i, y_i) のまわりにテイラー展開すると

$$k_2 = h\left\{f(x_i, y_i) + ph\frac{\partial f}{\partial x}(x_i, y_i) + qk_1\frac{\partial f}{\partial y}(x_i, y_i) + O(h^2)\right\} \tag{6.36}$$

となる．この展開式 (6.36) を式 (6.35) における y_{i+1} の近似式に代入して

$$\begin{aligned} y_{i+1} &= y_i + (a+b)hf(x_i, y_i) \\ &\quad + bh^2\left\{p\frac{\partial f}{\partial x}(x_i, y_i) + q\frac{\partial f}{\partial y}(x_i, y_i)f(x_i, y_i)\right\} + O(h^3) \end{aligned} \tag{6.37}$$

が得られる．一方，y_{i+1} を (x_i, y_i) のまわりにテイラー展開すれば $dy/dx = f(x, y)$ であることを考慮すると

$$y_{i+1} = y_i + hf(x_i, y_i) + \frac{1}{2}h^2\left\{\frac{\partial f}{\partial x}(x_i, y_i) + \frac{\partial f}{\partial y}(x_i, y_i)f(x_i, y_i)\right\} + O(h^3) \tag{6.38}$$

と表される．式 (6.37) と式 (6.38) を見比べて，定数 p, q, a, b の間の関係

$$a + b = 1, \quad bp = \frac{1}{2}, \quad bq = \frac{1}{2} \tag{6.39}$$

が求められる．式 (6.39) を定数 p, q, a, b に対する方程式とみなして，その解を求める．このとき，未知数が 4 個であるのに対して方程式は 3 個なので解は 1 つの変数の値を任意に与えることができる．したがって，いろいろな選択方法があるが，ここでは簡単な解として 3 つの方法を考える．$a = 1$, $b = 0$ とおくと，式 (6.35) で表される差分近似はオイラーの前進差分に一致する．

方程式 (6.39) の解を $a = 1/2$, $b = 1/2$ とおくと，$p = 1$, $q = 1$ と求まり，式 (6.35) は

$$\left.\begin{aligned} k_1 &= hf(x_i, y_i), \\ k_2 &= hf(x_i + h, y_i + k_1), \\ y_{i+1} &= y_i + \frac{1}{2}(k_1 + k_2) \end{aligned}\right\} \tag{6.40}$$

となる．この近似法が 2 次のルンゲ・クッタ法であり，**ホイン法** (Heun's method) ともよばれる[*4)]．単に，ルンゲ・クッタ法というときは，次節で説明する 4 次のルンゲ・クッタ法を意味する．

*4) この方法を改良オイラー法（improved Euler's method）とよぶこともある．ときには，この方法が修正オイラー法（modified Euler's method）として紹介されていることもあるが，多くの文献では式 (6.41) の近似を修正オイラー法とよんでいる．

方程式 (6.39) の解を $a = 0$, $b = 1$ とおくと，$p = 1/2$, $q = 1/2$ と求まり，式 (6.35) は

$$\left.\begin{aligned} k_1 &= hf(x_i, y_i), \\ k_2 &= hf\left(x_i + \frac{1}{2}h, y_i + \frac{1}{2}k_1\right), \\ y_{i+1} &= y_i + k_2 \end{aligned}\right\} \tag{6.41}$$

となる．この近似法は中心差分近似法にほかならない．

例題 6

次の微分方程式をホイン法（2 次のルンゲ・クッタ法）により差分近似し，その初期値問題の近似解を $x = [0, 1]$ の範囲で求め，$x = 1$ における近似解と厳密解との誤差を評価せよ．ただし，$y(0) = y_0$ とする．

$$\frac{dy}{dx} = ay.$$

解答　微分方程式 $dy/dx = ay$ の厳密解は $y(x) = e^{ax}$ であり，$y(1) = e^a$ となる．$x = [0, 1]$ を N 等分し，$h = 1/N$ とおき，$x_i = ih$, $y_i = y(x_i)$ とすると，ホイン法による差分近似解は

$$y_1 = y_0\left(1 + ah + \frac{1}{2}a^2h^2\right), \ \cdots, \ y_N = y_0\left(1 + ah + \frac{1}{2}a^2h^2\right)^N$$

となる．一方，テイラーの公式（付録 B 参照）より，$e^{ah} = 1 + ah + (1/2)a^2h^2 + (1/6)R(h)(ah)^3$ と表せる．ここで，$R(h)$ は $h \to 0$ で $R(h) \to 1$ となる $O(1)$ の絶対値をもつ関数である．この式を y_N の近似式に代入し，2 項定理を用いて書き直すと

$$\begin{aligned} y_N &= y_0\left\{e^{ah} - R(h)(ah)^3/6\right\}^N \\ &= y_0\left\{e^{ahN} - R(h)Ne^{ah(N-1)}(ah)^3/6 + O((ah)^4)\right\} \\ &= y_0\left\{e^a - R(h)a^3e^{a(1-h)}h^2/6 + O((ah)^4)\right\} \\ &= y_0e^a + O(h^2) \end{aligned}$$

となる．したがって，近似解と厳密解 $y(1) = y_0e^a$ との誤差は $O(h^2)$ である．　□

例題 7

次の微分方程式の初期値問題を $x = [0, 2]$ の範囲で，ホイン法（2 次のルンゲ・クッタ法）により，数値的に解き，その精度について考察せよ．ただし，初期条件を $y(0) = 2$ とする．

$$\frac{dy}{dx} = -2axy \quad \left(a = \frac{1}{4}\right).$$

解答 2 次のホイン法により数値解を求める．差分間隔を $h = 0.4$ とおいて $x = 0.4$ における y の値 y_1 を計算する．ただし，ここで $f(x, y) = -xy/2$ である．式 (6.40) より k_1, k_2 を計算すると

$$\begin{aligned} k_1 &= hf(0, 2) = 0.4 \times 0 = 0, \\ k_2 &= hf\bigl(x_0 + h, y_0 + k_1\bigr) = 0.4f(0 + 0.4, 2 + 0) \\ &= 0.4 \times \left(-\frac{0.4 \times 2.0}{2}\right) = -0.16 \end{aligned}$$

となる．したがって，$x = 0.2$ における y の値は

$$y_1 = y_0 + \frac{1}{2}(k_1 + k_2) = 1.92$$

となる．求積法による解は $y(x) = 2\exp(-x^2/4)$ であり，この式から 0.4 での y の値を計算すると，$y(0.4) = 1.92158$ となり，ホイン法で求めた値と求積法による解との誤差は 0.00158 である．同様にして，$x = [0, 2]$ の範囲で数値計算を行うと，結果は図 6.11 のようになる．この図では求積解を黒線で，ホイン法による数値解を青線で表しているが，両者はほぼ重なっておりほとんど区別できない．

また，求積解の $x = 2$ での値 $y(2)$ と数値解 y_N との誤差 ε をいろいろな $N = 2/h$ の値について計算し，図示すると図 6.12 のようになる．この図で誤差 ε を表す点がほぼ直線 $\varepsilon \propto N^{-2}$ となっており，ホイン法による数値解の誤差が $O(N^{-2})$ すなわち $O(h^2)$ であることが見てとれる． ■

6.1.5 ルンゲ・クッタ法

流体力学や天文学などで大規模な時間発展方程式を数値シミュレーションによって解くときには多くの場合 4 次の**ルンゲ・クッタ法**が使われている．その

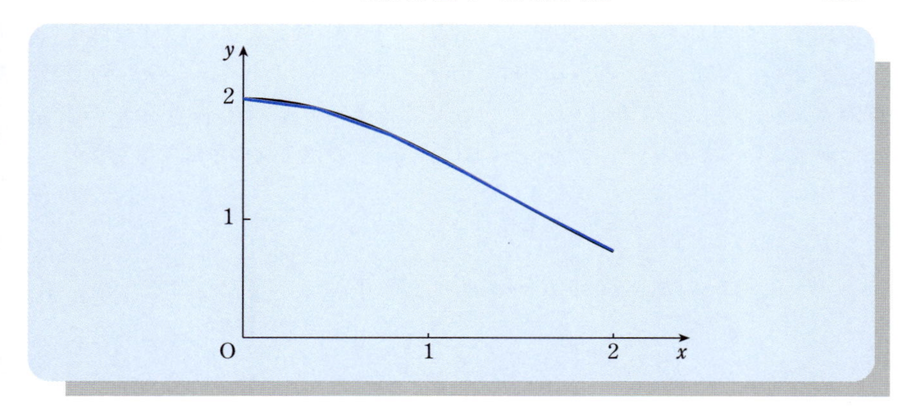

図 **6.11**　微分方程式 $dy/dx = -2axy$ $(a = 1/4)$，$y(0) = 2$ の数値解．
分割数 $N = 5$．黒線：求積解 $(y = 2\exp(-x^2/4))$，青線：ホイン法．

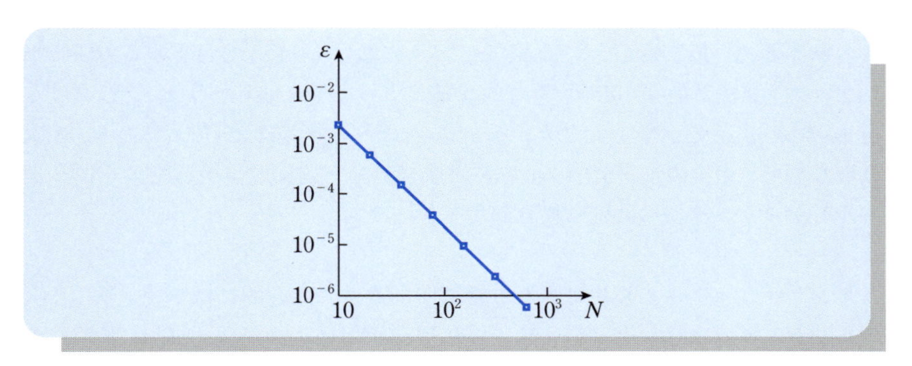

図 **6.12**　微分方程式 $dy/dx = -2axy$ $(a = 1/4)$，$y(0) = 2$ のホイン法による数値解に含まれる誤差 ε．N は分割数．

理由は，ルンゲ・クッタ法の場合，系の時間発展を有限時間間隔 1 ステップ進めるのに必要な計算量はかなり多くなるが，有限時間間隔を大きくとることができるため，ある決められた時間までの系の発展を調べるときには，計算時間が全体として少なくて済むからである．ただし，数値解法の安定性を重視する場合には陽解法であるルンゲ・クッタ法よりも陰解法が用いられる．ここでも，微分方程式 (6.1) の初期値問題を考える．初期条件は $x = x_0$ のとき $y = y_0$ であり，$x = [x_0, x_N]$ の範囲でルンゲ・クッタ法により微分方程式 (6.1) を数値的に解くものとする．区間 $x = [x_0, x_N]$ を N 等分してその分割点を x_i $(i = 1, 2, \cdots, N)$ とし，各点における $y(x_i)$ の値を y_i とおく．このとき，差分間隔 $h = x_{i+1} - x_i$ は $h = (x_N - x_0)/N$ となる．$x = x_i$ における y の値 y_i がわかっているときに，$x = x_{i+1}$ における y_{i+1} の値を次の手順で計算する．

$$\left.\begin{aligned}
k_1 &= hf(x_i, y_i),\\
k_2 &= hf\left(x_i + \frac{h}{2}, y_i + \frac{1}{2}k_1\right),\\
k_3 &= hf\left(x_i + \frac{h}{2}, y_i + \frac{1}{2}k_2\right),\\
k_4 &= hf(x_i + h, y_i + k_3),\\
y_{i+1} &= y_i + \frac{1}{6}(k_1 + 2k_2 + 2k_3 + k_4).
\end{aligned}\right\} \tag{6.42}$$

この操作を N 回くり返して，$x = [x_0, x_N]$ における $y(x)$ を計算する方法をルンゲ・クッタ法という．ルンゲ・クッタ法によって (x_i, y_i) から x_{i+1} における $y(x)$ の値 y_{i+1} を計算したとき，y_{i+1} に含まれる誤差は $O(h^5)$ であり，4 次精度なので，4 次のルンゲ・クッタ法とよばれる．前節で説明したように 2 次のルンゲ・クッタ法の特別な場合がホイン法である．

ルンゲ・クッタ法の導出はかなり複雑であるが，原理的にはホイン法（2 次のルンゲ・クッタ法）と同様にテイラー展開を用いる．$x = x_i$ における y の値 y_i がわかっているときに，y_{i+1} を

$$\left.\begin{aligned}
k_1 &= hf(x_i, y_i),\\
k_2 &= hf(x_i + ph, y_i + pk_1),\\
k_3 &= hf(x_i + qh, y_i + rk_2 + (q - r)k_1),\\
k_4 &= hf(x_i + sh, y_i + tk_3 + uk_2 + (s - t - u)k_1),\\
y_{i+1} &= y_i + (ak_1 + bk_2 + ck_3 + dk_4)
\end{aligned}\right\} \tag{6.43}$$

で近似し，$O(h^4)$ の精度で正確な y_{i+1} を求めようと考える．そのために，この式を (x_i, y_i) のまわりでテイラー展開し，y_{i+1} を (x_i, y_i) のまわりで展開した式と $O(h^4)$ の精度で一致するように p, q, r, s, t, a, b, c, d の関係式を求め

ると

$$\left.\begin{aligned} a+b+c+d&=1,\\ bp+cq+ds&=1/2,\\ bp^2+cq^2+ds^2&=1/3,\\ bp^3+cq^3+ds^3&=1/4,\\ cpr+d(qt+pu)&=1/6,\\ cpqr+ds(qt+pu)&=1/8,\\ cp^2r+d(q^2t+p^2u)&=1/12,\\ dprt&=1/24 \end{aligned}\right\} \tag{6.44}$$

を得る．この式では 10 個の未知数に対して方程式が 8 個なので後 2 個の付加条件を課すことができる．これを $p=q$ と $b=c$ のように選ぶと

$$p=q=\frac{1}{2},\quad r=\frac{1}{2},\quad s=1,\quad t=1,\quad u=0,\quad a=d=\frac{1}{6},\quad b=c=\frac{1}{3} \tag{6.45}$$

となり，ルンゲ・クッタ法が導かれる．

$$\left.\begin{aligned} k_1&=hf(x_i,y_i),\\ k_2&=hf\left(x_i+\frac{1}{2}h,y_i+\frac{1}{2}k_1\right),\\ k_3&=hf\left(x_i+\frac{1}{2}h,y_i+\frac{1}{2}k_2\right),\\ k_4&=hf(x_i+h,y_i+k_3),\\ y_{i+1}&=y_i+\frac{1}{6}(k_1+2k_2+2k_3+k_4) \end{aligned}\right\} \tag{6.46}$$

例題 8

次の微分方程式を 4 次のルンゲ・クッタ法により差分近似し，その初期値問題の近似解を $x=[0,1]$ の範囲で求め，$x=1$ における近似解と厳密解との誤差を評価せよ．ただし，$y(0)=y_0$ とする．

$$\frac{dy}{dx}=ay.$$

解答 例題6と同様に，$x=[0,1]$ を N 等分し，$h=1/N$ とおき，$x_i=ih$, $y_i=y(x_i)$ とすると，4次のルンゲ・クッタ法による近似解の $x=1$ での値は

$$y_N=y_0\left(1+ah+\frac{1}{2}a^2h^2+\frac{1}{6}a^3h^3+\frac{1}{24}a^4h^4\right)^N$$

となる．一方，テイラーの公式より

$$e^{ah}=1+ah+\frac{1}{2}a^2h^2+\frac{1}{6}a^3h^3+\frac{1}{24}a^4h^4+\frac{1}{120}R(h)(ah)^5$$

と表せる．ここで，$R(h)$ は $h\to 0$ で $R(h)\to 1$ となる $O(1)$ の関数である．この式を用いて，y_N を書き直すと

$$\begin{aligned}
y_N&=y_0\left\{e^{ah}-R(h)(ah)^5/120\right\}^N\\
&=y_0\left\{e^{ahN}-R(h)Ne^{ah(N-1)}(ah)^5/120+O((ah)^8)\right\}\\
&=y_0\left\{e^{a}-R(h)a^6e^{a(1-h)}h^4/120+O((ah)^8)\right\}=y_0e^a+O(h^4)
\end{aligned}$$

となる．したがって，4次のルンゲ・クッタ法による近似解と厳密解 $y(1)=y_0e^a$ との誤差は $O(h^4)$ である． ■

この他にルンゲ・クッタ法を改良した，ルンゲ・クッタ・ジル法があり，ルンゲ・クッタ・ジル法のほうがコンピュータのメモリの節約に適しているが，マイクロコンピュータに大容量のメモリを搭載することが一般的となった今日ではその価値は半減している．流体力学などで，3次元流を数値シミュレーションによって調べるときなどは今でも使われている．

例題 9

次の微分方程式の初期値問題を $x=[0,10]$ の範囲でルンゲ・クッタ法により数値的に解け．また，その誤差を評価せよ．

$$\frac{dy}{dx}=ay+c\exp(ax)\cos(x+b),\quad a=\frac{1}{4},\quad b=\frac{\pi}{6},\quad c=0.6.$$

ただし，初期条件を $y(0)=0.3$ とする．

解答 区間 $x=[0,10]$ を10等分して，$x_i=0,1,\cdots,10$ $(i=0,1,\cdots,10)$ での $y(x_i)$ の値を y_i とする．$f(x,y)=y/4+0.6\exp(x/4)\cos(x+\pi/6)$ とおいて，$x=1$ における $y(x)$ の値 y_1 を計算する．ルンゲ・クッタ法 (6.46) より

$$k_1 = hf(x_0, y_0) = 1 \times \left\{ \frac{0.3}{4} + 0.6 \exp\left(\frac{0}{4}\right) \cos\left(0 + \frac{\pi}{6}\right) \right\} = 0.594615,$$

$$k_2 = hf\left(x_0 + \frac{h}{2}, y_0 + \frac{1}{2}k_1\right)$$
$$= 1 \times \left\{ \frac{0.3 + 0.594615/2}{4} + 0.6 \exp\left(\frac{0.5}{4}\right) \cos\left(0.5 + \frac{\pi}{6}\right) \right\} = 0.503070,$$

$$k_3 = hf\left(x_0 + \frac{h}{2}, y_0 + \frac{1}{2}k_2\right)$$
$$= 1 \times \left\{ \frac{0.3 + 0.503070/2}{4} + 0.6 \exp\left(\frac{0.5}{4}\right) \cos\left(0.5 + \frac{\pi}{6}\right) \right\} = 0.491627,$$

$$k_4 = hf\left(x_0 + h, y_0 + k_3\right)$$
$$= 1 \times \left\{ \frac{0.3 + 0.491627}{4} + 0.6 \exp\left(\frac{1}{4}\right) \cos\left(1 + \frac{\pi}{6}\right) \right\} = 0.234255$$

となり，$x = 1$ における y の値は次のようになる．

$$y_1 = y_0 + \frac{1}{6}(k_1 + 2k_2 + 2k_3 + k_4) = 0.769711.$$

一方，求積法による解は $y(x) = 0.6 \exp(x/4) \sin(x + \pi/6)$ であり，この式から $x = 1$ での y の値を計算すると，$y(1) = 0.769557$ となり，ルンゲ・クッタ法で求めた値はおよそ有効数字 3 桁の範囲で求積法による解と一致している．同様にして $x = [0, 10]$ の範囲で数値的に求めた解と求積法による厳密解を図示すると図 6.13 のようになる．このように差分間隔を大きくとっても，ルンゲ・クッタ法による数値解は求積解のよい近似となっている．いろいろな値の分割数 N についてルンゲ・クッタ法による数値解を求め，その誤差 ε を評価すると図 6.14 のようになる．この図より誤差は $O(N^{-4})$ であることがわかる．■

6.1.6 高階微分方程式の初期値問題

独立変数 x の関数 $y(x)$ に対して，その n 階微分 $d^n y/dx^n$ が

$$\frac{d^n y}{dx^n} = f\left(x, y, \frac{dy}{dx}, \cdots, \frac{d^{n-1}y}{dx^{n-1}}\right) \tag{6.47}$$

の形で表されているとき，この微分方程式を**正規形 n 階微分方程式**という．こ

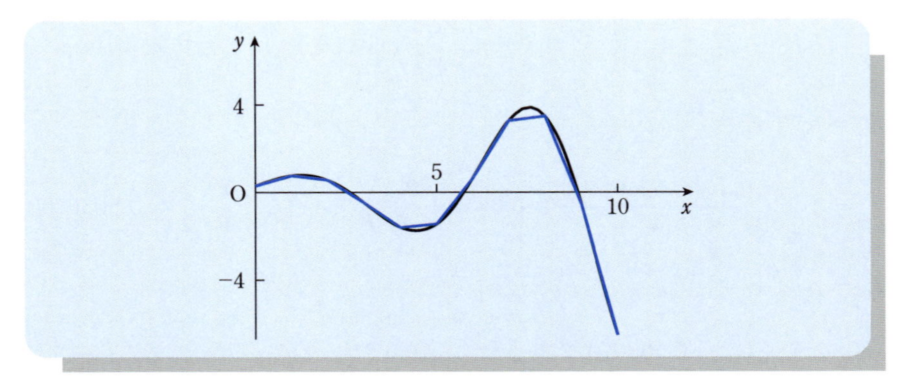

図 6.13　微分方程式 $dy/dx = ay + c\exp(ax)\cos(x+b)$ ($a = 1/4$, $b = \pi/6$, $c = 0.6$), $y(0) = 0.3$ の数値解．分割数 $N = 10$．黒線：求積解 ($y = c\exp(ax) \times \sin(x+c)$)，青線：ルンゲ・クッタ法．

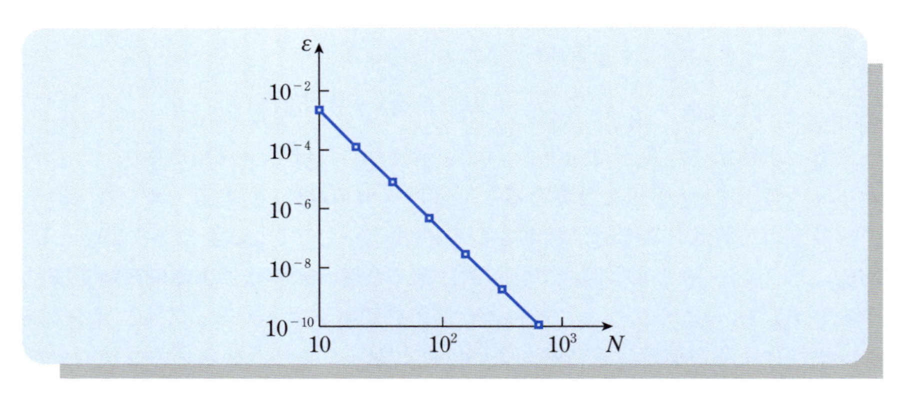

図 6.14　微分方程式 $dy/dx = ay + c\exp(ax)\cos(x+c)$ ($a = 1/4$, $b = \pi/6$, $c = 0.6$), $y(0) = 0.3$ の数値解に含まれる誤差 ε．N は分割数．

こで，関数 f は $n+1$ 個の変数，x と dy/dx, d^2y/dx^2, $\cdots$, $d^{n-1}y/dx^{n-1}$ について連続であるとする．方程式 (6.47) は独立変数 x について n 階までの微分を含む方程式なので，n 階微分方程式とよばれ，n が 2 以上のとき**高階微分方程式**という．n 階微分方程式の初期値問題を解くときには，n 個の初期条件

$$y(x_0) = y_{1,0}, \quad \frac{dy}{dx}(x_0) = y_{2,0}, \quad \cdots, \quad \frac{d^{n-1}y}{dx^{n-1}}(x_0) = y_{n,0} \qquad (6.48)$$

が与えられなければならない．この初期条件 (6.48) を満たす，微分方程式 (6.47) の特殊解を数値的に求める方法について考える．

ここで，関数 $y(x)$ の k 階微分 $d^k y/dx^k$ を $y_{k+1}(x)$ $(k = 0, 1, \cdots, n-1)$ とおくと[*5)]，式 (6.47) は次のように，**正規形 n 元連立 1 階微分方程式**に書き表すことができる．

$$
\left.\begin{aligned}
\frac{dy_1}{dx} &= y_2, \\
\frac{dy_2}{dx} &= y_3, \\
&\vdots \\
\frac{dy_n}{dx} &= f(x, y_1, y_2, \cdots, y_{n-1}).
\end{aligned}\right\} \tag{6.49}
$$

このとき，初期条件 (6.48) は

$$
y_1(x_0) = y_{1,0}, \quad y_2(x_0) = y_{2,0}, \quad \cdots, \quad y_n(x_0) = y_{n,0} \tag{6.50}
$$

となる．したがって，正規形高階微分方程式の数値解法は次節で説明する連立 1 階微分方程式の数値解法に帰着できる．

例題 10

次の $y(x)$ について 2 階微分を含み，$z(x)$ について 3 階微分を含む連立微分方程式の初期値問題を連立 1 階微分方程式の初期値問題に書き改めよ．

$$
\frac{d^2 y}{dx^2} = -y^2 + 4y\frac{d^2 z}{dx^2} - 2z + \frac{dz}{dx},
$$

$$
\frac{d^3 z}{dx^3} = 3y + y^2\frac{dy}{dx} - z^2.
$$

ただし，初期条件を次のようにする．

$$
y(x_0) = y_{1,0}, \ \frac{dy}{dx}(x_0) = y_{2,0}, \ z(x_0) = z_{1,0}, \ \frac{dz}{dx}(x_0) = z_{2,0}, \ \frac{d^2 z}{dx^2}(x_0) = z_{3,0}
$$

*5) 1 階微分方程式の数値解法では，y_i を $x = ih$ における $y(x)$ の値，すなわち $y_i = y(ih)$ と定義した．ここでは，$y_k(x)$ は $d^{k-1}y/dx^{k-1}(x)$ を表しているので，$x = ih$ における $d^{k-1}y/dx^{k-1}(x)$ の値，すなわち $d^{k-1}y/dx^{k-1}(ih)$ を $y_{k,i}$ と表す．

解答　関数 $y(x)$ とその1階微分をそれぞれ $y_1(x)$ および $y_2(x)$ とおき，関数 $z(x)$ とその1階および2階微分をそれぞれ $y_3(x)$, $y_4(x)$ および $y_5(x)$ とおくと，与えられた連立微分方程式は

$$\frac{dy_1}{dx} = y_2,$$
$$\frac{dy_2}{dx} = -y_1^2 + 4y_1y_5 - 2y_3 + y_4,$$
$$\frac{dy_3}{dx} = y_4,$$
$$\frac{dy_4}{dx} = y_5,$$
$$\frac{dy_5}{dx} = 3y_1 + y_1^2y_2 - y_3^2$$

と連立1階微分方程式に書き表せる．また，初期条件は

$$y_1(x_0) = y_{1,0},\ y_2(x_0) = y_{2,0},\ y_3(x_0) = z_{1,0},\ y_4(x_0) = z_{2,0},\ y_5(x_0) = z_{3,0}$$

となる．　■

6.1.7 連立1階微分方程式の初期値問題

正規形 n 元連立1階微分方程式は次のように表される．

$$\frac{dy_i}{dx} = f_i(x, y_1, y_2, \cdots, y_n) \quad (i = 1, 2, \cdots, n). \tag{6.51}$$

ここでは，次の初期条件

$$y_1(x_0) = y_{1,0}, \quad y_2(x_0) = y_{2,0}, \quad \cdots, \quad y_n(x_0) = y_{n,0} \tag{6.52}$$

を満たす，n 元連立1階微分方程式の解を数値的に求めることを考える．

微分方程式 (6.51) で表されるように正規形 n 元連立1階微分方程式は一般には，微分 dy_i/dx が独立変数 x を含む形で書き表される．しかし，ここで $t = x$ および $y_0(x) = x$ とおけば，式 (6.51) は

$$\frac{dy_0}{dt} = 1,$$
$$\frac{dy_i}{dt} = f_i(y_0, y_1, y_2, \cdots, y_n) \quad (i = 1, 2, \cdots, n) \tag{6.53}$$

のように，右辺に独立変数 x が含まれない形に書き改めることができる．このとき，y_i $(i=0,1,\cdots,n)$ は独立変数 t の関数となり，初期条件は

$$y_0(t_0)=x_0,\quad y_1(t_0)=y_{1,0},\quad y_2(t_0)=y_{2,0},\quad \cdots,\quad y_n(t_0)=y_{n,0} \tag{6.54}$$

となる．このように，微分方程式が独立変数を直接に含まないように書き改めると，従属変数の数は 1 つ増えるが，コンピュータ言語を用いてプログラミングするときには，プログラミングが容易になることもある．

n 元連立 1 階微分方程式 (6.51) の初期値問題を数値的に解くにはこれまでに説明を行った方法をそれぞれの変数 y_i について n 回くり返せばよい．解を求めようとする区間 $x=[0,L]$ を N 等分して，離散点を $x_j=jh$ $(h=L/N)$ とし，$y_{i,j}=y_i(x_j)$ とおくと，$y_{i,j}$ がわかっているとき，前進オイラー法 (6.10) により $y_{i,j+1}$ を計算するには

$$y_{i,j+1}=y_{i,j}+hf_i(x_j,y_{1,j},y_{2,j},\cdots,y_{n,j})\quad (i=1,2,\cdots,n) \tag{6.55}$$

とする．

同様に，$y_{i,j}$ がわかっているとき，$y_{i,j+1}$ をルンゲ・クッタ法により計算するには

$$\left.\begin{aligned}
k_{i,1}&=hf_i(x_j,\ y_{1,j},\ y_{2,j},\ \cdots,\ y_{n,j}),\\
k_{i,2}&=hf_i\left(x_j+\frac{h}{2},\ y_{1,j}+\frac{1}{2}k_{1,1},\ y_{2,j}+\frac{1}{2}k_{2,1},\ \cdots,\ y_{n,j}+\frac{1}{2}k_{n,1}\right),\\
k_{i,3}&=hf_i\left(x_j+\frac{h}{2},\ y_{1,j}+\frac{1}{2}k_{1,2},\ y_{2,j}+\frac{1}{2}k_{2,2},\ \cdots,\ y_{n,j}+\frac{1}{2}k_{n,2}\right),\\
k_{i,4}&=hf_i(x_j+h,\ y_{1,j}+k_{1,3},\ y_{2,j}+k_{2,3},\ \cdots,\ y_{n,j}+k_{n,3}),\\
y_{i,j+1}&=y_{i,j}+\frac{1}{6}(k_{i,1}+2k_{i,2}+2k_{i,3}+k_{i,4})
\end{aligned}\right\} \tag{6.56}$$

となる．この計算を i について n 回行い，この操作を N 回くり返して，$x=[0,L]$ における $y_{i,j}$ を計算する．

例題 11

次式で表される $x(t)$, $y(t)$, $z(t)$ についての連立1階微分方程式は**ローレンツモデル** (Lorenz model) とよばれている．この連立微分方程式の初期値問題を $t=[0,40]$ の範囲でルンゲ・クッタ法により数値的に解き，解 $(x(t),y(t),z(t))$ の位相図を (x,z) 平面に射影した図*6)を求めよ．

$$\left.\begin{aligned}\frac{dx}{dt}&=-ax+ay,\\ \frac{dy}{dt}&=-xz+rx-y,\\ \frac{dz}{dt}&=xy-bz.\end{aligned}\right\} \tag{6.57}$$

ただし，式 (6.57) 中のパラメータの値は $a=10$, $b=8/3$, $r=28$ とし，初期条件を次のようにする．

$$x(0)=1.0,\quad y(0)=1.0,\quad z(0)=1.0.$$

解答　区間 $t=[0,40]$ を $N=2000$ で分割し，連立1階微分方程式 (6.57) をルンゲ・クッタ法により数値的に解いた結果を図 6.15 に示す．この図からわかるように，初期条件から時間が経っても解 $(x(t),y(t),z(t))$ は一定の値に近づくことなくいつまでも変動をし続ける．しかし，その変動は周期的ではなく，

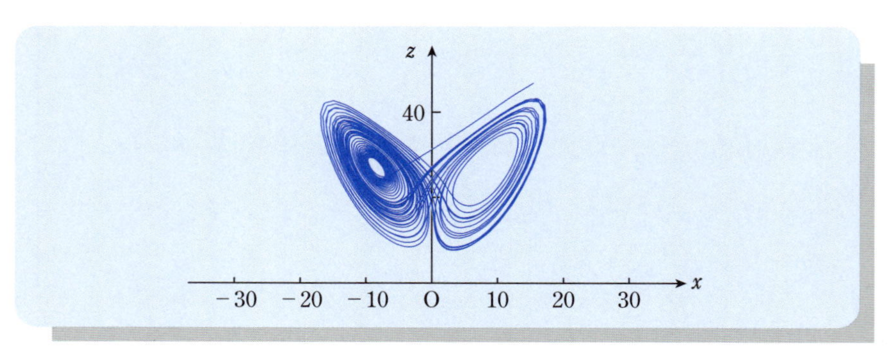

図 6.15　連立微分方程式 $dx/dt=-ax+ay$, $dy/dt=-xz+rx-y$, $dz/dt=xy-bz$（ローレンツモデル）の数値解．$a=10$, $b=8/3$, $r=28$. $0\leq t\leq 40$. 初期条件は $x(0)=1.0$, $y(0)=1.0$, $z(0)=1.0$. 分割数は $N=2000$.

---

*6) $(x(t),z(t))$ を (x,z) 平面に描いた図．

また，従属変数 $x(t)$, $y(t)$, $z(t)$ はその値が無限に大きな値や原点 O に近づくことなくある範囲内の値をとる．このようなふるまいをする解は**カオス** (chaos) の代表例である． ■

6.2 微分方程式の境界値問題

次の正規形 n 階微分方程式を考える[*7)]．

$$\frac{d^n y}{dx^n} = f(x, y, y', \cdots, y^{(n-1)}). \tag{6.58}$$

これまでは，微分方程式の初期値問題をとり扱ってきた．すなわち，微分方程式を満たし，x のある値 x_0 において関数 y とその 1 階微分 y'，2 階微分 y'' などが指定された値 y_0, y_0', y_0'' などをとる解を求めてきた．これとは別に，異なる 2 点 x_1 と x_2 において，関数の値 y，あるいはその k 階微分 $y^{(k)}$ $(k < n)$ またはその組合せ $c_0 y + c_1 y' + \cdots + c_{n-1} y^{(n-1)}$ （c_0, c_1, $\cdots$, c_{n-1} は定数）などが与えられている場合がある．このような条件を**境界条件**とよび，境界条件を満たす微分方程式 (6.58) の解を求めることを**境界値問題**とよぶ．n 階微分方程式の境界値問題を解くときには，合計 n 個の境界条件が必要である．

微分方程式の初期値問題の数値的解法は，微分方程式の性質にあまり依存せず，ほぼ同じ方法でいろいろな微分方程式を解くことができた．しかし，微分方程式の境界値問題を解くときには，微分方程式の基本的な性質を知り，微分方程式の種類によって異なる解法を用いる必要がある．微分方程式を大別すると，線形微分方程式と非線形微分方程式に分かれる．n 階微分方程式 (6.58) が

$$\frac{d^n y}{dx^n} = p_1(x) y^{(n-1)}(x) + p_2(x) y^{(n-2)}(x) + \cdots + p_{n-1}(x) y(x) + p_n(x) \tag{6.59}$$

のように $y^{(n-1)}$, $y^{(n-2)}$, $\cdots$, y', y のすべてについて 1 次式または 0 次式に書けるとき，**n 階線形微分方程式**という．特に，$p_n(x)$ が 0 であるとき**同次線形微分方程式**とよび，$p_n(x)$ が 0 でないとき**非同次線形微分方程式**とよぶ．

---

*7)　この節では，$dy/dx = y'$, $d^2y/dx^2 = y''$, $\cdots$, $d^n y/dx^n = y^{(n)}$ と表記する．

境界条件も同じように分類できる．x のある値 x_0 において，境界条件が $y^{(n-1)}, y^{(n-2)}, \cdots, y', y$ について

$$c_1 y^{(n-1)}(x_0) + c_2 y^{(n-2)}(x_0) + \cdots + c_{n-1} y(x_0) + c_n = 0 \qquad (6.60)$$

のように1次式または0次式に書けるとき，**線形境界条件**という．特に，c_n が0であるとき**同次線形境界条件**（または同次境界条件）とよび，c_n が0でないとき**非同次線形境界条件**（または非同次境界条件）とよぶ．

同次線形微分方程式を同次境界条件のもとで解く境界値問題は物理学をはじめ理工学の多くの分野で取り扱われている．次項以降ではこれらの分類ごとに異なる境界値問題の数値的解法についてとり扱っていく．

6.2.1 同次線形微分方程式の境界値問題

パラメータ μ を含む次の2階同次線形微分方程式

$$y'' + p(\mu, x)y' + q(\mu, x)y = 0 \qquad (6.61)$$

の境界値問題の数値解法について考える．境界条件として x_1 と x_2 において，関数 y の値が与えられるときその条件を**ディリクレ条件** (Dirichlet condition) とよび，ディリクレ条件を満たす微分方程式の解を求める問題をディリクレ問題という．同様に，微分 y' の値が与えられるとき**ノイマン条件** (Neumann condition)（ノイマン問題），関数 y とその微分 y' との和の値が与えられているとき**混合境界条件**（混合境界値問題）とよぶ．ここでは，簡単のため，ディリクレ条件を考える．すなわち，境界条件

$$y(x_1) = 0, \quad y(x_2) = 0 \qquad (6.62)$$

を満たす微分方程式 (6.61) の解を求める．この境界条件は同次境界条件である．

同次線形微分方程式 (6.61) の境界値問題の解析的解法について簡単に復習を行う．2階同次線形微分方程式 (6.61) の解は2つの独立な特殊解 $y_1(\mu, x)$ および $y_2(\mu, x)$ の線形結合で表すことができる（参考文献 [12] 第3章）．すなわち，2つの任意定数 c_1 と c_2 を用いて

$$y(\mu, x) = c_1 y_1(\mu, x) + c_2 y_2(\mu, x) \qquad (6.63)$$

と書ける．ここで，2つの独立な特殊解 y_1 と y_2 は一般にパラメータ μ を含んでいるのでそのことを明らかにするために $y_1(\mu, x)$ および $y_2(\mu, x)$ と書き

表した．この解が，境界条件 $y(x_1)=0$ および $y(x_2)=0$ を満たすためには

$$\left.\begin{array}{l} y(\mu,x_1)=c_1y_1(\mu,x_1)+c_2y_2(\mu,x_1)=0, \\ y(\mu,x_2)=c_1y_1(\mu,x_2)+c_2y_2(\mu,x_2)=0 \end{array}\right\} \tag{6.64}$$

でなければならない．この式を行列の形で書くと

$$\begin{bmatrix} y_1(\mu,x_1) & y_2(\mu,x_1) \\ y_1(\mu,x_2) & y_2(\mu,x_2) \end{bmatrix}\begin{bmatrix} c_1 \\ c_2 \end{bmatrix}=\begin{bmatrix} 0 \\ 0 \end{bmatrix} \tag{6.65}$$

となる．係数 c_1 と c_2 がともに 0 ではない解をもつためには式 (6.65) の係数行列の行列式が 0 でなければならない．したがって

$$\begin{vmatrix} y_1(\mu,x_1) & y_2(\mu,x_1) \\ y_1(\mu,x_2) & y_2(\mu,x_2) \end{vmatrix}=0. \tag{6.66}$$

すなわち，$y_1(\mu,x_1)y_2(\mu,x_2)-y_1(\mu,x_2)y_2(\mu,x_1)=0$ が成り立つ必要がある．これより，**固有値** μ が求められる．このようにして求まる固有値は一般には無限個存在する．それらの固有値を $\mu_1,\mu_2,\cdots$ とすると，それぞれの固有値 μ_n に対応して**固有関数** $\psi_n(x)$ が決まる．固有関数 $\psi_n(x)$ を求めるためには，固有値 μ_n を (6.64) に代入し，$c_1y_1(\mu_n,x_1)+c_2y_2(\mu_n,x_1)=0$ または $c_1y_1(\mu_n,x_2)+c_2y_2(\mu_n,x_2)=0$ から c_1 と c_2 を決め，$\psi_n(x)=c_1y_1(\mu_n,x)+c_2y_2(\mu_n,x)$ を得る．ただし，c_1, c_2 は一意的には求まらないので，一般には $c_1=1$ または $c_2=1$ とおくことができる．

(1)　シューティング法（初期値問題として解く方法）

同次線形微分方程式 (6.61) の同次境界値問題の数値的解法には，大きく分けて初期値問題として解く方法（**シューティング法**，shooting method）と行列の形式で解く方法の 2 通りがある．まず，シューティング法について説明する．ここで，2 階同次線形微分方程式 (6.61) の 2 つの独立な解 $y_1(\mu,x)$ および $y_2(\mu,x)$ として

$$\begin{bmatrix} y_1(\mu,x_1) \\ y_1'(\mu,x_1) \end{bmatrix}=\begin{bmatrix} 0 \\ 1 \end{bmatrix},\quad \begin{bmatrix} y_2(\mu,x_1) \\ y_2'(\mu,x_1) \end{bmatrix}=\begin{bmatrix} 1 \\ 0 \end{bmatrix} \tag{6.67}$$

のように選ぶことが可能である．なぜなら，このように選ばれた $y_1(\mu,x)$ と $y_2(\mu,x)$ は明らかに 1 次独立となるからである．これら 2 つの特解 $y_1(\mu,x)$ と $y_2(\mu,x)$ の線形結合で同次線形微分方程式 (6.61) の一般解を表せば，c_1 と c_2 を

任意定数として $y(x) = c_1 y_1(\mu, x) + c_2 y_2(\mu, x)$ と書ける．この一般解に $x = x_1$ で $y(x_1) = 0$ という境界条件を代入すると，$c_2 = 0$ が導かれる．したがって，同次線形微分方程式 (6.61) の同次境界値問題を数値的に解くには，$y(x) = y_1(\mu, x)$ を式 (6.67) の $y_1(\mu, x)$ に対する初期条件として解けばよいことがわかる．すなわち，微分方程式 (6.61) の初期値問題を $y(x_1) = 0$ と $y'(x_1) = 1$ のもとで解けばよい．しかし，微分方程式 (6.61) に含まれるパラメータ μ をどのように選べばよいのかまだわからない．ここでは，μ の値を適当に推定して $\mu^{(0)}$ とおき，初期値を $y(\mu^{(0)}, x_1) = 0$ と $y'(\mu^{(0)}, x_1) = 1$ として微分方程式 (6.61) を前進オイラー法などで数値的に解く．適当に選んだ $\mu^{(0)}$ は一般には固有値に一致しないので，求めた数値解 $y(\mu^{(0)}, x)$ は x_2 において $y(\mu^{(0)}, x_2) = 0$ の境界条件を満たさない．したがって，$\mu^{(0)}$ とわずかに異なる値 $\mu^{(1)}$ を選んで，もう一度微分方程式 (6.61) の初期値問題を数値的に解く．このときも，一般には $y(\mu^{(1)}, x_2) = 0$ とならない．ここでの目的は $y(\mu, x_2) = 0$ となる μ の値を探すことなので，割線法（4.4 節参照）を用いて探すことにする．$y(\mu, x_2)$ を μ の関数であると見なして，$(\mu^{(0)}, y(\mu^{(0)}, x_2))$ と $(\mu^{(1)}, y(\mu^{(1)}, x_2))$ を通る直線を求めると

$$y(\mu, x_2) - y(\mu^{(0)}, x_2) = \frac{y(\mu^{(1)}, x_2) - y(\mu^{(0)}, x_2)}{\mu^{(1)} - \mu^{(0)}}(\mu - \mu^{(0)})$$

となるので，$y(\mu, x_2) = 0$ となる μ の値として，次式が得られる．

$$\mu^{(2)} = \mu^{(0)} - y(\mu^{(0)}, x_2)\frac{\mu^{(1)} - \mu^{(0)}}{y(\mu^{(1)}, x_2) - y(\mu^{(0)}, x_2)}.$$

このようにして，$\mu^{(3)}$, $\mu^{(4)}$, $\cdots$ を計算し，もしこの数列が収束すれば収束した値が求める固有値 μ_1 である．初期に選ぶ $\mu^{(0)}$ の値に依存して異なる固有値 μ_i を求めることができる．このような固有値は一般には無限個存在する．

例題 12 **シューティング法による解法**

次の2階同次線形微分方程式（単振動の式）

$$y'' + \mu^2 y = 0 \tag{6.68}$$

の解が同次境界条件 $y(0) = 0$ と $y(1) = 0$ を満たすようにパラメータ μ の値を決めよ．また，そのときの固有関数 $y(x) = \psi(x)$ を求めよ．ただし，この微分方程式の固有値問題をシューティング法により数値的に解け．

解答　数値計算を行う前に，求積解を求めておく．この方程式の 2 つの特殊解は $y_1 = \cos\mu x$ と $y_2 = \sin\mu x$ である．これらの特殊解を (6.66) に代入して

$$\begin{vmatrix} \cos 0 & \sin 0 \\ \cos\mu & \sin\mu \end{vmatrix} = 0$$

となり，これより $\sin\mu = 0$，すなわち固有値 $\mu_n = n\pi$ $(n = 1, 2, \cdots)$ が得られる．これらの固有値 μ_n に対応する固有関数は

$$\psi_n = \sin n\pi x$$

である．

固有値 μ は $n\pi$ であるとわかっているが，ここでは未知であるとして数値的に解く．初期条件を $y(0) = 0$ と $y'(0) = 1$ とおき，$\mu = 3.0$ として，$0 \le x \le 1$ を 40 等分してルンゲ・クッタ法により初期値問題を解いたところ図 6.16 のようになり，$x = 1$ では $y(1) = 0.04704$ と求められた．パラメータ μ の値として，$\mu = 0.1$ から 0.1 刻みに $\mu = 10$ まで 100 回微分方程式を解くことをくり返し行い，各 μ の値について $y(1)$ を求めグラフにすると図 6.17 のようになる．このグラフで横軸（μ 軸）と曲線が交わる点の μ 座標が求める固有値である．これらの固有値を割線法により倍精度で計算すると，順次 $\mu_1 = 3.14036$, $\mu_2 = 6.28155$, $\mu_3 = 9.42555$ と得られる．厳密解は $\overline{\mu_1} = 3.14159$, $\overline{\mu_2} = 6.28318$, $\overline{\mu_3} = 9.42477$ であり，その相対誤差 $\varepsilon_i = |(\overline{\mu_i} - \mu_i)/\overline{\mu_i}|$ はそれぞれ $\varepsilon_1 = 0.000392$, $\varepsilon_2 = 0.000260$, $\varepsilon_3 = 0.000082$ となる．□

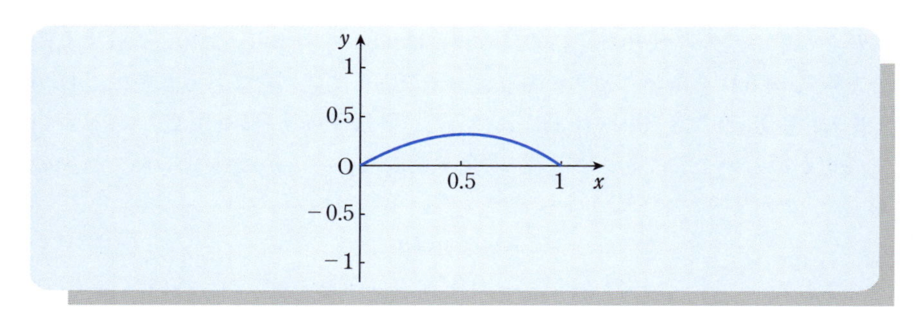

図 6.16　微分方程式 $d^2y/dx^2 = -\mu^2 y$（単振動の式）の数値解．
$\mu = 3.0$．初期条件は $y(0) = 0$, $y'(0) = 1.0$．分割数は $N = 40$．

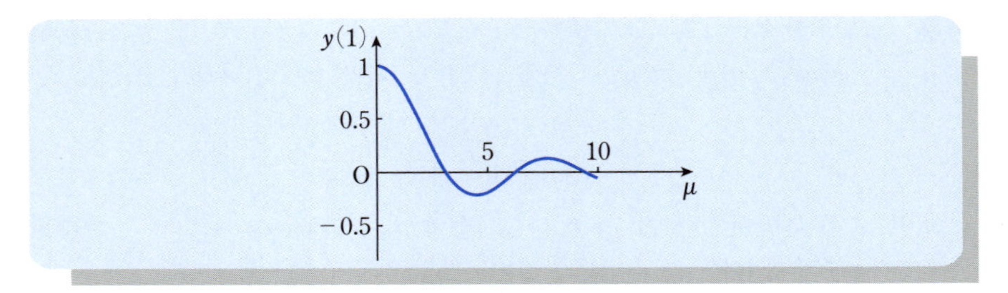

図 6.17　微分方程式 $d^2y/dx^2 = -\mu^2 y$（単振動の式）の数値解における $y(1)$. $\mu = 3.0$. 初期条件は $y(0) = 0$, $y'(0) = 1.0$. 分割数は $N = 40$.

(2) 行列形式で解く方法

次式で表されるように，微分方程式が同次線形であり，しかもパラメータ μ についても線形である場合には，微分方程式を何らかの方法で行列形式に書き換えると比較的容易に解けることがある．

$$p(x)y'' + q(x)y' + r(x)y = \mu\left\{u(x)y'' + v(x)y' + w(x)y\right\}. \qquad (6.69)$$

ここでも，同次境界条件 (6.62)，すなわち $y(x_1) = 0$ および $y(x_2) = 0$ を満たす，微分方程式 (6.69) の解が存在するための μ の値（固有値）とそのときの解（固有関数）を求めることを考える．区間 $x = [x_1, x_2]$ を N 等分して，$h = (x_2 - x_1)/N$, $x_i = x_1 + ih$, $y_i = y(x_i)$ とおき，方程式 (6.69) の 1 階微分と 2 階微分をそれぞれ次のように中心差分で近似する[*8)]．

$$\frac{dy}{dx} = \frac{y_{i+1} - y_{i-1}}{2h}, \quad \frac{d^2y}{dx^2} = \frac{y_{i+1} - 2y_i + y_{i-1}}{h^2}. \qquad (6.70)$$

これらの中心差分近似 (6.70) における誤差は $O(h^3)$ であり，この近似により微分方程式 (6.69) を解いたときに固有値および固有関数に含まれる誤差は $O(h^2)$ である．差分近似 (6.70) を (6.69) に代入し，各離散点 x_i $(i = 1, 2, \cdots, N-1)$ で両辺が等しいとおくと，ベクトル $\boldsymbol{y} = {}^t[y_1, y_2, \cdots, y_{N-1}]$ について行列の形で

$$A\boldsymbol{y} = \mu B\boldsymbol{y} \qquad (6.71)$$

と表される．ここで，境界条件 $y_0 = 0$ と $y_N = 0$ を考慮した．行列 $A = [a_{ij}]$ と $B = [b_{ij}]$ は 3 重対角行列であり，その行列要素は $i = 1, 2, \cdots, N-1$ の

*8) 近似式 (6.70) は式 (6.24) と (6.25) の差と和をとることによりそれぞれ導かれる．

各 i について

$$a_{i\,i-1} = \frac{p_i}{h^2} + \frac{q_i}{2h}, \quad a_{ij} = -\frac{2p_i}{h^2} + r_i, \quad a_{i\,i+1} = \frac{p_i}{h^2} - \frac{q_i}{2h},$$
$$a_{ij} = 0 \quad (i = 1, 2, \cdots, N-1, \quad j \neq i-1, i, i+1),$$
$$b_{i\,i-1} = \frac{u_i}{h^2} + \frac{v_i}{2h}, \quad b_{ij} = -\frac{2u_i}{h^2} + w_i, \quad b_{i\,i+1} = \frac{u_i}{h^2} - \frac{v_i}{2h},$$
$$b_{ij} = 0 \quad (j \neq i-1, i, i+1),$$
$$p_i = p(x_i), \quad q_i = q(x_i), \quad r_i = r(x_i),$$
$$u_i = u(x_i), \quad v_i = v(x_i), \quad w_i = w(x_i) \tag{6.72}$$

と表される．

方程式 (6.71) の形で表された行列方程式の固有値 μ とその固有関数を求める問題を**一般固有値問題**といい，その効率的な数値解法が知られている (参考文献 [25] 第 4 章)．簡単に方程式 (6.71) の固有値 μ を計算するには，両辺に B^{-1} をかけて

$$B^{-1}A\boldsymbol{y} = \mu\boldsymbol{y} \tag{6.73}$$

と書き換えて，行列 $B^{-1}A$ の固有値として求められる．しかし，一般化固有値問題を解くほうが，演算回数が少なく精度がよい．

例題 13　**行列の固有値問題による解法**

次の 2 階同次線形微分方程式（単振動の式）

$$y'' + \mu^2 y = 0 \tag{6.74}$$

の解が同次境界条件 $y(0) = 0$ と $y(1) = 0$ を満たすようにパラメータ μ の値を決めよ．また，そのときの固有関数 $y(x) = \psi(x)$ を求めよ．ただし，この微分方程式の固有値問題を行列の固有値問題に帰着して数値的に解け．

解答　例題 12 で調べたように，この問題の固有値は $\mu_n = n\pi$ $(n = 1, 2, \cdots)$ であり，μ_n に対応する固有関数は $\psi_n = \sin n\pi x$ である．

この問題を差分法で解くには区間 $x = [0, 1]$ を N 等分し，$x_i = i/N$ $(i = 1, 2, \cdots, N-1)$ での $y(x)$ の値を y_i とおく．d^2y/dx^2 を中心差分 (6.70) で近似し，各 x_i で方程式 (6.74) が成り立つとすると式 (6.71) の形の固有値方程式が得られる．$N = 4$ の場合について，具体的に式 (6.71) を書き表すと

$$
\begin{bmatrix} -32 & 16 & 0 \\ 16 & -32 & 16 \\ 0 & 16 & -32 \end{bmatrix} \begin{bmatrix} y_1 \\ y_2 \\ y_3 \end{bmatrix} = -\mu^2 \begin{bmatrix} y_1 \\ y_2 \\ y_3 \end{bmatrix} \tag{6.75}
$$

となる．ここで，境界条件より，$y_0 = y_4 = 0$ となることを用いた．式 (6.75) で示される行列の固有値問題の固有値は 3 個で，それぞれ

$$
\left.\begin{aligned} \mu_1 &= 4\sqrt{2-\sqrt{2}} = 3.06147, \\ \mu_2 &= 4\sqrt{2} = 5.65685, \\ \mu_3 &= 4\sqrt{2+\sqrt{2}} = 7.39104 \end{aligned}\right\} \tag{6.76}
$$

と求められる．正確な固有値は $\overline{\mu}_n = n\pi$ であるから，相対誤差 $\varepsilon_n = |(\overline{\mu}_n - \mu_n)/\overline{\mu}_n|$ はそれぞれ $\varepsilon_1 = 0.0255037$, $\varepsilon_2 = 0.0996829$, $\varepsilon_3 = 0.215786$ となる．この方法では差分近似を用いているので，分割数 N を大きくしてもあまり精度のよい計算結果は得られない．4 桁程度の精度で固有値を計算するためにはおよそ分割数を $N = 50$ くらいにする必要がある．分割数 N に応じて固有値は $N-1$ 個求められる．式 (6.76) で表される固有値に対応する固有関数 ψ_0, ψ_1, ψ_2 はそれぞれ

$$
\begin{bmatrix} \psi_1(x_1) \\ \psi_1(x_2) \\ \psi_1(x_3) \end{bmatrix} = \begin{bmatrix} 1/\sqrt{2} \\ 1 \\ 1/\sqrt{2} \end{bmatrix}, \quad \begin{bmatrix} \psi_2(x_1) \\ \psi_2(x_2) \\ \psi_2(x_3) \end{bmatrix} = \begin{bmatrix} 1 \\ 0 \\ -1 \end{bmatrix},
$$

$$
\begin{bmatrix} \psi_3(x_1) \\ \psi_3(x_2) \\ \psi_3(x_3) \end{bmatrix} = \begin{bmatrix} -1/\sqrt{2} \\ 1 \\ -1/\sqrt{2} \end{bmatrix} \tag{6.77}
$$

となる．ただし，式 (6.77) で固有関数 ψ_n の最大値が 1 となるように正規化を行った．これらの固有関数を図 6.18 に示す．この図で，実線は ψ_1，点線は ψ_2，破線は ψ_3 を表している． ■

(3) ガラーキン法

微分方程式 (6.69) と同次境界条件 (6.62) すなわち，$y(x_1) = 0$ および $y(x_2) = 0$ で構成される微分方程式の固有値問題を行列の固有値問題に帰着する方法には，関数展開法（スペクトル法，spectral method）があり，差分近似による

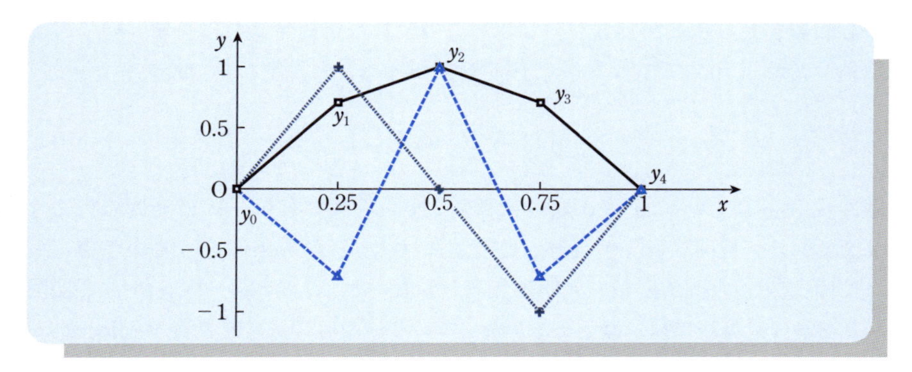

図 6.18　弦の単振動．境界条件は $y(0)=0,\ y(1)=0$．
——：ψ_1，……：ψ_2，- - - -：ψ_3．$y_0, y_1, \cdots, y_4$
は離散点での $y(x)$ の値．分割数は $N=4$．

方法よりも少ない変数の数で，よりよい精度で固有値と固有関数が計算できる．ここでは，微分方程式 (6.69) を

$$Ly(x) = \mu My(x) \tag{6.78}$$

$$L = p(x)\frac{d^2}{dx^2} + q(x)\frac{d}{dx} + r(x), \quad M = u(x)\frac{d^2}{dx^2} + v(x)\frac{d}{dx} + w(x)$$

と表し，境界条件 (6.62) を

$$By(x_1) = 0, \quad By(x_2) = 0 \tag{6.79}$$

と表す．関数展開法により，微分方程式の固有値問題を数値的に解くために，まず適当な関数系 $f_n(x)$ $(n=0,1,\cdots)$ を選ぶ．展開関数 $f_n(x)$ は完全正規直交系であるほうが望ましいが，必ずしも完全でも，正規直交系でもある必要はない．ここで，2 つの関数 $f_m(x)$ と $f_n(x)$ の内積 $\langle f_m, f_n\rangle$ が定義されていて[*9)]，$\langle f_m, f_n\rangle = 1$ $(m=n)$，$\langle f_m, f_n\rangle = 0$ $(m \neq n)$ が成り立つとき（クロネッカーのデルタ δ_{mn} を用いて，$\langle f_m, f_n\rangle = \delta_{mn}$ であるとき），関数の集まり $f_n(x)$ を**正規直交系**という．関数系が完全であるという意味は，展開しようとする関数が属しているある集合を考えるとき，関数系 $f_n(x)$ $(n=0,1,\cdots)$ をとると，この集合に属する関数のうちで，これら以外には直交

[*9)] 内積の定義には種々の方法があるが，例えば式 (6.81) のように定義する．

する関数をとることができないとき，この関数系を**完全**または**完備**という．関数系 $f_n(x)$ を用いて微分方程式 (6.78) の解 $y(x)$ を次のように展開する．

$$y(x) = \sum_{n=0}^{N} a_n f_n(x). \tag{6.80}$$

展開式 (6.80) で a_n $(n = 0, 1, \cdots, N)$ は展開係数であり，N は展開の打切り係数である．展開式 (6.80) を微分方程式に代入し，境界条件 (6.79) を考慮に入れて固有値 μ と固有関数の展開係数 a_n を求める．このとき，固有値 μ と展開係数 a_n の計算法には，**ガラーキン法**，**コロケーション法**（**選点法**，collocation method），**コロケーション・タウ法**（collocation-tau method）などがある．ここでは，ガラーキン法についてのみ説明を行う．

ガラーキン法を用いて固有値と展開係数を計算するための準備として，2つの関数 $f_m(x)$ と $f_n(x)$ の内積 $\langle f_m(x), f_n(x) \rangle$ を

$$\langle f_m(x), f_n(x) \rangle = \int_{x_1}^{x_2} f_m(x) f_n(x) dx \tag{6.81}$$

で定義する．一般には，ガラーキン法を用いて微分方程式の境界値問題を解くときには，展開関数系 $f_n(x)$ として，境界条件 (6.79) を満たす関数系を採用する*10)．ここでは，展開関数 $f_n(x)$ は境界条件 (6.79) を満たすものとする．展開 (6.80) を微分方程式 (6.78) に代入すると

$$L \sum_{n=0}^{N} a_n f_n(x) = \mu M \sum_{n=0}^{N} a_n f_n(x) \tag{6.82}$$

となる．式 (6.82) の両辺に関数 $f_m(x)$ $(m = 0, 1, 2, \cdots, N)$ をかけて，両辺を $x = [x_1, x_2]$ の範囲で積分すると

$$\sum_{n=0}^{N} \langle f_m, L f_n \rangle a_n = \mu \sum_{n=0}^{N} \langle f_m, M f_n \rangle a_n \tag{6.83}$$

となり，$N+1$ 個の係数 a_n について，$N+1$ 個の代数方程式が得られる．この代数方程式系を行列の形で書くと

$$C\boldsymbol{a} = \mu D\boldsymbol{a} \tag{6.84}$$

---

*10) もし，展開関数系が境界条件を満たさないときは，タウ法とよばれる方法を用いる．

となる．ここで，行列 C と D は

$$C = [c_{ij}] = \langle f_i, Lf_j \rangle, \quad D = [d_{ij}] = \langle f_i, Mf_j \rangle \tag{6.85}$$

で表される．式 (6.85) の行列要素を計算するためには，区間 $x = [x_1, x_2]$ で積分する必要がある．この積分は求積法により解析的に求められることもあるが，数値的に求めるときにはガウス・ルジャンドル積分法（3.2 節参照）により数値積分を行う．行列の固有値問題 (6.84) を数値的に解くことにより，固有値 μ と固有ベクトル $\boldsymbol{a}$ が $N+1$ 個求められ，固有ベクトル $\boldsymbol{a}$ を展開式 (6.80) に代入することにより固有関数が求まる．

例題 14 ガラーキン法による解法

次の 2 階同次線形微分方程式（単振動の式）

$$y'' + \mu^2 y = 0$$

の解が同次境界条件 $y(0) = 0$ と $y(1) = 0$ を満たすようにパラメータ μ の値を決めよ．また，そのときの固有関数 $y(x) = \psi(x)$ を求めよ．ただし，この微分方程式の固有関数を関数展開し，ガラーキン法により行列の固有値問題に帰着して数値的に解け．

解答 例題 12 で調べたように，この問題の固有値は $\mu_n = n\pi \quad (n = 1, 2, \cdots)$ であり，μ_n に対応する固有関数は $\psi_n = \sin n\pi x$ である．

ここでは，計算の便宜上，計算領域を $x = [0, 1]$ から変換式 $\xi = 2x - 1$ により $\xi = [-1, 1]$ に変換する．この変換により，単振動の式は次のようになる．

$$4\frac{d^2 y}{d\xi^2} + \mu^2 y = 0. \tag{6.86}$$

展開関数として，境界条件 $y(0) = 0$ と $y(1) = 0$ を満たすように，チェビシェフ多項式 $T_n(\xi)$ に $1 - \xi^2$ をかけて変形した関数 $\widetilde{T_n}(\xi)$，すなわち

$$\widetilde{T_n}(\xi) = (1 - \xi^2) T_n(\xi). \tag{6.87}$$

を用いる[*11)]．この変形チェビシェフ多項式を用いて，固有関数 $y(\xi)$ を展開して

$$y(\xi) = \sum_{n=0}^{N} a_n \widetilde{T_n}(\xi) \tag{6.88}$$

*11) チェビシェフ多項式については 2.4.1 項参照．

とおく．展開式 (6.88) を式 (6.86) に代入し，さらに式 (6.86) の両辺に $\widetilde{T_m}(\xi)$ $(m=0,1,\cdots,N)$ をかけ，ξ について $[-1,1]$ の範囲で積分すると，各 m について代数方程式が得られる．これら $N+1$ 元の連立代数方程式を行列の形で表すと，式 (6.84) のようになる．式 (6.84) の行列要素は

$$C=[c_{mn}]=4\left[\int\widetilde{T_m}d^2\widetilde{T_n}\Big/d\xi^2d\xi\right],$$
$$D=[d_{mn}]=-\left[\int\widetilde{T_m}\widetilde{T_n}d\xi\right]$$

で表される．最も簡単な場合として，$N=0$ の場合を考えれば，$T_0(\xi)=1$ であることを用いて

$$C=[c_{00}]=4\left[\int\widetilde{T_0}\frac{d^2\widetilde{T_0}}{d\xi^2}d\xi\right]=4\left[\int_{-1}^{1}(1-\xi^2)\times(-2)d\xi\right]=-480,$$
$$D=[d_{00}]=-\left[\int\widetilde{T_0}\widetilde{T_0}d\xi\right]=-\left[\int_{-1}^{1}(1-\xi^2)^2d\xi\right]=-48$$

が得られる．これから $\mu^2=480/48=10.0$ すなわち，$\mu=3.16228$ と求められる．正確な値は $\mu=\pi=3.14159$ であるからその相対誤差は 0.006585 であり，先に差分法で計算した値に比べて，たった 1 項による近似でも精度が高いことがわかる．このときの固有関数は $y(\xi)=1-\xi^2$ であり，もとの変数 x で表すと，$y(x)=4x(1-x)$ となる．

より高次の近似はコンピュータを用いて計算することができる．このとき，$\mu=(2m+1)\pi\ \ (m=1,2,\cdots)$ で表される固有値に対応する固有関数は変数 ξ で表すと偶関数であり，$\mu=2m\pi$ で表される固有値に対応する固有関数は奇関数であることが容易にわかり，これら 2 つのグループの固有値と固有関数はそれぞれ独立に計算できる．したがって，展開式 (6.88) で奇数番目の固有値と固有関数を計算するときには，偶数次の変形チェビシェフ多項式のみで展開し，偶数番目の固有値と固有関数を計算するときには，奇数次の変形チェビシェフ多項式のみで展開することができる．偶数次の変形チェビシェフ多項式のみを用いて数値計算すると，展開項数 4 で，固有値 $\mu_1=3.14159$, $\mu_3=9.42494$, $\mu_5=15.950481$, $\mu_7=29.645962$ となり，第 1 固有値ではほとんど誤差がないが，高次の固有値になるほど誤差が大きくなることがわかる．□

6.2.2　非同次線形微分方程式の境界値問題

前項ではパラメータ μ を含む 2 階同次線形微分方程式を主にディリクレ境界条件 $y(x_1)=0$ および $y(x_2)=0$ のもとで解く固有値問題を取り扱った．ここでは，微分方程式が次のように非同次であるとき，境界条件を満たす解を求めることを考える．

$$y''+p(\mu,x)y'+q(\mu,x)y=r(x). \tag{6.89}$$

非同次線形微分方程式の一般解は $r(x)=0$ とおいた同次線形微分方程式 (6.61) の一般解と非同次線形微分方程式の特殊解の和で表される．すなわち，非同次線形微分方程式 (6.89) の一般解 $y(\mu,x)$ は同次線形微分方程式の 2 つの独立な特殊解 $y_1(\mu,x)$, $y_2(\mu,x)$ の線形結合と非同次線形微分方程式の特殊解 $y_0(\mu,x)$ との和により

$$y(\mu,x)=c_1y_1(\mu,x)+c_2y_2(\mu,x)+y_0(\mu,x)\quad(c_1,c_2：\text{定数}) \tag{6.90}$$

と表せる．この解が，境界条件 $y(x_1)=0$ および $y(x_2)=0$ を満たすためには

$$\left.\begin{aligned}c_1y_1(\mu,x_1)+c_2y_2(\mu,x_1)&=-y_0(\mu,x_1),\\ c_1y_1(\mu,x_2)+c_2y_2(\mu,x_2)&=-y_0(\mu,x_2)\end{aligned}\right\} \tag{6.91}$$

が成り立たなければならない．この式を行列の形で書くと

$$\begin{bmatrix} y_1(\mu,x_1) & y_2(\mu,x_1)\\ y_1(\mu,x_2) & y_2(\mu,x_2)\end{bmatrix}\begin{bmatrix}c_1\\ c_2\end{bmatrix}=\begin{bmatrix}-y_0(x_1)\\ -y_0(x_2)\end{bmatrix} \tag{6.92}$$

となる．線形代数方程式の解法でよく知られているように，線形方程式 (6.92) の解法は場合分けが必要である．式 (6.92) の右辺 $-y_0(x_1)$ と $-y_0(x_2)$ がともに 0 ではないときは，方程式 (6.92) が解をもつ条件は

$$\begin{vmatrix} y_1(\mu,x_1) & y_2(\mu,x_1)\\ y_1(\mu,x_2) & y_2(\mu,x_2)\end{vmatrix}\neq 0 \tag{6.93}$$

である．すなわち，これが，境界条件 $y(x_1)=0$ および $y(x_2)=0$ を満たす式 (6.89) の解が存在するための条件である．これは，μ の値が前項で求めた固有値以外であれば解が求められることを示している．

では，μ が前項で求めた固有値 μ_n のときは，境界条件 $y(x_1)=0$ および $y(x_2)=0$ を満たす微分方程式 (6.89) の解が存在するための条件はど

のようなものとなるだろうか．μ が固有値 μ_n であるとき，式 (6.92) における左辺の係数行列の行列式が 0 となる．このことは，${}^t[y_1(\mu,x_1),y_1(\mu,x_2)]$ をベクトルと考えたとき，ベクトル ${}^t[y_1(\mu,x_1),\ y_1(\mu,x_2)]$ とベクトル ${}^t[y_2(\mu,x_1),\ y_2(\mu,x_2)]$ が1次従属であること，すなわち，これら2つのベクトルが平行（または反平行）であることを意味している．このとき，式 (6.92) が解をもつためには右辺 $-y_0(x_1)$ と $-y_0(x_2)$ が作るベクトル ${}^t[-y_0(\mu,x_1),-y_0(\mu,x_2)]$ もベクトル ${}^t[y_1(\mu,x_1),y_1(\mu,x_2)]$ と平行（または反平行）でなければならない．もし，非同次微分方程式 (6.92) の特殊解 $y_0(x)$ が求められたなら，$y_0(x)$ に x_1 と x_2 を代入して $-y_0(x_1)$ と $-y_0(x_2)$ を計算し，${}^t[-y_0(\mu,x_1),-y_0(\mu,x_2)]$ が ${}^t[y_1(\mu,x_1),y_1(\mu,x_2)]$ と平行（または反平行）になる条件を求めることができる．しかし，特殊解を求める前に，$r(x)$ の関数形から境界条件 $y(x_1)=0$ および $y(x_2)=0$ を満たす微分方程式 (6.89) の解が存在するための条件を見つけられないだろうか．そのためには少し準備が必要である．

ここで，同次線形微分方程式 (6.61) の**随伴微分方程式**（ずいはん）(adjoint differential equation) を定義する．微分作用素 L を $L=d^2/dx^2+pd/dx+q$ で定義すると微分方程式 (6.89) は $Ly=r(x)$ と書け，同次線形微分方程式は $Ly=0$ (式 (6.61)) となる．関数 $y^\dagger(x)$ について，次の関係式

$$\langle y^\dagger, Ly\rangle = \langle y, L^\dagger y^\dagger\rangle \tag{6.94}$$

が成り立つとき，微分作用素 $L^\dagger$ を L の**随伴微分作用素**とよび，$L^\dagger y^\dagger(x)=0$ を満たす関数 $y^\dagger(x)$ を固有関数 $y(x)$ の**随伴固有関数**とよぶ[*12)]．また，$L^\dagger y^\dagger=0$ を $Ly=0$ の随伴微分方程式という．具体的に $Ly=0$ $(L=d^2/dx^2+pd/dx+q)$ の随伴微分方程式を書き表してみよう．$L=d^2/dx^2+pd/dx+q$ を式 (6.94) に代入し，2回部分積分を行うと

$$\begin{aligned}
&\int_{x_1}^{x_2} y^\dagger(y''+py'+qy)dx \\
&= \Big[y^\dagger y'\Big]_{x_1}^{x_2} - \Big[y^{\dagger\prime} y\Big]_{x_1}^{x_2} + \Big[y^\dagger p y\Big]_{x_1}^{x_2} + \int_{x_1}^{x_2} y y^{\dagger\prime\prime} dx \\
&\quad - \int_{x_1}^{x_2} ypy^{\dagger\prime} dx - \int_{x_1}^{x_2} yp'y^\dagger dx + \int_{x_1}^{x_2} yqy^\dagger dx
\end{aligned}$$

---

*12) $y^\dagger$ を y ダガーと読む．

となり，境界条件 $y(x_1)=0$ および $y(x_2)=0$ を考慮すると，式 (6.61)（式 (6.89) で $r(x)=0$ とおいた式）の随伴微分方程式は

$$y^{\dagger\prime\prime}-py^{\dagger\prime}+(-p'+q)y^\dagger=0 \tag{6.95}$$

と求められる．こうして得られた随伴微分方程式が元の微分方程式と一致するとき，元の微分方程式を**自己随伴微分方程式** (self-adjoint differential equation) という．

このように定義した随伴固有関数を用いると式 (6.89) のパラメータ μ が固有値であるときに解が存在する条件を簡単に導くことができる．式 (6.89) の両辺に $y^\dagger$ を掛けて $x=[x_1,x_2]$ の範囲で x について積分を行う．すなわち，式 (6.89) の両辺の関数と $y^\dagger$ との内積をとると

$$\langle y^\dagger, Ly\rangle=\langle y^\dagger, r\rangle$$

となる．ところが，上式の左辺は随伴微分方程式の性質より

$$\langle y^\dagger, Ly\rangle=\langle y, L^\dagger y^\dagger\rangle$$

と書き改められる．ここで，$y^\dagger$ が随伴固有関数であることから $L^\dagger y^\dagger=0$ となる．したがって，μ が固有値 μ_n のとき，境界条件 $y(x_1)=0$ および $y(x_2)=0$ を満たす微分方程式 (6.89) の解が存在するための条件は

$$\langle y^\dagger, r\rangle=0 \tag{6.96}$$

と表せる．この条件を微分方程式 (6.89) の境界条件 $y(x_1)=0$ および $y(x_2)=0$ における**可解条件** (solvability condition) とよぶ．

このように可解条件を満たすときは，微分方程式 (6.89) が解ける．数値的にこの方程式を解くには，差分法や関数展開法などがある．例えば，固有値問題を解いたときと同様に差分法を用いて解くには，差分近似 (6.70) を式 (6.89) に代入し，各離散点 x_i $(i=1,2,\cdots,N-1)$ で両辺が等しいとおくと，ベクトル $\boldsymbol{y}={}^t[y_1,y_2,\cdots,y_{N-1}]$ について行列の形で

$$A\boldsymbol{y}=\boldsymbol{b} \tag{6.97}$$

と表される．ここで，境界条件 $y_0=0$ と $y_N=0$ を考慮した．行列 $A=[a_{ij}]$ は 3 重対角行列，$\boldsymbol{b}={}^t[b_1,b_2,\cdots,b_{N-1}]$ はベクトルであり，それらの各要素 a_{ij} $(i=1,2,\cdots,N-1,\ j=1,2,\cdots,N-1)$ と b_i $(i=1,2,\cdots,N-1)$ は

$$a_{i\,i-1} = \frac{1}{h^2} - \frac{p_i}{2h}, \quad a_{ij} = -\frac{2p_i}{h^2} + q_i, \quad a_{i\,i+1} = \frac{1}{h^2} - \frac{p_i}{2h},$$
$$a_{ij} = 0 \quad (j \neq i-1, i, i+1),$$
$$b_i = r_i \tag{6.98}$$

と表される．ただし，式 (6.98) で

$$p_i = p(x_i), \quad q_i = q(x_i), \quad r_i = r(x_i)$$

とおいた．連立 1 次方程式 (6.98) において，左辺の係数行列は行列式が 0 であるが，可解条件を満たすので，固有値が重複度 1 のときには 1 つの任意定数を決めると解が求められる（参考文献 [15] 第 3 章）．関数展開を行って，ガラーキン法により解を求めるときも同様に連立 1 次方程式が導かれ，その解も 1 つの任意定数を決めると解が求められる．

線形微分方程式 (6.89) において，$r(x) = 0$ であっても境界条件が $y(x_1) = 0$, $y(x_2) = a\ (\neq 0)$ のように非同次境界条件である場合には

$$u = y - \overline{y}, \quad y = \frac{a(x - x_1)}{x_2 - x_1}$$

とおくと，微分方程式は

$$u'' + p(\mu, x)u' + q(\mu, x)u = -p(\mu, x)\overline{y}' - q(\mu, x)\overline{y} \tag{6.99}$$

と表せ，u について非同次線形微分方程式となり，境界条件は同次境界条件となる．

例題 15

次の 2 階非同次線形微分方程式

$$y'' + \pi^2 y = 2x - 1$$

は境界条件 $y(0) = 0$ および $y(1) = 0$ を満たす解が存在することを確かめ，その解 $y(x)$ を求めよ．

解答 与えられた微分方程式の同次線形微分方程式に対する随伴微分方程式は元の同次微分方程式と同じである（自己随伴微分方程式）．したがって，境界条

件 $y(0)=0,\ y(1)=0$ を満たす随伴固有関数は

$$y^\dagger(x)=\sin\pi x$$

である．式 (6.96) より与えられた非同次微分方程式の可解条件は

$$\int_0^1 y^\dagger(2x-1)dx=0$$

であり，$y^\dagger = \sin\pi x$ はこの可解条件を満たしている．境界条件 $y(0)=0$, $y(1)=0$ を満たす与えられた 2 階線形非同次微分方程式の解は c_1 を任意定数として

$$y(x)=c_1\sin\pi x+\frac{1}{\pi^2}\cos\pi x+\frac{1}{\pi^2}(2x-1)$$

と表せる．すなわち，非同次微分方程式の解には同次微分方程式の固有関数の定数倍（c_1 倍）だけの不定性がある．差分近似により，与えられた微分方程式を数値的に解くには区間 $x=[0,1]$ を N 等分し，$x=x_i=i/N$ (ただし，$i=1,2,\cdots,N-1$) での $y(x)$ の値を y_i とおく．d^2y/dx^2 を次のように中心差分 (6.70) で近似し，各 x_i で与えられた方程式が成り立つとすると線形代数方程式が得られる．$N=4$ の場合について，具体的に線形代数方程式を書き表すと

$$\begin{bmatrix} -32+\pi^2 & 16 & 0 \\ 16 & -32+\pi^2 & 16 \\ 0 & 16 & -32+\pi^2 \end{bmatrix}\begin{bmatrix} y_1 \\ y_2 \\ y_3 \end{bmatrix}=\begin{bmatrix} -1/2 \\ 0 \\ 1/2 \end{bmatrix}$$

となる．ここで，境界条件より $y_0=y_4=0$ となることを用いた．この連立 1 次方程式で左辺の行列の行列式は 0 であるが可解条件を満たしているので，任意定数を決めると解が求められる．ここでは，$y_2=0$ とおいてこの連立 1 次方程式を解くと

$$\begin{aligned} y_1 &= \frac{1}{2(32-\pi^2)}=0.0225937, \\ y_2 &= 0, \\ y_3 &= -\frac{1}{2(32-\pi^2)}=-0.0225937 \end{aligned}$$

と求められる．$y_2=0$ とおくことは，同次方程式の解 $\sin\pi x$ にかかる任意定

数 c_1の値を 0 とおいたことに対応しているので，このときの正確な y_1 の値は

$$y_1 = \frac{\cos\left(\frac{\pi}{4}\right) - \frac{1}{2}}{\pi^2} = 0.0209843$$

であるから，相対誤差は 0.076695 である．

6.2.3 非線形微分方程式の境界値問題

初期値問題の解法は，線形微分方程式でも**非線形微分方程式**でも同じ解法を用いることができる．しかし，境界値問題の数値的解法は線形微分方程式と非線形微分方程式の場合では異なる．ただ，非線形微分方程式の境界値問題を初期値問題におきかえて計算する場合（シューティング法）には線形微分方程式の場合とあまり変わりがない．

次の正規形 2 階非線形微分方程式

$$y'' = N(x, y, y') \tag{6.100}$$

を満たし，境界条件 $y(x_1) = y_1$ と $y(x_2) = y_2$ を満たす解を数値的に求めることを考える．式 (6.100) で，右辺を $N(x, y, y')$ と書いたのは y と y' について非線形であることを強調するためである．この微分方程式を初期値問題として解こうとするとき，$x = x_1$ における y の値と y' の値が必要である．非線形微分方程式 (6.100) を解くときには $x = x_1$ での y' の値をパラメータと考えることができる．したがって，$y'(x_1) = \mu$ とおいて，微分方程式 (6.100) の初期値問題を $y(x_1) = 0$ と $y'(x_1) = \mu$ のもとで解く．このとき，パラメータ μ はどのように選べばいいのかまだわからないが，適当に推定して $\mu^{(0)}$ とおき，初期値を $y(x_1) = 0$ と $y'(x_1) = \mu^{(0)}$ のもとで微分方程式 (6.100) を前進オイラー法やルンゲ・クッタ法などで数値的に解く．適当に選んだ $\mu^{(0)}$ では一般には $y(x_2) = b$ の境界条件を満たさない．したがって，$\mu^{(0)}$ とわずかに異なる値 $\mu^{(1)}$ を選んで，もう一度微分方程式 (6.100) の初期値問題を数値的に解く．このときも，一般には $y(x_2) = b$ とならない．したがって，割線法を用いて $y(x_2) = b$ となる μ を探すことにより，適切な $y'(x_1)$ の値 μ を求める．こうして求まる μ の値は 1 つとは限らないことに注意する必要がある．非線形微分方程式の境界値問題の解の数は個々の問題に依存して異なる．

例題 16

次の非線形微分方程式

$$y'' - y^2 = 0$$

を満たし，境界条件 $y(0) = 6$ と $y(1) = 1.5$ を満たす解を求めよ．ただし，この境界値問題を初期値問題に帰着して数値的に解け．

解答 この境界値問題の求積解は

$$y(x) = \frac{6}{(x+1)^2}$$

である．

$x = 0$ における $y'(0)$ の値はわからないので，適当に $\mu = y'(0) = -10.0$ であるとしておく．初期条件を $y(0) = 6$ と $y'(0) = \mu = -10$ とおき，$0 \leq x \leq 1$ を 40 等分してルンゲ・クッタ法により初期値問題を解くと $y(1) = 7.07560$ となる．次に，$\mu = -11.0$ とおいて解くと $y(1) = 4.010267$ となる．ニュートン法により次にとるべき $\mu = y'(0)$ の値を推定すると，$\mu = -11.8189$ となって，この値を用いて微分方程式を解くと $y(1) = 1.91819$ のように求まる．これをくり返してパラメータ μ の値として $\mu = -12.0$ が求まり，このときの解は図 6.19 のようになる．■

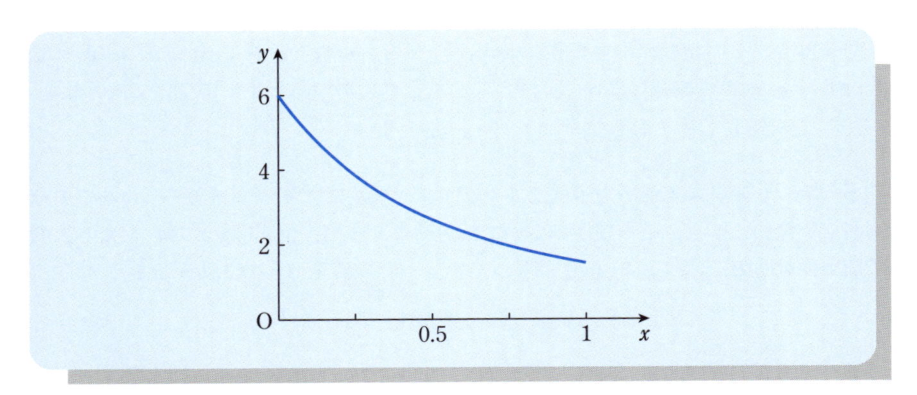

図 6.19 微分方程式 $y'' - y = 0$ の数値解．求積解と区別がつかない．境界条件は $y(0) = 6$, $y(1) = 1.5$.

第 6 章の問題

□ **1** オイラー法により，次の非同次線形微分方程式を $x = 0$ から 2 までの範囲で数値的に解き，その精度について検討せよ．ただし，初期条件を $y(0) = 1$ とする．

$$y' = -y + 2x\exp(-x).$$

□ **2** リープ·フロッグ法により，次の 2 階線形微分方程式（**マシュー方程式**, Mathieu's equation）を $x = 0$ から 10 までの範囲で数値的に解き，その精度について検討せよ．位相図もかけ．ただし，初期条件を $y(0) = 0.1, y'(0) = 0$ とし，パラメータの値を $\varepsilon = 1/2, \omega = 1$ とする．

$$y'' = -(1 + 4\varepsilon \sin 2\omega t)y.$$

また，同じ初期条件で，$\varepsilon = 1/2, \omega = 0.1$ のときには，解はどのようなふるまいをするか調べよ．

□ **3** ホイン法により，次の微分方程式を $x = 0$ から 1 までの範囲で数値的に解き，その精度について検討せよ．ただし，初期条件を $y(0) = 0$ とする．

$$y' = \frac{x}{2 - y}.$$

また，$x = 0$ から 2 まで，同じ初期条件のもとで解いてみよ．

□ **4** 次の微分方程式をルンゲ・クッタ法により $x = 0$ から 10 までの範囲で数値的に解き，その精度について検討せよ．ただし，初期条件が $y(0) = 1$, $y(0) = 4$, $y(0) = 8$ の 3 つの場合について解き，それぞれの解のふるまいについて検討せよ．

$$y' = \cos y.$$

□ **5** 次の 2 階非線形微分方程式をルンゲ・クッタ法により $x = 0$ から 20 までの範囲で数値的に解き，その精度について検討せよ．また，位相図をかけ．ただし，初期条件を $y(0) = 2, y'(0) = 0$ とし，パラメータの値を $a = 0.2, b = 0.1$ とする．

$$y'' = -y + ay^3 - by.$$

□ **6** 次の 3 元連立非線形微分方程式（**レスラーモデル**, Rössler model）をパラメータ μ のいくつかの値について，ルンゲ・クッタ法により $x = 0$ から 20 までの範囲で数値的に解き，その解のふるまいを調べよ．ただし，初期条件には自分で適当と思える値を選べ．

$$x' = -(y+z), \quad y' = x + \frac{1}{5}y, \quad z' = \frac{1}{5} + z(x-\mu).$$

□ **7** 次の非線形微分方程式の解 y はどのような初期条件から出発しても，十分な時間の後にはある定常値 $\overline{y}$ に近づくことがわかっている．パラメータ μ のいくつかの値について，この微分方程式を数値的に解き，その定常値を求め，定常値 $\overline{y}$ のパラメータ μ 依存性を調べよ．

$$y' = \mu y - y^3.$$

□ **8** 次の線形微分方程式の解 y で，境界条件 $y(0) = 0$, $y(1) = 0$ を満たす解が存在するのはパラメータ a (> 0) の値がいくらのときか．また，そのときの解 $y(x)$ を求めよ．

$$y'' + ay' + 12y = 0.$$

□ **9** 次の非線形微分方程式の解 y で，境界条件 $y(0) = 0$, $y(1) = 0$ を満たす解のうち 2 つを求めよ．

$$y'' = -y - y^3.$$

□ **10** ロジスティック方程式 (6.21) を次のように差分近似した式

$$y_{i+1} - y_i = (e^h - 1)(1 - y_{i+1})y_i$$

の解は有限の h についても，離散点 $x_i = ih$ においては元のロジスティック方程式の解に一致することを示せ．

第7章
偏微分方程式

理工学の分野でよく現れる偏微分方程式は３つの型に大別できる．それらは放物型偏微分方程式，双曲型偏微分方程式，楕円型偏微分方程式であり，２次曲線の分類法に対応している．この章ではこれら３つの型の偏微分方程式の差分近似解法に加えて，非線形偏微分方程式を精度よく数値的に解くことができる擬スペクトル法について説明する．

[第７章の内容]

偏微分方程式の分類
放物型偏微分方程式
双曲型偏微分方程式
楕円型偏微分方程式
擬スペクトル法

7.1　偏微分方程式の分類

偏微分方程式の数値解析の方法は，常微分方程式の場合とは違い，解こうとする偏微分方程式の種類によって異なる．数値計算によって偏微分方程式を解くときの偏微分方程式の分類法は，求積法により解くときの分類法とほぼ同じである．ここでは，2つの独立変数 x と y の関数 $u(x,y)$ の2階偏微分方程式を考える．2階線形微分方程式は一般的に

$$a\frac{\partial^2 u}{\partial x^2}+2b\frac{\partial^2 u}{\partial x\partial y}+c\frac{\partial^2 u}{\partial y^2}=f\left(x,y,u,\frac{\partial u}{\partial x},\frac{\partial u}{\partial y}\right) \tag{7.1}$$

と表せる．偏微分方程式(7.1)は含まれている係数 a, b, c の間の関係に従って，次のように分類される．$ac-b^2=0$ のときは，**放物型偏微分方程式**（parabolic partial differential equation）とよばれ，その代表例には**熱伝導方程式**（heat equation）または拡散方程式とよばれる次の方程式

$$\frac{\partial u}{\partial t}=\kappa\frac{\partial^2 u}{\partial x^2}\quad(\kappa>0) \tag{7.2}$$

がある．ここでは，慣例にしたがって変数 x を t で表し，y を x で表した．右辺は拡散項とよばれ，その係数 κ は熱伝導問題では熱拡散係数，物質拡散問題では拡散係数とよばれる．偏微分方程式(7.1)の係数が $ac-b^2<0$ の関係を満たすときは，**双曲**（そうきょく）**型偏微分方程式**（hyperbolic partial differential equation）とよばれ，その代表例には**波動方程式**（wave equation）

$$\frac{\partial^2 u}{\partial t^2}=c^2\frac{\partial^2 u}{\partial x^2}\quad(c>0) \tag{7.3}$$

がある．式(7.3)の右辺の係数 c は伝播速度とよばれる．$ac-b^2>0$ のときは，楕円型偏微分方程式（elliptic partial differential equation）とよばれる．**楕円型偏微分方程式**の代表例は**ポアソン方程式**（Poisson equation）であり

$$\frac{\partial^2 u}{\partial x^2}+\frac{\partial^2 u}{\partial y^2}=f\left(x,y,u,\frac{\partial u}{\partial x},\frac{\partial u}{\partial y}\right) \tag{7.4}$$

と表される．式 (7.4) は熱伝導問題では定常熱伝導状態を記述する方程式であり，電磁気学では電荷分布が与えられたときに電位分布を記述する方程式である．特に，式 (7.4) の右辺が 0 のときは，**ラプラス方程式** (Laplace equation) とよばれる．

7.2　放物型偏微分方程式

放物型偏微分方程式の代表として，次の 1 次元熱伝導方程式の初期値問題を考える．

$$\frac{\partial u}{\partial t} = \kappa \frac{\partial^2 u}{\partial x^2}. \tag{7.5}$$

ここで，κ は定数であり，$\kappa > 0$ である．関数 $u(x, t)$ は $x = [0, 1]$ の範囲で定義されているものとする．境界 $x = 0$ および 1 では関数 $u(x, t)$ に対してディリクレ条件

$$u(0, t) = a, \quad u(1, t) = b \tag{7.6}$$

が与えられており，初期状態は

$$u(x, 0) = f(x) \tag{7.7}$$

であるとする．初期条件も境界では境界条件 $f(0) = a$ および $f(1) = b$ を満たしているとしておく．

熱伝導方程式を求積法により解く方法にはいくつかの方法があるが，その解法の詳細にはふれないで解のみを示す．求積解は

$$u(x, t) = a + (b - a)x + \sum_{n=1}^{\infty} c_n e^{-n^2\pi^2\kappa t} \sin n\pi x \tag{7.8}$$

と書ける（参考文献 [13] 第 7 章）．ここで，c_n は

$$c_n = 2\int_0^1 \{f(x) - a - (b - a)x\} \sin n\pi x dx \tag{7.9}$$

で与えられる．熱伝導方程式 (7.5) の数値計算法に関する議論をする前に，その解 (7.8) の性質を調べておく．ある時刻 t_1 に関数 $u(x, t_1)$ が区間の内部 $0 \leq x \leq 1$ で極大点 x_1 をもつとき，極大点では $\partial^2 u/\partial x^2 < 0$ となるから，極大点での関数の値 $u(x_1, t_1)$ は減少する．また，式 (7.8) において $\kappa > 0$ と仮定している

ので，十分時間が経過すると $(t \to \infty)$，関数 $u(x,t)$ は線形関数 $a+(b-a)x$ に限りなく近づく．熱力学の表現では，温度分布は直線で表される線形温度分布に近くなる．したがって，$\overline{u} = a+(b-1)x$ とおき，変数変換 $\widetilde{u} = u - \overline{u}$ を行うと，境界条件 (7.6) は同次境界条件

$$\widetilde{u}(0,t) = 0, \quad \widetilde{u}(1,t) = 0 \tag{7.10}$$

になる．方程式 (7.5) はこの変数変換によって影響を受けず，$\widetilde{u}$ は (7.5) と同じ方程式を満たすことになる．したがって，数値計算では同次境界条件 (7.10) を考えることにし，関数 $\widetilde{u}$ をあらためて u と表すことにする．

熱伝導方程式 (7.5) の数値解法にもいくつかあるがその代表として差分解法を説明する．境界条件は $u(0,t) = u(1,t) = 0$ であり，初期条件は $u(x,t) = f(x)$ であるとする．区間 $x = [0,1]$ を M 等分し，その分割点を $x_0, x_1, \cdots, x_M$ とする．ここで，$x_0 = 0$, $x_M = 1$ であり，差分間隔 h は $h = 1/M$ である．時間については $t = [0,T]$ の範囲で計算をすることにして，この区間を N 等分する．すなわち，時間間隔 k は $k = T/N$ である．図 7.1 に計算領域を示す．この図において ■は初期条件が与えられる点を示し，× は境界条件が与えられる点を示している．点 $(x_j, t_n) = (jh, nk)$ での関数 $u(x,t)$ の値を $u_{j,n}$ とすると，数値計算では矩形の計算領域 $0 \leq x \leq 1$, $0 \leq t \leq T$ の内部にある格子状の点と $t = T$ で示される上境界における $u_{j,n}$ $(j = 1, 2, \cdots, M-1,\ n = 1, 2, \cdots, N)$ の値を求めることになる．

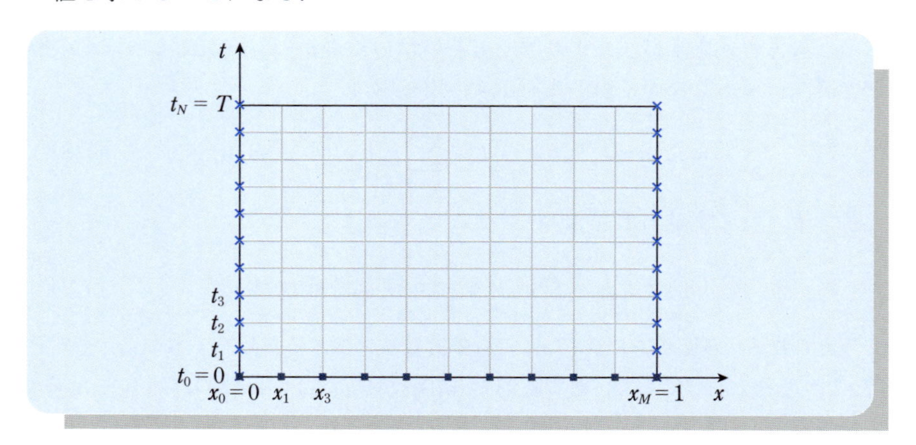

図 7.1 熱伝導方程式 (7.5) の計算領域．■：初期条件．×：境界条件．

微分方程式 (7.5) の時間微分をオイラーの前進差分法で近似し，空間 2 階微分を中心差分法で近似すると

$$\frac{1}{k}(u_{j,n+1} - u_{j,n}) = \frac{\kappa}{h^2}(u_{j+1,n} - 2u_{j,n} + u_{j-1,n}) \tag{7.11}$$

となる．式 (7.11) を $u_{j,n+1}$ について整理すると

$$u_{j,n+1} = (1 - 2r)\,u_{j,n} + r(u_{j+1,n} + u_{j-1,n}) \quad \left(r = \frac{\kappa k}{h^2}\right) \tag{7.12}$$

となる．このように，位置 $x = jh$ における時刻 $t = (n+1)k$ での関数の値 $u_{j,n+1}$ が連立方程式の形でなく，それ以前の時刻 $t \leq nk$ での関数の値 $u_{j,n}$ で表されるとき，この数値解法を**陽解法**という．

偏微分方程式 (7.5) の数値解法 (7.12) の数値的安定性について調べる．差分解法において，空間の差分間隔 h と時間間隔 k がともに十分に小さくなるとき ($h \to 0,\ k \to 0$)，数値解が厳密解に近づけばその数値解法は安定であるといい，そうでなければ不安定であるという．式 (7.5) の厳密解は $t \to \infty$ で，0 に収束することがわかっている．数値解法の安定性を調べるために，$\boldsymbol{u}_n = {}^t[u_{1,n}, u_{2,n}, \cdots, u_{M-1,n}]$ とおいて，式 (7.12) を行列の形で次のように表す．

$$\boldsymbol{u}_{n+1} = A\boldsymbol{u}_n. \tag{7.13}$$

ここで，A は定数 3 重対角対称行列であり

$$A = \begin{bmatrix} 1-2r & r & & & & 0 \\ r & 1-2r & r & & & \\ & \ddots & \ddots & \ddots & & \\ & & r & 1-2r & r & \\ & & & \ddots & \ddots & r \\ 0 & & & & r & 1-2r \end{bmatrix} \tag{7.14}$$

である．なお，境界条件より $u_{0,n} = u_{M,n} = 0$ である．漸化式 (7.13) より，時刻 $t = nk$ での関数値 $\boldsymbol{u}_n$ は

$$\boldsymbol{u}_n = A^n \boldsymbol{u}_0 \tag{7.15}$$

と表される．したがって，行列 A の絶対値最大固有値の絶対値が 1 よりも小さいとき，$\boldsymbol{u}_n$ は $n \to \infty$ で 0 に近づく．行列の計算を行うと行列 A の固有値 λ が求められるが，ここでは次のようにして簡単に固有値 λ を計算する．固有

ベクトルを $\boldsymbol{v}$ とおき，固有値方程式 $A\boldsymbol{v} = \lambda\boldsymbol{v}$ の第 j 行を書くと

$$rv_{j+1} + (1-2r)v_j + rv_{j-1} = \lambda v_j \quad (j = 1, 2, \cdots, M-1) \tag{7.16}$$

となる．ただし，境界条件より $v_0 = v_M = 0$ である．ここで，固有関数を $v_j = b^j$ と仮定すると，式 (7.16) より

$$\frac{1}{2}\left(b + \frac{1}{b}\right) = 1 - \frac{1-\lambda}{2r} \tag{7.17}$$

となる．式 (7.17) より b を求めると，$|1-(1-\lambda)/(2r)| \le 1$ のときには

$$b = \exp(i\theta),\ \exp(-i\theta), \quad \cos\theta = 1 - \frac{1-\lambda}{2r} \tag{7.18}$$

と求められる[*1)]．これより，固有関数 $\boldsymbol{v}$ は $\exp(ij\theta)$ と $\exp(-ij\theta)$ の線形結合で表されて

$$v_j = c_1 \exp(ij\theta) + c_2 \exp(-ij\theta) \tag{7.19}$$

と書ける．固有関数 (7.19) が境界条件 $v_0 = 0$ と $v_M = 0$ を満たすためには

$$c_1 + c_2 = 0, \quad c_1 \exp(iM\theta) + c_2 \exp(-iM\theta) = 0 \tag{7.20}$$

でなければならない．連立方程式 (7.20) の解として $c_1 = c_2 = 0$ 以外の解が求められるための条件は

$$\exp(2iM\theta) = 1 \tag{7.21}$$

であり，これより，m 番目の固有値 λ_m が

$$\lambda_m = 1 - 2r\left(1 - \cos\frac{m\pi}{M}\right) = 1 - 4r\sin^2\frac{m\pi}{2M} \quad (m = 1, 2, \cdots, M-1) \tag{7.22}$$

と求められる．絶対値最大固有値 λ_{M-1} の絶対値が 1 以下である条件より

$$r \le \frac{1}{2}\frac{1}{\sin^2\{(M-1)\pi/2M\}} \tag{7.23}$$

が求められ，$M \to \infty$ で式 (7.23) の右辺は 1/2 に近づくことから，数値計算式 (7.12) は

$$r = \frac{\kappa k}{h^2} \le \frac{1}{2} \tag{7.24}$$

のとき，安定であることが示せた．式 (7.17) で，$|1-(1-\lambda)/(2r)| > 1$ のときには境界条件 $v_0 = 0$ と $v_M = 0$ を満たす解がないことが示される．

*1) ここでは，i は虚数単位 $\sqrt{-1}$ を表している．

例題 1

熱伝導方程式

$$\frac{\partial u}{\partial t} = \kappa \frac{\partial^2 u}{\partial x^2}$$

を差分近似により，$x = [0, 1]$ の範囲で，時刻 $t = 0$ から 10 まで数値計算せよ．ただし，境界条件は $u(0, t) = 0$, $u(1, t) = 1$ とし，初期条件を

$$u(x, 0) = \begin{cases} 0 & (0 \leq x < 1) \\ 1 & (x = 1) \end{cases}, \quad \text{熱拡散係数 } \kappa = 1$$

とする．

解答　計算領域 $x = [0, 1]$ を M 等分し，差分間隔を $h = 1/M$ とおいて，与えられた微分方程式をオイラー法により $x = [0, 1]$ の範囲で数値的に解く．ここでは，$M = 20$ の場合について数値計算を行う．時間間隔を $k = 0.001 < h^2/(2\kappa)$ とする．時間微分を前進オイラー法，空間微分を中心差分法で近似すると式 (7.12) となるので，この式より $u_{j,n}$ を順次 $n = 1, 2, \cdots, 300$ まで計算し，このようにして得られた数値解をグラフに表すと，図 7.2 のようになる．この図において，30 ステップ，すなわち，$t = 0.03$ ごとに関数 $u(x, t)$ をグラフに表している．■

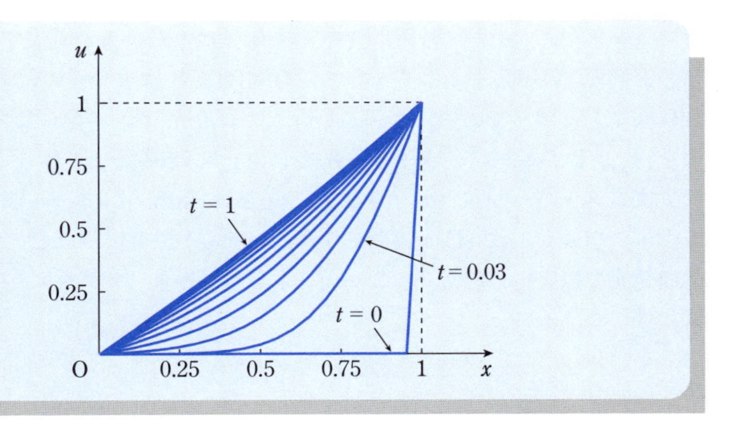

図 7.2　熱伝導方程式 $\frac{\partial u}{\partial t} = \kappa \frac{\partial^2 u}{\partial x^2}$ の数値解．$\kappa = 1$．初期条件は $u(x, 0) = 0$ $(0 \leq x < 1)$, $u(x, 0) = 1$ $(x = 1)$．すなわち，$t = 0$ で $u_{j,0} = 0$ $(j = 0, 1, \cdots, M-1)$, $u_{M,0} = 1$．分割数は $M = 20$．時刻 t は下から $t = 0, 0.03, \cdots, 0.3$．

熱伝導方程式 (7.5) に非線形項が付け加わった偏微分方程式の代表として，

$$\frac{\partial u}{\partial t} = -u\frac{\partial u}{\partial x} + \mu\frac{\partial^2 u}{\partial x^2}. \tag{7.25}$$

を考える．ここで，$\mu\ (>0)$ は定数であり，関数 $u(x,t)$ の定義域を $x=[0,1]$ とする．偏微分方程式 (7.25) は流体力学では**バーガース方程式** (Burgers equation) とよばれ，1 次元圧縮性流体の圧縮波の伝播を記述する方程式であり，1 次元乱流モデルでもある．この方程式は，時間に関して 1 階微分，空間に関して 2 階微分を含むという意味で放物形偏微分方程式であるが，後に説明する波動方程式の性質もあわせもっている．ここでは，境界 $x=0$ および 1 で $u(0,t)=0$, $u(1,t)=0$ のディィリクレ条件を仮定するが，周期条件 $u(0,t)=u(1,t)$ が課せられることも多い．いずれの境界条件の場合も，方程式 (7.25) は求積解をもつが（参考文献 [16] 第 10 章），求積解が求められてもその関数形を具体的に計算するには数値計算に頼らざるを得ないので，ここでは数値計算により直接に方程式 (7.25) の初期値・境界値問題を解くことにする．

バーガース方程式 (7.25) の初期値・境界値問題を差分解法により，数値的に解く．初期条件は $u(x,t)=f(x)$ とする．区間 $0 \le x \le 1$ を M 等分し，その分割点を $x_0, x_1, \cdots, x_M$ とする．ここで，$x_0=0$, $x_M=1$ であり，差分間隔 h は $h=1/M$ である．時間については $0 \le t \le T$ まで計算をすることにして，この区間を N 等分する．すなわち，時間間隔 k は $k=T/N$ である．計算領域は図 7.1 と同じである．格子点 $(x_j, t_n)=(jh, nk)$ における関数 $u(x,t)$ の値を $u_{j,n}$ とする．バーガース方程式 (7.25) の時間積分においては，非線形項に**アダムス・バッシュフォース法** (Adams-Bashforth scheme)，拡散項に**クランク・ニコルソン法** (Crank-Nicolson scheme) を用いることにする．ここで，時間発展方程式を一般に $du/dt=f(u)$ としたとき，アダムス・バッシュフォース法は

$$\frac{u_{n+1}-u_n}{k} = \frac{1}{2}\left(3f(u_n) - f(u_{n-1})\right)$$

のように差分近似する方法であり，クランク・ニコルソン法は

$$\frac{u_{n+1}-u_n}{k} = \frac{1}{2}\left(f(u_{n+1}) + f(u_n)\right)$$

のように近似する方法である．いずれの方法も時間について 2 次精度である．バーガース方程式中の空間 2 階微分を 2 次の中心差分で近似すると，これらの

方法は，拡散項の空間 2 階微分を

$$\frac{\partial^2 u}{\partial x^2}=\frac{1}{2}\left\{\frac{u_{j+1,n+1}-2u_{j,n+1}+u_{j-1,n+1}}{h^2}+\frac{u_{j+1,n}-2u_{j,n}+u_{j-1,n}}{h^2}\right\} \tag{7.26}$$

と表し，非線形項を

$$u\frac{\partial u}{\partial x}=\frac{1}{2}\left\{3u_{j,n}\frac{u_{j+1,n}-u_{j-1,n}}{2h}-u_{j,n-1}\frac{u_{j+1,n-1}-u_{j-1,n-1}}{2h}\right\} \tag{7.27}$$

とおいて，式 (7.25) の左辺の時間微分をオイラーの前進差分 $(u_{j,n+1}-u_{j,n})/k$ で近似することと同等となる．式 (7.25) にアダムス・バッシュフォース法とクランク・ニコルソン法の近似を適用した結果得られる差分近似式は

$$\begin{aligned}&\frac{u_{j,n+1}-u_{j,n}}{k}\\&\quad=-\frac{1}{2}\left\{3u_{j,n}\frac{u_{j+1,n}-u_{j-1,n}}{2h}-u_{j,n-1}\frac{u_{j+1,n-1}-u_{j-1,n-1}}{2h}\right\}\\&\qquad+\frac{\mu}{2}\left\{\frac{u_{j+1,n+1}-2u_{j,n+1}+u_{j-1,n+1}}{h^2}+\frac{u_{j+1,n}-2u_{j,n}+u_{j-1,n}}{h^2}\right\}\end{aligned} \tag{7.28}$$

となる．近似式 (7.28) では時刻 $t=(n+1)k$ での関数の値 $u_{j,n+1}$ が，3 つの時刻 $t=(n-1)k,\ nk,\ (n+1)k$ における関数の値で表されており，各 $x=jh$ における関数値 $u_{j,n+1}$ について独立に計算できる形には表されておらず，$u_{j,n+1}$ $(j=1,2,\cdots,M-1)$ の連立方程式になる．このような数値解法を**陰解法**という．式 (7.28) を $u_{j+1,n+1}$, $u_{j,n+1}$, $u_{j-1,n+1}$ について整理すると

$$\begin{aligned}&pu_{j+1,n+1}+qu_{j,n+1}+pu_{j-1,n+1}=b_{j,n},\\&\qquad p=-\frac{\mu k}{2h^2},\quad q=1+\frac{\mu k}{h^2},\end{aligned}$$

$$b_{j,n} = u_{j,n} - \frac{k}{4h}\{3u_{j,n}(u_{j+1,n} - u_{j-1,n}) - u_{j,n-1}(u_{j+1,n-1} - u_{j-1,n-1})\}$$
$$+ \frac{\mu k}{2h^2}(u_{j+1,n} - 2u_{j,n} + u_{j-1,n}) \tag{7.29}$$

となる．$\boldsymbol{u}_n = {}^t[u_{1,n}, u_{2,n}, \cdots, u_{M-1,n}]$, $\boldsymbol{b}_n = {}^t[b_{1,n}, b_{2,n}, \cdots, b_{M-1,n}]$ とおいて，式 (7.29) を行列の形に書くと

$$A\boldsymbol{u}_{n+1} = \boldsymbol{b}_n \tag{7.30}$$

となる．ここで，A は 3 重対角対称行列であり

$$A = \begin{bmatrix} q & p & & & 0 \\ p & q & p & & \\ & \ddots & \ddots & \ddots & \\ & & \ddots & \ddots & p \\ 0 & & & p & q \end{bmatrix} \tag{7.31}$$

である．したがって，$\boldsymbol{u}_{n+1}$ は

$$\boldsymbol{u}_{n+1} = A^{-1}\boldsymbol{b}_n \tag{7.32}$$

より，求められる．行列 A は定数行列なので最初に一度だけ逆行列 A^{-1} を求めて，計算機内に記憶しておけばその後は計算をする必要はない．式 (7.30) の右辺の $\boldsymbol{b}_n$ は時刻 $t = (n-1)k$ と $t = nk$ における関数値 $\boldsymbol{u}_{n-1}$ と $\boldsymbol{u}_n$ の関数なので，最初の 1 ステップすなわち $t = k$ における関数値 $\boldsymbol{u}_1$ の計算はアダムス・バッシュフォース法の代わりに単純に中心差分を用いる．

連立 1 次方程式 (7.30) を解くとき，行列 A は対称 3 重対角行列なので，逆行列 A^{-1} はガウスの消去法によっても容易に求められるが，特に式 (7.31) で表される行列が $(2^m - 1) \times (2^m - 1)$ 行列のときには，A の逆行列を計算することなく，もっと簡単に連立 1 次方程式 (7.30) を解くことができる（2.3 節および第 5 章参照）．この方程式で，係数 p, q, $b_{j,n}$ をそれぞれ p_0, q_0, $b_{0,j}$ とおくと，$j-1$, j, $j+1$ 行目は

$$\left.\begin{aligned} p_0u_{j,n+1} + q_0u_{j-1,n+1} + p_0u_{j-2,n+1} &= b_{0,j-1}, \\ p_0u_{j+1,n+1} + q_0u_{j,n+1} + p_0u_{j-1,n+1} &= b_{0,j}, \\ p_0u_{j+2,n+1} + q_0u_{j+1,n+1} + p_0u_{j,n+1} &= b_{0,j+1} \end{aligned}\right\} \tag{7.33}$$

と書ける．(7.33) における第 1 式と第 3 式に $-p_0$ をかけ，第 2 式に q_0 をかけて，これら 3 式を加えると

$$p_1 u_{j+2,n+1} + q_1 u_{j,n+1} + p_1 u_{j-2,n+1} = b_{1,j} \tag{7.34}$$

となる．ここで

$$p_1 = -p_0^2, \quad q_1 = q_0^2 - 2p_0^2, \quad b_{1,j} = q_0 b_{0,j} - p_0(b_{0,j-1} + b_{0,j+1}) \tag{7.35}$$

とおいた．この操作を $m-1$ 回くり返すと

$$p_{m-1} u_{j+2^{m-1},n+1} + q_{m-1} u_{j,n+1} + p_{m-1} u_{j-2^{m-1},n+1} = b_{m-1,j} \tag{7.36}$$

が得られる．ここで，p_{m-1}, q_{m-1}, $b_{m-1,j}$ の計算には漸化式

$$\left.\begin{aligned} & p_{m-1} = -p_{m-2}^2, \quad q_{m-1} = q_{m-2}^2 - 2p_{m-2}^2, \\ & b_{m-1,j} = q_{m-2} b_{m-2,j} - p_{m-2}\big(b_{m-2,j-2^{m-2}} + b_{m-2,j+2^{m-2}}\big) \end{aligned}\right\} \tag{7.37}$$

を用いる．式 (7.36) において，$j = 2^{m-1}$ を考えると，$u_{j-2^{m-1},n+1} = u_{0,n+1}$ と $u_{j+2^{m-1},n+1} = u_{2^m,n+1}$ が境界条件により与えられているので，$j=0$ と $j=2^m$ の中点 $j=2^{m-1}$ での関数値 $u_{2^{m-1},n+1}$ について直接に計算することができる．また，$j=0$ と $j=2^{m-1}$ の中点 $j=2^{m-2}$ での関数値 $u_{2^{m-2},n+1}$ についても同様に計算できるので，これをくり返すとすべての点についてその関数値が順次計算できる．

例題 2

バーガース方程式

$$\frac{\partial u}{\partial t} = -u\frac{\partial u}{\partial x} + \mu\frac{\partial^2 u}{\partial x^2}$$

を差分近似により，$x=[0,1]$ の範囲で，時刻 $t=0$ から 2 まで数値計算せよ．ただし，境界条件は $u(0,t)=0$, $u(1,t)=0$ とし，初期条件を $0 \le x \le 1$ で $u(x,0) = \sin 2\pi x$，拡散係数を $\mu = 0.01$ とする．また，数値計算において，拡散項をクランク・ニコルソン法で近似し，非線形項をアダムス・バッシュフォース法で近似すること．

解答　計算領域 $x=[0,1]$ を M 等分し，差分間隔を $h=1/M$ とおいて，与えられた微分方程式を差分法により $x=[0,1]$ の範囲で数値的に解く．ここでは，$M=128$ の場合について数値計算を行う．時間間隔を $k=0.01$ とする．時間積分においては，拡散項をクランク・ニコルソン法，非線形項をアダムス・

バッシュフォース法で近似し，空間微分を2次の中心差分で近似すると式 (7.28) となる．式 (7.28) より $u_{j,n}$ を順次 $n = 1, 2, \cdots, 200$ まで計算し，このようにして得られた数値解をグラフに表すと，図7.3のようになる．この図において，20ステップ，すなわち，$t = 0.2$ ごとに関数 $u(x, t)$ をグラフに表している． ■

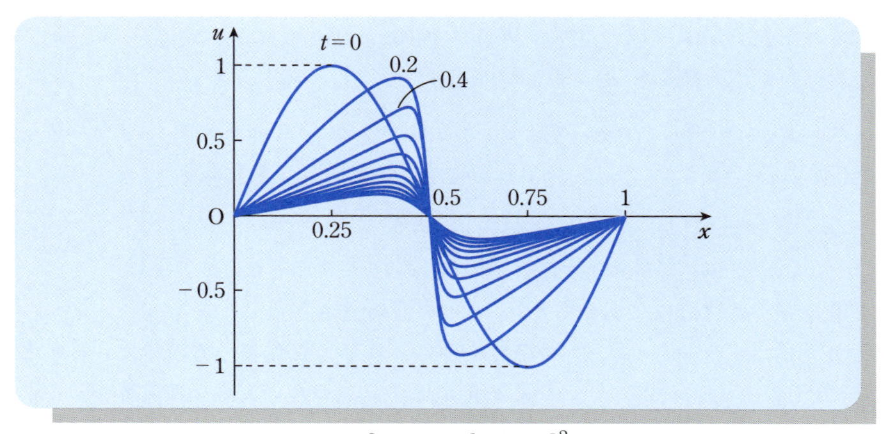

図 7.3　バーガース方程式 $\dfrac{\partial u}{\partial t} = -u\dfrac{\partial u}{\partial x} + \mu\dfrac{\partial^2 u}{\partial x^2}$ の数値解．$\mu = 0.01$．
初期条件は $u(x, 0) = \sin 2\pi x$．分割数は $M = 128$．
時刻 t は上から $t = 0, 0.2, \cdots, 2.0$．

7.3　双曲型偏微分方程式

双曲型偏微分方程式の代表として，次の1次元波動方程式の初期値問題を考える．

$$\frac{\partial^2 u}{\partial t^2} = c^2\frac{\partial^2 u}{\partial x^2}. \qquad (7.38)$$

ここで，c は正の定数であり，関数 $u(x, t)$ は $x = [0, 1]$ の範囲で定義されているものとする．波動方程式 (7.38) の境界条件としては，周期境界条件[*2]やノイマン条件などもよくとり扱われるが，ここでは境界 $x = 0$ および 1 では関数 $u(x, t)$ に対してディリクレ条件

*2) 境界点 $x = 0$ と $x = 1$ で周期境界条件は $u(0, t) = u(1, t)$ および $\partial u(0, t)/\partial x = \partial u(1, t)/\partial x$ で与えられる．

$$u(0,t) = 0, \quad u(1,t) = 0 \tag{7.39}$$

が課せられているものとする．方程式 (7.38) は時間について 2 階微分方程式であるから，初期条件は $u(x,0)$ と $\partial u(x,0)/\partial t$ について与える必要がある．ここでは，初期条件を

$$u(x,0) = f(x), \quad \frac{\partial u}{\partial t}(x,0) = g(x) \tag{7.40}$$

であるとする．初期条件も境界では境界条件 $f(0) = 0$, $f(1) = 0$ および $g(0) = 0, g(1) = 0$ を満たしているとしておく．

境界条件 (7.39) および初期条件 (7.40) を満たす，方程式 (7.38) の解を初期値問題として解くとき，方程式 (7.38) を**初期値・境界値問題**として解くという．波動方程式 (7.38) は線形方程式なので，求積法により解が簡単に求められる．したがって，この問題を数値的に解く前に，求積法による解法を説明しておく．求積法にもいくつかあるが，ここでは**ダランベールの解** (d'Alembert's solution) を紹介する．波動方程式の一般解は

$$u(x,t) = F(x-ct) + G(x+ct) \tag{7.41}$$

と表される（参考文献 [13] 第 6 章）．この解 (7.41) が方程式 (7.38) の解であることは，次のようにして確かめることができる．解 (7.41) の右辺は 2 つの関数 $F(x-ct)$ と $G(x+ct)$ の和で表されている．これら 2 つの関数はそれぞれが方程式 (7.38) の解である．方程式 (7.38) を

$$\left(\frac{\partial}{\partial t} + c\frac{\partial}{\partial x}\right)\left(\frac{\partial}{\partial t} - c\frac{\partial}{\partial x}\right)u(x,t) = 0 \tag{7.42}$$

と書き換える．ここで，新しい変数 $\xi = x - ct$ と $\eta = x + ct$ を導入すれば，式 (7.42) は

$$\frac{\partial^2 u}{\partial \xi \partial \eta} = 0 \tag{7.43}$$

と書き表される．関数 $F(x-ct) = F(\xi)$ と $G(x+ct) = G(\eta)$ はそれぞれ

$$\frac{\partial}{\partial \eta}F(\xi) = 0, \quad \frac{\partial}{\partial \xi}G(\eta) = 0 \tag{7.44}$$

を満たしている．したがって，解 (7.41) は方程式 (7.38) を満たしていることがわかる．すなわち，図 7.4 で示されているように，変数 $\xi = x - ct$ が一定の直線に沿って波の振幅を見れば波の形が変わらずに伝わっていくことがわかり，変数 $\eta = x + ct$ が一定の直線に沿って見ても波の形が変わらずに伝わっていくことがわかる．このような 2 つの直線を**特性曲線** (characteristic curve) とよぶ．図 7.4 において，P_1 点に頂点をもっていた有限幅の波は位相速度 c で x 軸正の方向に伝わり，P_2 点に頂点をもつ波は位相速度 c で x 軸負の方向に伝わる．2 つの有限幅の波が P_3 点で衝突して，そこでは振幅が 2 つの波の振幅の和となって大きな振幅になっている．P_3 点に着目すれば，この点での波の振幅に影響を与えるのは，$t = 0$ における P_1 点と P_2 点の間の波である．この意味で，3 点 $\mathrm{P}_3, \mathrm{P}_1$ と P_2 で囲まれる領域を P_3 点に対する**依存領域**とよぶ．P_3 点での波の振幅は t_2 においては P_4 点と P_5 点の間の波に影響を与えるので，3 点 $\mathrm{P}_3, \mathrm{P}_4$ と P_5 で囲まれる領域を P_3 点の**影響領域**とよぶ．

一般解 (7.41) から，境界条件 (7.39) および初期条件 (7.40) を満たす初期値・境界値問題の特解を求める．一般解 (7.41) に初期条件 (7.40) を代入すると

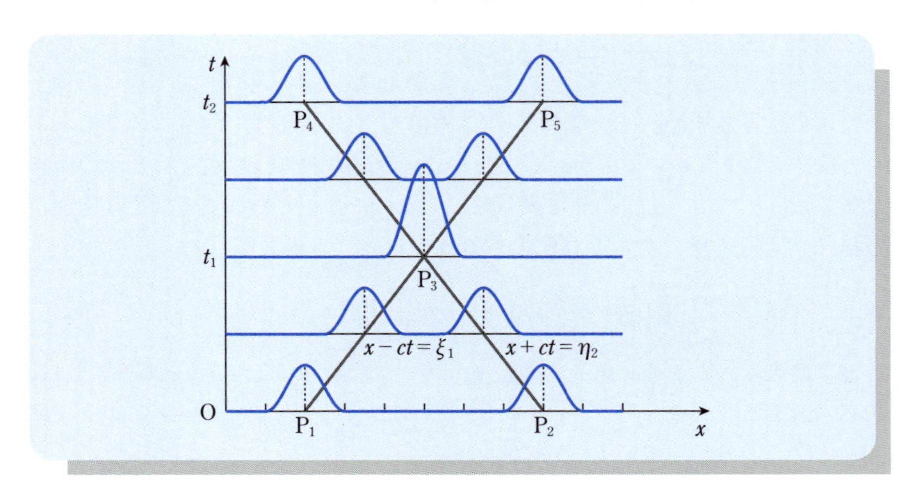

図 7.4 波動の伝播．直線 $\mathrm{P}_1\mathrm{P}_5$: x 軸正方向へ伝播する波の特性曲線 $x - ct = \xi_1$ ($= x_1$ [P_1 点の x 座標])．直線 $\mathrm{P}_2\mathrm{P}_4$: x 軸負方向へ伝播する波の特性曲線 $x + ct = \eta_2$ ($= x_2$ [P_2 点の x 座標])．P_3 点では x 軸正方向と負方向へ伝播する波が重ね合わされて振幅が大きくなっている．

$$F(x) + G(x) = f(x), \tag{7.45}$$

$$F'(x) - G'(x) = -\frac{1}{c}g(x) \tag{7.46}$$

が得られる．式 (7.46) の両辺を x について積分して

$$F(x) - G(x) = -\frac{1}{c}\int_0^x g(x)dx + F(0) - G(0) \tag{7.47}$$

となる．式 (7.45) と (7.47) より，$F(x)$ と $G(x)$ が求まり，それらを式 (7.41) に代入して次のような初期値・境界値問題の特解が得られる*3)．

$$u(x,t) = \frac{1}{2c}\int_{x-ct}^{x+ct} g(x)dx + \frac{1}{2}\{f(x-ct) + f(x+ct)\} \tag{7.48}$$

波動方程式 (7.38) を境界条件 (7.39) および初期条件 (7.40) のもとに差分法により数値的に解く．そのために，$v(x,t) = (1/c)(\partial u/\partial t)$ を導入して，時間 t について 2 階の微分方程式 (7.38) を次のように時間について連立 1 階微分方程式に書き改める．

$$\frac{\partial u}{\partial t} = cv, \quad \frac{\partial v}{\partial t} = c\frac{\partial^2 u}{\partial x^2}. \tag{7.49}$$

区間 $x = [0,1]$ を M 等分し，その分割点を $x_0, x_1, \cdots, x_M$ とする．ここで，$x_0 = 0$, $x_M = 1$ であり，差分間隔 h は $h = 1/M$ である．時間については $t = [0,T]$ の範囲で計算をすることにして，この区間を N 等分する．すなわち，時間間隔 k は $k = T/N$ である．計算領域は熱伝導方程式を数値的に解いたときに示した図 7.1 と同じである．点 $(x_j, t_n) = (jh, nk)$ での関数 $u(x,t)$ の値を $u_{j,n}$ とし，関数 $v(x,t)$ の値を $v_{j,n}$ とする．

連立微分方程式 (7.49) の時間微分 $\partial u/\partial t$ をオイラーの前進差分法で近似し，$\partial v/\partial t$ をオイラーの後退差分で近似する．また，空間 2 階微分 $\partial^2 u/\partial x^2$ を中心差分法で近似すると，差分近似式

$$\left.\begin{aligned} &\frac{1}{k}(u_{j,n+1} - u_{j,n}) = cv_{j,n}, \\ &\frac{1}{k}(v_{j,n+1} - v_{j,n}) = \frac{c}{h^2}(u_{j+1,n+1} - 2\,u_{j,n+1} + u_{j-1,n+1}) \end{aligned}\right\} \tag{7.50}$$

が得られる．式 (7.50) を $u_{j,n+1}$ と $v_{j,n+1}$ について整理すると

*3) $u(x,t)$ の $x = 0, 1$ における境界条件 (7.39) は，関数 $f(x)$ と $g(x)$ が $x = 0$ と $x = 1$ において反対称関数であると仮定することにより満たされる．

$$\left.\begin{aligned} u_{j,n+1} &= u_{j,n} + ckv_{j,n} \\ v_{j,n+1} &= v_{j,n} + \frac{ck}{h^2}(u_{j+1,n+1} - 2\,u_{j,n+1} + u_{j-1,n+1}) \end{aligned}\right\} \tag{7.51}$$

となる．初期条件は式 (7.40) より，$u_{j,0} = f(jh,0)$, $v_{j,0} = g(jh,0)/c$ である．これらの初期値から差分近似式 (7.51) に従って順次 $u_{j,n}$ と $v_{j,n}$ ($n = 1,2,\cdots,N$) を計算する．式 (7.49) の時間微分 $\partial u/\partial t$ をオイラーの前進差分法で近似し，$\partial v/\partial t$ をオイラーの後退差分で近似した理由は次に説明する数値解法の安定性を高めるためである．これら2つの時間微分をともにオイラーの前進差分で近似すると時間間隔 k を小さくとる必要がある．

差分近似式 (7.51) の数値的安定性について調べる．式 (7.51) から $v_{j,n}, v_{j,n+1}$ を消去すると

$$u_{j,n+2} - 2u_{j,n+1} + u_{j,n} = \frac{c^2k^2}{h^2}(u_{j+1,n+1} - 2u_{j,n+1} + u_{j-1,n+1}) \tag{7.52}$$

となる．ここで，$u_{j,n}$ に次の離散フーリエ変換を行う．

$$u_{j,n} = \sum_{m=1}^{M} \widetilde{u}_{m,n} \exp(i2\pi jm/M). \tag{7.53}$$

式 (7.53) における $\widetilde{u}_{m,n}$ は $u_{j,n}$ に対する**離散フーリエ係数**とよばれる．

この変換により，式 (7.52) は次のようになる．

$$\begin{aligned} &\sum_{m=1}^{M} (\widetilde{u}_{m,n+2} - 2\,\widetilde{u}_{m,n+1} + \widetilde{u}_{m,n})e^{i2\pi jm/M} \\ &\quad = \frac{c^2k^2}{h^2}\sum_{m=1}^{M} \widetilde{u}_{m,n+1}(e^{i2\pi(j+1)m/M} - 2e^{i2\pi jm/M} + e^{i2\pi(j-1)m/M}) \end{aligned} \tag{7.54}$$

両辺に $\exp(-i2\pi jm'/M)$ をかけて j について和をとると，次式が得られる*4)．

$$\widetilde{u}_{m,n+2} - 2\,\widetilde{u}_{m,n+1} + \widetilde{u}_{m,n} = -4\frac{c^2k^2}{h^2}\widetilde{u}_{m,n+1}\sin^2(\pi m/M). \tag{7.55}$$

式 (7.55) の解として，$\widetilde{u}_{m,n} = \widehat{u}_m e^{in\omega}$ を仮定する．ここで，ω の実数部 ω_{r} は振動数を表し，虚数部 ω_{i} は減衰率を表す．したがって，ω が実数であれば

---

*4) $\sum_{j=1}^{M} e^{i2\pi jm/M} e^{-i2\pi jm'/M} = M\delta_{mm'}$ を用いる．

数値解法 (7.51) は安定であるが，$\omega_{\mathrm{i}} < 0$ となれば $\widetilde{u_{m,n}}$ が時間とともに指数関数的に増大するので不安定である．式 (7.55) から

$$\sin^2 \frac{\omega}{2} = \frac{c^2 k^2}{h^2} \sin^2 \frac{\pi m}{M} \tag{7.56}$$

が導かれる．方程式 (7.56) は右辺の絶対値が 1 よりも小さいとき，ω の実数解をもつので，任意の m の値に対して数値解 $\widetilde{u_{m,n}}$ が安定である条件，すなわち差分近似解法 (7.51) が数値的に安定である条件として

$$\frac{ck}{h} \leq 1 \tag{7.57}$$

が求められる．この条件 (7.57) は**クーラン・フリードリックス・レウィの条件** (Courant-Friedrichs-Lewy condition, CFL condition) とよばれる．

例題 3

波動方程式

$$\frac{\partial^2 u}{\partial t^2} = c^2 \frac{\partial^2 u}{\partial x^2}$$

を差分近似により，$x = [0, 1]$ の範囲で，時刻 $t = 0$ から 0.4 まで数値計算せよ．ただし，境界条件は $u(0, t) = 0$, $u(1, t) = 0$ とし，初期条件を

$$u(x, 0) = \begin{cases} \dfrac{1}{2} \cos 8\pi(x - 1/2) + \dfrac{1}{2} & (3/8 \leq x \leq 5/8) \\ 0 & (0 \leq x \leq 3/8,\ 5/8 < x \leq 1) \end{cases}$$

$0 \leq x \leq 1$ で $\dfrac{\partial u}{\partial t}(x, 0) = 0$ とする．また，波の位相速度を $c = 1$ とする．

解答 計算領域 $x = [0, 1]$ を M 等分し，差分間隔を $h = 1/M$ とおいて，与えられた微分方程式を差分法により $x = [0, 1]$ の範囲で数値的に解く．ここでは，$M = 160$ の場合について数値計算を行う．時間間隔を $k = 0.00625$ とする．$v = (1/c)\partial u/\partial t$ とおき，時間微分を前進オイラー法，空間微分を中心差分法で近似すると式 (7.51) となるので，この式より $u_{j,n}$ と $v_{j,n}$ を順次 $n = 1$, 2, $\cdots$, 64 まで計算し，得られた数値解をグラフに表すと，図 7.5 のようになる．この図では，16 ステップすなわち $t = 0.1$ ごとに関数 $u(x, t)$ の形が描かれている． ■

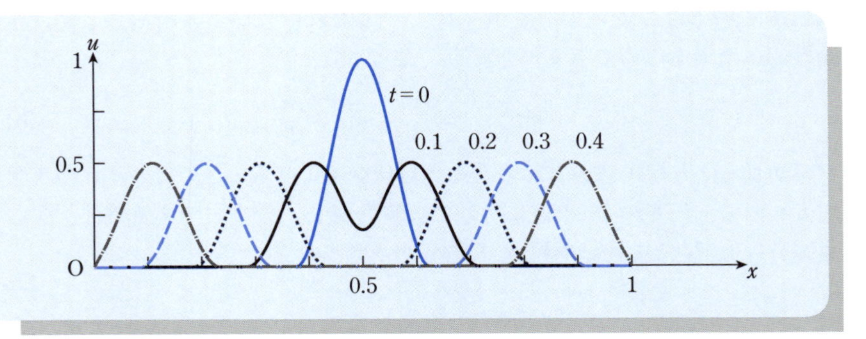

図 7.5　波動方程式 $\dfrac{\partial^2 u}{\partial t^2} = c^2 \dfrac{\partial^2 u}{\partial x^2}$ の数値解．$c = 1$．初期条件は $u(x,0) = \cos 8\pi(x - 1/2)$　$(3/8 \le x \le 5/8)$, $u(x,0) = 0$　$(0 \le x \le 3/8,\ 5/8 \le x \le 1)$, $(\partial u/\partial t)(x,0) = 0$ $(0 \le x \le 1)$．分割数は $M = 160$．時間間隔 k は $k = 0.00625$，時刻 t は $t = 0,\ 0.1,\ 0.2,\ 0.3,\ 0.4$．

7.4　楕円型偏微分方程式

楕円型偏微分方程式の代表として，次のポアソン方程式の境界値問題を考える．

$$\frac{\partial^2 u}{\partial x^2} + \frac{\partial^2 u}{\partial y^2} = f(x,y). \tag{7.58}$$

関数 $u(x,y)$ は $x = [0,1]$, $y = [0,1]$ の領域で定義されているものとする．ポアソン方程式 (7.58) の境界条件として，周期境界条件を考えると周期条件が課せられた座標についてフーリエ級数展開が可能となり求積解も数値解も容易に解けることになる．例えば，$y = 0$ と 1 について周期境界条件 $u(x,0) = u(x,1)$ および $\partial u(x,0)/\partial y = \partial u(x,1)/\partial y$ が課せられるとする．このとき，$u(x,y)$ をフーリエ級数展開することが可能であり

$$u(x,y) = \sum_{n=-N}^{N} \widetilde{u}_n(x) \exp(i2\pi ny) \tag{7.59}$$

と表せる．ただし，有限項の展開で $u(x,y)$ を近似できるものとして，展開を $2N+1$ 項で打ち切った．式 (7.58) 右辺の $f(x,y)$ も同様にフーリエ級数展開する．

$$f(x,y) = \sum_{n=-N}^{N} \widetilde{f}_n(x) \exp(i2\pi ny) \tag{7.60}$$

これらの展開式 (7.59) と (7.60) をポアソン方程式に代入して

$$\sum_{n=-N}^{N} \left(\frac{d^2 \widetilde{u}_n}{dx^2} - 4\pi^2 n^2 \widetilde{u}_n \right) \exp(i2\pi ny) = \sum_{n=-N}^{N} \widetilde{f}_n \exp(i2\pi ny) \tag{7.61}$$

が得られる．式 (7.61) の両辺に $\exp(-i2\pi ny)$ をかけて，両辺を y について $0 \leq y \leq 1$ の範囲で積分すると

$$\frac{d^2 \widetilde{u}_n}{dx^2} = 4\pi^2 n^2 \widetilde{u}_n + \widetilde{f}_n \tag{7.62}$$

となる．$x = [0,1]$ を M 等分し，$x = ih$ $(h = 1/N)$ における $\widetilde{u}_n(x)$ の値を $\widetilde{u}_{n,i}$ とおく．式 (7.62) の左辺の x についての 2 階微分を中心差分で近似すると

$$\left. \begin{array}{l} p\,\widetilde{u}_{n,i+1} - q\,\widetilde{u}_{n,i} + p\,\widetilde{u}_{n,i-1} = \widetilde{f}_n, \\ p = \dfrac{1}{h^2}, \quad q = \dfrac{2}{h^2} - 4\pi^2 n^2 \end{array} \right\} \tag{7.63}$$

となる．式 (7.63) は式 (7.29) と同様に係数行列が 3 重対角対称行列の形をしているので，式 (7.29) の解法と同じ解法で効率よく正確に解くことができる．

ポアソン方程式 (7.58) の境界条件として，ノイマン条件もよくとり扱われるが，ここでは境界 $x = 0$ と 1 および $y = 0$ と 1，すなわち計算領域の全境界において関数 $u(x,y)$ の値が指定されるディリクレ条件

$$\left. \begin{array}{lll} u(0,y) = 0, & u(1,y) = 0 & (0 \leq x \leq 1), \\ u(x,0) = 0, & u(x,1) = 0 & (0 \leq y \leq 1) \end{array} \right\} \tag{7.64}$$

が課せられているものとする．式 (7.64) では，簡単のため境界ですべて $u(x,y) = 0$ とおいたが，境界での関数値 $u(x,y)$ が与えられているときには，境界条件を満たす適当な関数 $v(x,y)$ を見つけて，$u(x,y) - v(x,y)$ を新たに未知関数 $u(x,y)$ とみなせば，境界条件は式 (7.64) となるので，境界条件を式 (7.64) のようにおいても一般性を失わない．ポアソン方程式を境界条件 (7.64) のもとに求積法により求めるのは難しいので，解析的に解を求めようとするときは，級数展開法などを用いる（参考文献 [14] 第 10 章）．

差分法により，ポアソン方程式 (7.58) をディリクレ境界条件 (7.64) のもとに

数値的に解くことを考える．計算領域 $0 \le x \le 1,\ 0 \le y \le 1$ を x 方向にも y 方向にも M 等分し，格子状に分割した分割点 $(x,y)=(ih,jh)$ $(h=1/M)$ における関数 $u(x,y)$ と $f(x,y)$ の値をそれぞれ $u_{i,j}$ および $f_{i,j}$ とおく．式 (7.58) の左辺における x についての 2 階微分と y についての 2 階微分をともに中心差分で近似すると，差分式

$$\frac{u_{i+1,j}-2\,u_{i,j}+u_{i-1,j}}{h^2}+\frac{u_{i,j+1}-2\,u_{i,j}+u_{i,j-1}}{h^2}=f_{i,j} \qquad (7.65)$$

が得られる．差分近似式 (7.65) をガウス・ザイデル法（5.5.1 項参照），すなわち，適当な初期推測値 $u_{i,j}^{(0)}$ を決めて，漸化式

$$u_{i,j}^{(k+1)}=\frac{1}{4}\left(u_{i-1,j}^{(k+1)}+u_{i,j-1}^{(k+1)}+u_{i+1,j}^{(k)}+u_{i,j+1}^{(k)}-h^2 f_{i,j}\right) \qquad (7.66)$$

により逐次代入法を用いて解 $u_{i,j}$ を計算する．ここで，$u_{i,j}^{(k)}$ は k 回目に得られた逐次近似解を表しており，逐次計算はすべての i,j のついて $u_{i,j}^{(k+1)}-u_{i,j}^{(k)}$ の最大値がある決められた値 ε よりも小さくなったとき，収束したと判定してそのときの近似解 $u_{i,j}^{(k+1)}$ を解 $u_{i,j}$ とする．あるいは，式 (7.66) を書き換えて，次のように SOR 法（5.5.2 項参照）を用いることもある．

$$u_{i,j}^{(k+1)}=u_{i,j}^{(k)}+\frac{\omega}{4}\left(u_{i-1,j}^{(k+1)}+u_{i,j-1}^{(k+1)}+u_{i+1,j}^{(k)}+u_{i,j+1}^{(k)}-h^2 f_{i,j}-4u_{i,j}^{(k)}\right). \qquad (7.67)$$

ここで，ω は加速係数とよばれる定数であり，普通は $\omega=1.2$ 程度にとられるが，問題によってはもっと大きな値をとることにより速く収束するようにできる．あるいは，1 以下でないと収束しない場合もある．

例題 4

次のポアソン方程式

$$\frac{\partial^2 u}{\partial x^2}+\frac{\partial^2 u}{\partial y^2}=-5\pi^2\sin\pi x\sin 2\pi y \quad (0<x<1,\ 0<y<1)$$

を境界条件

$$u(x,0)=u(x,1)=0 \quad (0\le x\le 1),\ u(0,y)=u(1,y)=0 \quad (0\le y\le 1)$$

のもとで SOR 法により数値的に解け．

解答　与えられた方程式と境界条件を見て，求積解は

$$u(x, y) = \sin \pi x \sin 2\pi y$$

であることはすぐにわかる．この問題を差分法により数値的に解くために，領域 $0 \leq x \leq 1$, $0 \leq y \leq 1$ を x 方向にも y 方向にも M 等分して，分割点を $(x, y) = (ih, jh)$ とおき，その点での関数値を $u(ih, jh) = u_{i,j}$ とする．x, y についての 2 階微分を中心差分で近似し，SOR 法を用いると式 (7.67) が得られる．この式を数値的に解くと，解曲面 $u(x, y)$ の $x = 1/2$ における断面 $u(1/2, y)$ は図 7.6 のようになる．ここで，初期値には全領域で $u(x, y) = 0$ ととり，分割数 M は 40 にとった．加速係数 ω は $\omega = 1.4$ として計算したところ，およそ 120 回のくり返し計算で求積解に一致する近似解が得られた．図 7.6 で —— はくり返し回数 30 回目の近似解，······· は 60 回目，– – – は 90 回目，–·–·– は 120 回目の近似解である．■

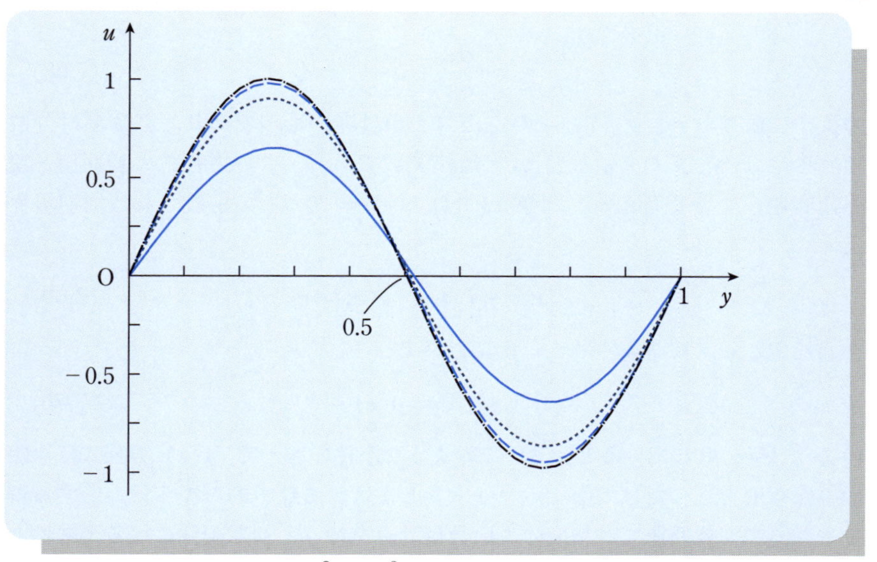

図 7.6　ポアソン方程式 $\dfrac{\partial^2 u}{\partial x^2} + \dfrac{\partial^2 u}{\partial y^2} = -5\pi^2 \sin \pi x \sin 2\pi y$ の SOR 法による数値解（解曲面 $u(x, y)$ の $x = 1/2$ における断面 $u(1/2, y)$）．境界条件は $u(x, 0) = u(x, 1) = 0$ $(0 \leq x \leq 1)$, $u(0, y) = u(1, y) = 0$ $(0 \leq y \leq 1)$．分割数は x, y 方向ともに $M = 40$．加速係数 ω は $\omega = 1.4$．—— ：くり返し回数 30 回目の近似解．······· ：60 回目．– – – ：90 回目．–·–·– ：120 回目．

7.5　擬スペクトル法

これまで用いてきた差分近似解法では，線形偏微分方程式だけでなく，バーガース方程式 (7.25) のような非線形偏微分方程式も同様に数値計算を行うことが可能である．しかし，差分法を用いて非線形偏微分方程式を長時間にわたって数値的に解くと，たとえ小さな差分誤差であってもその誤差が累積して，やがて数値不安定性を生じて数値解が発散し，計算を継続できない場合もある．ここでは，無限個の保存則をもち，長時間の時間積分を行うためには精度のよい近似法を必要とする非線形偏微分方程式の例として **KdV**（コルトヴェーグ－ド・フリース，Korteweg–de Vries）**方程式**を取り上げて，高精度な数値計算法である擬スペクトル法を紹介する．KdV 方程式は α と β を定数として

$$\frac{\partial u}{\partial t} + \alpha u \frac{\partial u}{\partial x} + \beta \frac{\partial^3 u}{\partial x^3} = 0 \tag{7.68}$$

のように表される．式 (7.68) の左辺第 2 項は非線形項であり，第 3 項は分散項とよばれる．また，$u(x,t)$ は実数値関数である．この方程式の初期値・境界値問題について考える．関数 $u(x,t)$ は $x = [0, L]$ で定義され，周期境界条件

$$u(x+L, t) = u(x,t) \tag{7.69}$$

を満たすとし，初期条件は $t = 0$ において

$$u(x,0) = g(x) \tag{7.70}$$

のように与えられているとする．このような条件のもとで，KdV 方程式は無限個の保存則をもつだけでなく，ソリトンとよばれる粒子的な振る舞いをする解をもち，初期値問題では精度のよい数値計算を行うと初期条件に戻る再帰性という性質が期待される（参考文献 [21] 第 5 章，[22] 参照）．

KdV 方程式を周期境界条件のもとで数値的に解くために，$u(x,t)$ を離散フーリエ級数 (2.113) を用いて

$$u(x,t) = \sum_{k=-N/2}^{N/2} \widetilde{u}_k(t) e^{i\omega_k x}, \quad \omega_k = k\omega = \frac{2\pi k}{L} \tag{7.71}$$

と表す．さらに，N を偶数として $u(x,t)$ の定義域 $0 \leq x \leq L$ を N 等分し，その分割点 $x_0 = 0, x_1, \cdots, x_N = L$ を選点（コロケーション点，collocation point）とし，点 $x_j = (L/N)j$ $(j = 0, 1, \cdots, N-1)$ における $u(x_j, t)$ の値を $u_j(t)$ とする．このとき，

$$\widehat{u}_k = \begin{cases} \widetilde{u}_k & (0 \leq k \leq N/2 - 1) \\ 2\widetilde{u}_k & (k = N/2) \\ \widetilde{u}_{k-N} & (N/2 + 1 \leq k \leq N - 1) \end{cases} \tag{7.72}$$

と定義すると，2.5.2 項および 2.5.3 項で学んだように，$\widehat{u}_k$ $(k = 0, 1, \cdots, N-1)$ は N 自由度をもつ N 次離散フーリエ変換 (2.5.3 項 (2.119))

$$\widehat{u}_k = \frac{1}{N} \sum_{j=0}^{N-1} u_j e^{-i2\pi kj/N} \quad (k = 0, 1, \cdots, N-1) \tag{7.73}$$

で表され，u_j も N 次逆離散フーリエ変換 (同 (2.118))

$$u_j = \sum_{k=0}^{N-1} \widehat{u}_k e^{i2\pi kj/N} \quad (j = 0, 1, \cdots, N-1) \tag{7.74}$$

で表される．ここで，式 (7.73) での $\widehat{u}_k$ の定義をすべての整数 k に拡張すると，$\widehat{u}_{N-k} = \widehat{u}_k^*$（$\widehat{u}_k^*$ は $\widehat{u}_k$ の複素共役数），$\widehat{u}_0 = \widehat{u}_N = \sum_{j=0}^{N-1} u_j$ であり，ともに実数である．また，$\widehat{u}_{N/2} = \widehat{u}_{-N/2} = \sum_{j=0}^{N-1} (-1)^j u_j$ も実数となる．したがって，$\widehat{u}_k$ $(k = 0, 1, \cdots, N-1)$ がもつ自由度は N であることがわかる．$\widehat{u}_k$ は任意の整数 l について $\widehat{u}_{k+lN} = \widehat{u}_k$ という周期を N とする周期性をもつ．この周期性は複素フーリエ級数展開 (2.98) の係数 c_k にはない性質である．波数 $k_l = k + lN$ が $\exp(ik_l \omega x_j) = \exp(ik\omega x_j)$ を満たし選点 x_j 上で波数 k と区別つかなくなることを**エイリアシング**という（参考文献 [23] 参照）．また $u(x,t)$ を N 個の選点での値 u_j を用いて，式 (7.71) のように表したときの誤差 $\mathcal{E}_N$ は

$$u(x,t) = \sum_{k=-\infty}^{\infty} c_k(t) e^{i\omega_k x}, \quad \omega_k = k\omega = \frac{2\pi k}{L}$$

で定義される c_k を用いて，

$$\mathcal{E}_N = \sum_{|k|>N/2} |c_k e^{i2\pi kx/L}| \leq \sum_{|k|>N/2} |c_k| \tag{7.75}$$

と評価される．したがって，微分方程式 (7.68) の解 $u(x,t)$ を離散フーリエ級数 (7.71) に展開したとき，ε を許容誤差限界として $\mathcal{E}_N < \varepsilon$ であれば，式 (7.71) で表される $u(x,t)$ は複素フーリエ級数展開のよい近似となる*5)．

差分法では，離散化した変数 u_j のみを用いて数値計算を行うので，その微分は差分近似式で表される．しかし，離散フーリエ展開を用いた計算法では，離散点 $x_j = (L/N)j$ 以外の点での $u(x,t)$ の値も式 (7.71) のように表されるので，$u(x,t)$ の x による m 階微分はエイリアシング誤差を除けば厳密に，

$$\frac{\partial^m u}{\partial x^m} = \sum_{k=-N/2}^{N/2} \left(\frac{i2\pi k}{L}\right)^m \widetilde{u}_k e^{i2\pi kx/L} \tag{7.76}$$

と求めることができる．

偏微分方程式 (7.68) を数値的に解くために，展開係数 $\widetilde{u}_k$ $(-N/2 \leq k \leq N/2)$ の発展方程式を導く．ただし，$\widetilde{u}_k$ $(-N/2 \leq k \leq -1)$ は $\widetilde{u}_{-k} = \widetilde{u}_k^*$ の関係より求められるので，実際に発展方程式を数値的に解くのは，$\widetilde{u}_k$ $(k = 0, 1, \cdots, N/2)$ のみである．式 (7.68) に (7.71) を代入し，両辺に $e^{-i2\pi kx/L}$ をかけ，x について 0 から L まで積分すると，$\widetilde{u}_k(t)$ の発展方程式

$$\begin{aligned}\frac{d\widetilde{u}_k(t)}{dt} = &-\alpha \sum_{p=-N/2}^{N/2} \sum_{q=-N/2}^{N/2} \delta_{k,(p+q)} \left(\frac{i2\pi q}{L}\right) \widetilde{u}_p(t)\widetilde{u}_q(t) \\ &-\beta \left(\frac{i2\pi k}{L}\right)^3 \widetilde{u}_k(t) \quad (k = -N/2, \cdots, N/2)\end{aligned} \tag{7.77}$$

が得られる．このように，展開関数に境界条件を満たす直交関数系を用いて展開係数の発展方程式（**ガラーキン方程式**）を解く方法は**ガラーキンスペクトル法**（または，単に**スペクトル法**）とよばれる．スペクトル法は微分を正確に求めることができる点およびエイリアシング誤差を含まない点で優れている．しかし，非線形発展方程式を解くときには，非線形項 $h(x,t) = u(x,t) \cdot \partial u(x,t)/\partial x$ を式 (7.77) の右辺第1項のように，各 k について，p によるたたき込み和とよばれる $O(N)$ 回の積と和の演算を行う必要があり，すべての k について時間微分を計算するには $O(N^2)$ 回の積と和の演算が必要となる．

*5) もし周期関数 $u(x,t)$ が x について無限回微分可能であれば，c_k は $k \to \infty$ で $1/k$ の任意のベキよりも速く 0 に収束する．その結果，$\mathcal{E}_N$ も $N \to \infty$ で $1/N$ の任意のベキよりも速く 0 に収束する．

擬スペクトル法は高速フーリエ変換 (FFT) を活用して，微分を精度よく評価して求めるだけでなく，非線形項 $h(x,t)$ を近似計算するための積と和の演算回数 $O(N^2)$ を $N \gg 1$ のとき $O(N\log_2 N)$ に減らす方法である．ガラーキンスペクトル法では初期条件 $u(x,0)$ が与えられると，$u_j(0)=u(x_j,0)$ から離散フーリエ変換により $\widehat{u}_k$ を計算し，これより展開係数 $\widetilde{u}_k(0)$ $(k=-N/2,\cdots,0,\cdots,N/2)$ を求め，必要とする時間 $t=T$ に達するまで，式 (7.77) を時間積分して $\widetilde{u}_k(t)$ を求め，必要な時刻についてのみ，$u_j(t)$ を計算する．一方，擬スペクトル法では，ある時刻 $t=t_1$ において $\widetilde{u}_k(t_1)$ が求められると，その時刻における各選点での $u_j(t_1)$ と $u'_j=(\partial u/\partial x)(x_j,t_1)$ を計算する．そのときは自由度 M $(>N)$ 個の選点を用いる M 次離散フーリエ変換を行う．$\widetilde{u}_k(t)$ $(k=-N/2,\cdots,0,\cdots,N/2)$ から M 点での u_j $(j=0,1,\cdots,M-1)$ を計算するため，

$$\widehat{v}_k=\begin{cases}\widetilde{u}_k & (k=0,1,\cdots,N/2-1)\\ 0 & (k=N/2,N/2+1,\cdots,M-N/2)\\ \widetilde{u}_{k-M} & (k=M-N/2+1,M-N/2+2,\cdots,M-1)\end{cases} \tag{7.78}$$

として，式 (7.74) で $\widetilde{u}_k$ の代わりに $\widehat{v}_k$ の M 次逆離散フーリエ変換を行い，$u_j=u(x_j,t_1)$ $(x_j=(L/M)j,\ j=0,1,\cdots,M-1)$ を計算する．ここで，$M=N$ として N 個の選点を用いるときは，$\widehat{v}_{N/2}=0$ となることに注意する．同様に

$$\widehat{w}_k=\begin{cases}\dfrac{i2\pi k}{L}\widetilde{u}_k & (k=0,\cdots,N/2-1)\\ 0 & (k=N/2,N/2+1\cdots,M-N/2)\\ \dfrac{i2\pi(k-M)}{L}\widetilde{u}_{k-M} & (k=M-N/2+1,M-N/2+2,\cdots,M-1)\end{cases} \tag{7.79}$$

として，$\widehat{w}_k$ の M 次逆離散フーリエ変換により $u'_j=(\partial u/\partial x)(x_j,t_1)$ $(j=0,1,\cdots,M-1)$ を求める．ただし，ここでも，$M=N$ のときは $\widehat{w}_{N/2}=0$ となる．u_j と u'_j が求められた後に，これらの積 $h_j=u_ju'_j$ $(j=0,1,\cdots,M-1)$ を M 次離散フーリエ変換することにより，$h(x,t_1)=u(x,t_1)\cdot\partial u(x,t_1)/\partial x$ の M 次離散フーリエ係数 $\widehat{H}_k$ $(k=0,1,\cdots,M-1)$ を得る．M 次離散フーリエ係数 $\widehat{H}_k$ から N 次離散フーリエ変換

$$u\frac{\partial u}{\partial x} = \sum_{k=-N/2}^{N/2} \widetilde{h}_k(t)e^{2\pi ikx/L} \tag{7.80}$$

の係数 $\widetilde{h}_k$ $(k = -N/2, -N/2+1, \cdots, N/2)$ を求めるには，

$$\widetilde{h}_k = \begin{cases} \widehat{H}_k & (k = 0, 1, \cdots, N/2) \\ \widehat{H}_{M+k} & (k = -1, -2, \cdots, -N/2) \end{cases} \tag{7.81}$$

とする．ただし，$M = N$ とするときは，$\widetilde{h}_{N/2} = 0$ とおく．このように $\widetilde{h}_k$ $(k = 0, 1, \cdots, N-1)$ を計算すると，$M \geq 3N/2$ のとき，$\widetilde{h}_k$ はエイリアシング誤差（高波数成分による誤差）を含まないことが証明できる（参考文献 [24] 16.3 節参照）．この $\widetilde{h}_k(t)$ を用いて $\widetilde{u}_k(t)$ $(k = -N/2, -N/2+1, \cdots, N/2)$ の発展方程式は

$$\frac{d\widetilde{u}_k(t)}{dt} = -\alpha\widetilde{h}_k - \beta\left(\frac{i2\pi k}{L}\right)^3 \widetilde{u}_k(t) \tag{7.82}$$

のように得られる．しかし，M 次離散フーリエ変換で得られる $\widehat{H}_k$ の中で，$N/2 < k < M - N/2$ の成分の大きさが十分小さいときは，エイリアシング誤差も小さいので，擬スペクトル法では $M = N$ とした N 次離散フーリエ変換を用いて $\widetilde{h}_k(t)$ $(k = -N/2, -N/2+1, \cdots, N/2)$ を近似的に評価する．エイリアシング誤差を含まない M $(\geq 3N/2)$ 次離散フーリエ変換を用いる方法はガラーキンスペクトル法と同等であり，N 次離散フーリエ変換 $(M = N)$ を用いる擬スペクトル法と区別する．

ガラーキンスペクトル法と擬スペクトル法のいずれの方法を用いるにせよ，式 (7.77) あるいは (7.82) の右辺を従属変数 $\widetilde{u}_k$ $(k = -N/2, -N/2+1, \cdots, N/2)$ によって評価できるので，時間積分の方法として例えば 4 次のルンゲ・クッタ法などを用いて数値的に解くと精度の高い数値解が得られる．また，離散フーリエ変換には高速フーリエ変換 (FFT) を用いると速く計算することができる．

例題 5

KdV 方程式 (7.68) を $0 \leq x \leq 2$ の範囲で，$t = 0$ から $16/\pi$ まで，擬スペクトル法を用いて数値的に解け．ただし，初期条件を $u(x, 0) = \cos \pi x$ とし，周期境界条件，すなわち $u(x+2, t) = u(x, t)$ を仮定する．また，係

数を $\alpha = 1, \beta = 0.022^2 = 4.84 \times 10^{-4}$ とする．この条件のもとでザブスキー (Zabusky) とクラスカル (Kruskal) は 1965 年に KdV 方程式を数値的に解き，ソリトンとよばれる粒子的な振る舞いをする解があることを発見した（参考文献 [22] 参照）．

解答　式 (7.68) で $\alpha = 1, \beta = 0.022^2 = 4.84 \times 10^{-4}, L = 2, N = 256$ とし，擬スペクトル法を用いて数値的に解く．離散フーリエ係数 $\widetilde{u}_k$ の時間積分には 4 次のルンゲ・クッタ法を用いる．非線形項の評価には，次数 $M = N = 256$ の離散フーリエ変換と逆離散フーリエ変換を用いる．時間刻み Δt は，式 (7.82) における分散項 $\beta(i2\pi k/L)^3\widetilde{u}_k$ の係数の最大値に Δt をかけた $\beta(i2\pi 128/L)^3\Delta t$ が 1 より小さくなるように $\Delta t = 0.00001$ とする．数値計算結果は図 7.7 のようになる．この図で……は初期条件 $(t = 0)$，-・-・- は $t = 1/\pi$，—— は $t = 16/\pi$ を表している．この問題の差分法による数値計算では，一般に長時間積分が難しいが，擬スペクトル法では長時間積分が可能である．

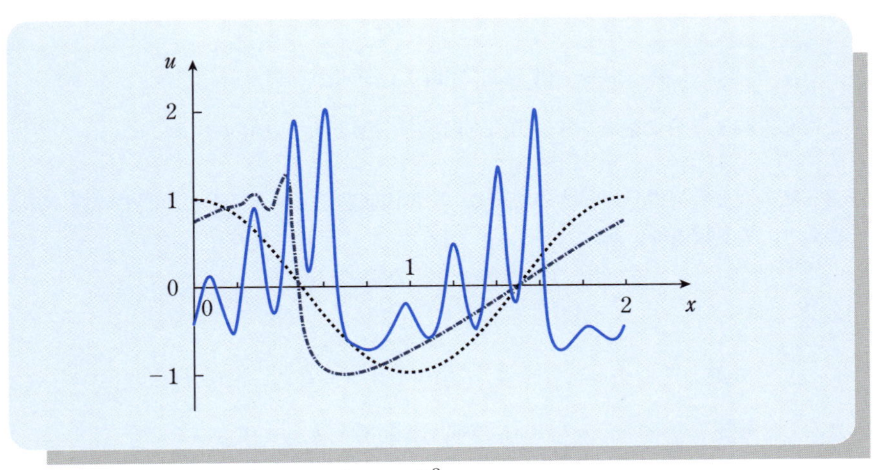

図 7.7　KdV 方程式 $\dfrac{\partial u}{\partial t} + \alpha u\dfrac{\partial u}{\partial x} + \beta\dfrac{\partial^3 u}{\partial x^3} = 0$ の数値解．$0 \leq x \leq 2$，初期条件：$u(x,0) = \cos\pi x$，境界条件：$u(x+2,t) = u(x,t)$, $\alpha = 1$, $\beta = 0.022^2 = 4.84 \times 10^{-4}$．……：初期条件，-・-・-：$t = 1/\pi$，——：$t = 16/\pi$．

第7章の問題

□ **1**　次の偏微分方程式が変数 x, y について与えられた領域において双曲型偏微分方程式，放物型偏微分方程式，楕円型偏微分方程式のいずれであるか調べよ．

(1)　$x^2\dfrac{\partial^2 u}{\partial x^2}+(1-y^2)\dfrac{\partial^2 u}{\partial y^2}=0 \quad (-\infty<x<\infty,\ -1<y<1).$

(2)　$\dfrac{\partial^2 u}{\partial x^2}+2\dfrac{\partial^2 u}{\partial x\partial y}+\dfrac{\partial^2 u}{\partial y^2}=0 \quad (-\infty<x<\infty,\ -\infty<y<\infty).$

(3)　$\dfrac{\partial^2 u}{\partial x\partial y}-\dfrac{\partial u}{\partial x}=0 \quad (-\infty\leq x\leq\infty,\ -\infty\leq y\leq\infty).$

□ **2**　次の放物型偏微分方程式の初期値・境界値問題を $x=[0,4]$ の範囲で時刻 $t=0$ から 10 まで数値的に解け．

$$\frac{\partial u}{\partial t}=0.5\frac{\partial^2 u}{\partial x^2},$$

$$u(x,0)=x(4-x),\quad u(0,t)=0,\quad u(1,t)=0.$$

ただし，時間差分間隔を $k=1.0$，空間差分間隔を $h=1.0$ とすること．

□ **3**　次の双曲型偏微分方程式の初期値・境界値問題を $x=[0,4]$ の範囲で時刻 $t=0$ から 10 まで数値的に解け．

$$\frac{\partial^2 u}{\partial t^2}=2\frac{\partial^2 u}{\partial x^2},$$

$$u(x,0)=x(4-x),\quad \frac{\partial u}{\partial t}(x,0)=0,\quad u(0,t)=u(4,t)=0.$$

ただし，時間差分間隔を $k=0.5$，空間差分間隔を $h=1.0$ とすること．

□ **4**　放物型偏微分方程式 (7.5) を

$$u_{j,n+1}=u_{j,n-1}+\frac{2\kappa k}{h^2}\left\{u_{j-1,n}-(u_{j,n+1}+u_{j,n-1})+u_{j+1,n}\right\}$$

と近似する方法を**デュフォールト・フランケルの解法** (Du Fort-Frankel's method) という．これを用いて第7章の問題2の数値解を求めよ．

□**5** $F(u)$ を u の関数とする1階の偏微分方程式

$$\frac{\partial u}{\partial t}+\frac{\partial F(u)}{\partial x}=0$$

を次のように近似する方法を**ラックス・ベンドロフの解法** (Lax-Wendorff's method) という.

$$u_{j,n+1}=u_{j,n}-\frac{s}{2}(F_{j+1,n}-F_{j-1,n})$$
$$+\frac{s^2}{4}\left\{(F'_{j+1,n}+F'_{j,n})(F_{j+1,n}-F_{j,n})-(F'_{j,n}+F'_{j-1,n})(F_{j,n}-F_{j-1,n})\right\}.$$

ただし，ここで $s=k/h$, $F_{j,n}=F(u_{j,n})$, $F'_{j,n}=F'(u_{j,n})$ である．この方法を方程式

$$\frac{\partial u}{\partial t}+\frac{\partial u}{\partial x}=0$$

に適用し，$x=[0,4]$ の範囲で時刻 $t=0$ から 10 まで数値的に解け．ただし，初期条件を $u(x,0)=x(4-x)$，境界条件を $u(0,t)=0$ とし，時間および空間差分間隔をそれぞれ $k=0.5$, $h=1.0$ とすること．

□**6** ラックス・ベンドロフの解法を，$a_{11},a_{12},a_{21},a_{22}$ を定数とするベクトル形の方程式

$$\frac{\partial}{\partial t}\begin{bmatrix} u \\ v \end{bmatrix}+\frac{\partial}{\partial x}\begin{bmatrix} a_{11}u+a_{12}v \\ a_{21}u+a_{22}v \end{bmatrix}=0$$

に適用すると

$$\boldsymbol{u}_{j,n+1}=\boldsymbol{u}_{j,n}-\frac{s}{2}(\boldsymbol{F}_{j+1,n}-\boldsymbol{F}_{j-1,n})+\frac{s^2}{2}J\left\{(\boldsymbol{F}_{j+1,n}-\boldsymbol{F}_{j,n})-(\boldsymbol{F}_{j,n}-\boldsymbol{F}_{j-1,n})\right\}$$

となる．ただし，ここで

$$J=\begin{bmatrix} a_{11} & a_{12} \\ a_{21} & a_{22} \end{bmatrix},\quad \boldsymbol{F}=\begin{bmatrix} a_{11}u+a_{12}v \\ a_{21}u+a_{22}v \end{bmatrix}$$

である．この解法を双曲型偏微分方程式 (7.38) に適用すると差分式はどのように表せるか．

付　　録

付録では，大切なことがらであるにもかかわらず煩雑さを避けるために本文中で説明を省略したいくつかのテーマについて簡潔に説明を行う．まず，数値計算法にとって必要な微分積分学の基礎的知識として，関数の偶奇性やテイラー展開について説明を行う．最小 2 乗法についてはエッセンスのみを簡略に紹介する．次に，チェビシェフ多項式とルジャンドル多項式の諸公式を，複素関数論などの知識を援用することなく，定義式から直接に初等的な方法で導く．

A　関数の偶奇性

次の性質を満たす関数 $f(x)$ をそれぞれ偶関数，奇関数という．

(1) 偶関数

$$f(x) = f(-x), \quad \frac{df(0)}{dx} = 0. \tag{A.1}$$

(2) 奇関数

$$f(x) = -f(-x), \quad f(0) = 0. \tag{A.2}$$

ただし，ここでは関数 $f(x)$ は微分可能であることを仮定している．

偶関数の微分は奇関数であり，奇関数の微分は偶関数である．また，偶関数の不定積分は積分定数を適当に選ぶと奇関数となり，奇関数の不定積分は偶関数となる．

一般に関数 $f(x)$ は偶関数 $f_e(x)$ と奇関数 $f_o(x)$ の和で表される．偶関数 $f_e(x)$ の集合 F_e を考えると，F_e の任意の元 f_{e1} と f_{e2} に関して和・差・積を定義することができる．すなわち，f_{e1} と f_{e2} の和・差・積はいずれも F_e の元である．しかし，奇関数 $f_o(x)$ の集合 F_o の任意の元 f_{o1} と f_{o2} の和・差を定義することができるが，積は F_o の元ではなく，F_e の元となる．

例題 1

$f(x) = f_e(x) + f_o(x)$ と表されるとき

$$\int_{-a}^{a} f(x)dx$$

を評価せよ.

解答　積分に $f(x) = f_e(x) + f_o(x)$ を代入して

$$\int_{-a}^{a} f(x)dx = \int_{-a}^{a} f_e(x)dx + \int_{-a}^{a} f_o(x)dx.$$

ここで

$$\int_{-a}^{a} f_e(x)dx = 2\int_{0}^{a} f_e(x)dx, \quad \int_{-a}^{a} f_o(x)dx = 0$$

を用いると

$$\int_{-a}^{a} f(x)dx = 2\int_{0}^{a} f_e(x)dx$$

となる. ■

例題 2

$f(x) = f_e(x) + f_o(x)$ と表されるとき

$$\frac{df(0)}{dx}$$

を評価せよ.

解答　微分に $f(x) = f_e(x) + f_o(x)$ を代入して

$$\frac{df(x)}{dx} = \frac{df_e(x)}{dx} + \frac{df_o(x)}{dx}.$$

ここで

$$\frac{df_e(0)}{dx} = 0$$

を用いると

$$\frac{df(0)}{dx} = \frac{df_o(0)}{dx}$$

となる. ■

B テイラー展開（テイラーの公式）

テイラー展開（テイラーの公式）はある1点での関数の性質からその点のまわり(近傍)での関数のふるまいを調べるための方法であり，関数の近似値を求める場合や微分の差分近似を求める場合に用いられ，その応用範囲は非常に広い．また，数学・物理学において摂動を考えるとき，その摂動が小さい($\varepsilon \ll 1$)として，テイラー展開を用いてその摂動のふるまいを調べることがある．

B.1 1次元テイラー展開

ある区間 I で $f(x)$ が，n 階微分可能であるとき，区間 I の内部の点 x_0 のまわりにおけるテイラー展開は次のように表せる．

$$\begin{aligned} f(x) &= f(x_0) + (x-x_0)f'(x_0) + \frac{(x-x_0)^2}{2!}f''(x_0) + \frac{(x-x_0)^3}{3!}f'''(x_0) \\ &\quad + \cdots + \frac{(x-x_0)^{n-1}}{(n-1)!}f^{(n-1)}(x_0) + \frac{(x-x_0)^n}{n!}f^{(n)}(\xi) \\ &= f(x_0) + (x-x_0)f'(x_0) + \frac{(x-x_0)^2}{2!}f''(x_0) + \frac{(x-x_0)^3}{3!}f^3(x_0) \\ &\quad + \cdots + \frac{(x-x_0)^{n-1}}{(n-1)!}f^{(n-1)}(x_0) + O((x-x_0)^n). \end{aligned} \tag{B.1}$$

ただし，$\xi = x_0 + \theta(x-x_0),\ 0 < \theta < 1$ である．また，$O(\varepsilon)$ は $\varepsilon\ (\ll 1)$ について ε と同じ程度あるいはそれよりも小さい量であることを示す．これとは別に o という記号もあり，$o(\varepsilon)$ は $\varepsilon \ll 1$ について ε よりも小さい量であることを示す．

B.2 2次元テイラー展開

ある領域 D で $f(x,y)$ が，x, y について n 階微分可能であるとき領域 D の内部の点 (x_0, y_0) のまわりでのテイラー展開は次のように表される．

$$\begin{aligned} f(x,y) &= f(x_0,y_0) + d\,f(x_0,y_0) + \frac{1}{2!}d^2 f(x_0,y_0) + \cdots \\ &\quad + \frac{1}{(n-1)!}d^{\,n-1}f(x_0,y_0) + \frac{1}{n!}d^{\,n}f(x_0+\theta h, y_0+\theta k). \end{aligned} \tag{B.2}$$

ここで，$h = x - x_0,\ k = y - y_0,\ 0 < \theta < 1$ であり

$$df(x,y)=hf_x(x,y)+kf_y(x,y),$$
$$d^2f(x,y)=h^2f_{xx}(x,y)+2hkf_{xy}(x,y)+k^2f_{yy}(x,y),$$
$$d^nf(x,y)=\left(h\frac{\partial}{\partial x}+k\frac{\partial}{\partial y}\right)^n f(x,y)$$

である．

例題 3

$f(x)=\sin x$ をテイラー展開することにより，$\sin 45^\circ$ の値を求めよ．

解答　$n=2m$ または $2m+1$ $(m=1,2,\cdots)$ のとき，$\sin x$ をテイラー展開すると次式となる．

$$\sin x=x-\frac{x^3}{3!}+\frac{x^5}{5!}-\cdots+(-1)^{m-1}\frac{x^{2m-1}}{(2m-1)!}+\frac{x^n}{n!}\sin\left(\theta x+\frac{n\pi}{2}\right)\quad(0<\theta<1).$$

この式に $45^\circ=\pi/4$ を直接代入しても計算はできるが，テイラー展開はなるべく展開点の近傍で使うほうが効率がよいので，$y=x/4$ とおいて，公式

$$\sin 4y=4\sin y\cos y\ (2\cos^2 y-1)$$

を使うことにする．このときは $\cos x$ のテイラー展開も必要である．ただし，$n=2m+1$ または $2m+2$ とする．

$$\cos x=1-\frac{x^2}{2!}+\frac{x^4}{4!}-\cdots+(-1)^m\frac{x^{2m}}{(2m)!}+\frac{x^2}{n!}\cos\left(\theta x+\frac{n\pi}{2}\right)\quad(0<\theta<1).$$

直接に計算した値，4 倍角の公式を用いた値を正しい値とともに表にすると，次のようになる．□

n	正しい値	直接計算	4 倍角の公式
1		0.70465265	0.70686768
2		0.70714305	0.70710709
3		0.70710647	0.70710707
∞	0.7071067	—	—

例題 4

$e^{i\theta}$ をテイラー展開し，オイラーの関係式 $e^{i\theta}=\cos\theta+i\sin\theta$ が成り立つことを確認せよ．

解答 $e^{i\theta}$ のテイラー展開は次のようになる．

$$e^{i\theta}=\left(1-\frac{\theta^2}{2!}+\frac{\theta^4}{4!}-\cdots\right)+i\left(\theta-\frac{\theta^3}{3!}+\frac{\theta^5}{5!}-\cdots\right)$$
$$=\cos\theta+i\sin\theta.$$

□

例題 5

$f(x,y)=e^{x-y}$ を x,y について 2 項（1 次の項）までテイラー展開せよ．

解答 $f(x,y)=e^{x-y}$ をテイラー展開すると次のようになる．

$$e^{x-y}=1+(x-y)+\frac{1}{2}(x-y)^2e^{\theta(x-y)}$$
$$=1+(x-y)+O(x^2,xy,y^2).$$

□

C 最小 2 乗法

最小 2 乗法というのは変数の組 (x_i,y_i) $(i=0,1,2,\cdots,N)$ が与えられたとき，y_i を x_i の関数と考え，$\alpha_i>0$ $(i=0,1,2,\cdots,N)$ を適当な重みとして

$$S_N=\sum_{i=0}^{N}\alpha_i(f_a(x_i)-y_i)^2 \tag{C.1}$$

が最小となるような最適近似関数 $f_m(x)$ を，適当な関数の集合 $\{f_a(x)\}$ の中から求める方法である．ここで通常は $\alpha_i=1$ ととる．

近似関数 $f_a(x)$ が，適当な関数系 $\Phi_j(x)$ の和

$$f_a(x)=\sum_{j=0}^{M}\beta_j\Phi_j(x) \tag{C.2}$$

と表されるとする．(C.2) を (C.1) へ代入すると

$$S_N=\sum_{i=0}^{N}\alpha_i\left(\sum_{j=0}^{M}\beta_j\Phi_j(x_i)-y_i\right)^2 \tag{C.3}$$

となり，これを最小にするためには

$$\frac{\partial S_N}{\partial \beta_j} = 0 \quad (j = 0, 1, \cdots, M) \tag{C.4}$$

が成立しなければならない．(C.4) より $M + 1$ 個の条件が得られ，これから $M + 1$ 個の未定常数 β_j が連立方程式

$$\sum_{i=0}^{N} \alpha_i \left(\sum_{k=0}^{M} \beta_k \Phi_k(x_i) - y_i \right) \Phi_j(x_i) = 0,$$

つまり

$$\sum_{k=0}^{M} \left[\sum_{i=0}^{N} \alpha_i \Phi_k(x_i) \Phi_j(x_i) \right] \beta_k = \sum_{i=0}^{N} \alpha_i y_i \Phi_j(x_i) \quad (j = 0, 1, \cdots, M) \tag{C.5}$$

を解いて求められる．一般に M の値は N とは無関係であるが，$M \leq N$ ととる場合が多い．

$\Phi_j(x) = x^j$ とした場合を**最小 2 乗多項式補間**とよぶ．このとき (C.5) は

$$\sum_{k=0}^{M} \left(\sum_{i=0}^{N} \alpha_i x_i^{k+j} \right) \beta_k = \sum_{i=0}^{N} \alpha_i y_i x_i^j \quad (j = 0, 1, \cdots, M) \tag{C.6}$$

となる．$\alpha_i = 1$ とすると (C.6) は次のような行列形に書ける．

$$A\boldsymbol{b} = \boldsymbol{f}. \tag{C.7}$$

ここで A は $(M+1) \times (M+1)$ 行列で，その l 行 m 列成分 a_{lm} は

$$a_{lm} = \sum_{i=0}^{N} x_i^{l+m-2} \tag{C.8}$$

と表せる．$\boldsymbol{b}$ と $\boldsymbol{f}$ は $M + 1$ 次元ベクトルで，その第 m 成分は

$$b_m = \beta_{m-1}, \qquad f_m = \sum_{i=0}^{N} y_i x_i^{m-1}. \tag{C.9}$$

連立 1 次方程式 (C.7) を解くことで解が得られる．実用的には $M = 1$ とおくことが多く，このときは A は 2 行 2 列の行列となる．

D チェビシェフ多項式の性質

この節では，**チェビシェフ多項式** $T_n(x)$ が微分方程式 (2.64) を満たすことを説明し，漸化式 (2.65) と式 (2.66), (2.67) の導出を行う．チェビシェフ多項式は $T_n(x)=\cos n\theta$, $x=\cos\theta$ (式 (2.60)) と定義されるので，その 1 階微分 $dT_n(x)/dx=T_n'(x)$ と 2 階微分 $d^2T_n(x)/dx^2=T_n''(x)$ はそれぞれ

$$T_n'(x)=\frac{dT_n(x)}{d\theta}\frac{d\theta}{dx}=\frac{dT_n(x)}{d\theta}\left(\frac{dx}{d\theta}\right)^{-1}=\frac{n\sin n\theta}{\sin\theta}, \tag{D.1}$$

$$\begin{aligned}T_n''(x)&=\frac{dT_n'(x)}{dx}=\left\{\frac{d}{d\theta}\left(\frac{n\sin n\theta}{\sin\theta}\right)\right\}\left(\frac{dx}{d\theta}\right)^{-1}\\&=-\frac{1}{\sin\theta}\left[\frac{n^2\cos n\theta}{\sin\theta}-\frac{n\sin n\theta\cos\theta}{\sin^2\theta}\right]\end{aligned} \tag{D.2}$$

となる．式 (D.1) と (D.2) および $x=\cos\theta$, $T_n(x)=\cos n\theta$ を式 (2.64)，すなわち

$$(1-x^2)T_n''(x)-xT_n'(x)=-n^2T_n(x) \tag{D.3}$$

の両辺に代入することにより，チェビシェフ多項式 $T_n(x)$ は式 (D.3) (式 (2.64)) を満たすことが確かめられる．

漸化式 (2.65) を求めるために，$T_{n+1}(x)+T_{n-1}(x)$ を書き換えると

$$\begin{aligned}T_{n+1}(x)+T_{n-1}(x)&=\cos(n+1)\theta+\cos(n-1)\theta\\&=2\cos n\theta\cos\theta\end{aligned} \tag{D.4}$$

となり，右辺は $2xT_n(x)$ に等しい．すなわち，式 (2.65)

$$T_{n+1}(x)-2xT_n(x)+T_{n-1}(x)=0 \tag{D.5}$$

が導かれる．式 (D.5) の両辺を x で m 回微分すると，式 (2.66) が得られる．ただし，2 つの関数 $f(x)$ と $g(x)$ の積の m 階微分は

$$\frac{d^m}{dx^m}(f(x)g(x))=\sum_{k=0}^{m}{}_m\mathrm{C}_k\left(\frac{d^{m-k}}{dx^{m-k}}f(x)\right)\left(\frac{d^k}{dx^k}g(x)\right) \tag{D.6}$$

と表されることを用いた．次に，式 (2.67) を導く．この式の右辺に $T_n(x)=\cos n\theta$, $x=\cos\theta$ を代入して，計算すると

$$\begin{aligned}
nT_{n-1}(x) - nxT_n(x) &= n\cos(n-1)\theta - n\cos\theta\cos n\theta \\
&= n\left[\cos(n-1)\theta - \frac{1}{2}\left\{\cos(n+1)\theta + \cos(n-1)\theta\right\}\right] \\
&= -\frac{n}{2}\left\{\cos(n+1)\theta - \cos(n-1)\theta\right\} = n\sin n\theta\sin\theta \\
&= \sin^2\theta\frac{n\sin n\theta}{\sin\theta} = (1-x^2)T_n'(x)
\end{aligned} \tag{D.7}$$

となり，左辺と等しくなることが示される．すなわち

$$(1-x^2)T_n'(x) = nT_{n-1}(x) - nxT_n(x) \tag{D.8}$$

が求められた．

E　ルジャンドル多項式の性質

ここでは，式 (2.82) を**ルジャンドル多項式** $P_n(x)$ の定義式として，$P_n(x)$ が満たす漸化式 (2.87) と式 (2.88), (2.89) を導き，$P_n(x)$ が微分方程式 (2.86) の解であることを証明する．また，直交関係 (2.90) が成り立つことを示す．

ルジャンドル多項式 $P_n(x)$ の定義式 (2.82) より，その微分 $dP_n(x)/dx = P_n'(x)$ を書き換えると

$$\begin{aligned}
P_n'(x) &= \frac{1}{2^n n!}\frac{d^n}{dx^n}\left(\frac{d}{dx}(x^2-1)^n\right) \\
&= \frac{1}{2^n n!}\frac{d^n}{dx^n}\left(n(x^2-1)^{n-1}\cdot 2x\right) \\
&= \frac{1}{2^{n-1}(n-1)!}\left\{\left(\frac{d^n}{dx^n}(x^2-1)^{n-1}\right)x + n\left(\frac{d^{n-1}}{dx^{n-1}}(x^2-1)^{n-1}\right)\right\} \\
&= xP_{n-1}'(x) + nP_{n-1}(x)
\end{aligned}$$

となり，公式

$$P_n'(x) = xP_{n-1}'(x) + nP_{n-1}(x) \tag{E.1}$$

が得られる．ここでも，公式 (D.6) を用いた．次に，$P_n(x)$ の定義式 (2.82) において，n 階微分を $(n-1)$ 階微分の微分と考えて変形すると

$$P_n(x) = \frac{1}{2^n n!}\frac{d^{n-1}}{dx^{n-1}}\left(\frac{d}{dx}(x^2-1)^n\right) = \frac{1}{2^n n!}\frac{d^{n-1}}{dx^{n-1}}\left(n(x^2-1)^{n-1}\cdot 2x\right)$$

$$= \frac{1}{2^{n-1}(n-1)!}\left\{\left(\frac{d^{n-1}}{dx^{n-1}}(x^2-1)^{n-1}\right)x + (n-1)\left(\frac{d^{n-2}}{dx^{n-2}}(x^2-1)^{n-1}\right)\right\}$$

$$= xP_{n-1}(x) + \frac{1}{2^{n-1}(n-2)!}\frac{d^{n-2}}{dx^{n-2}}(x^2-1)^{n-1} \tag{E.2}$$

となる．一方，$P_n(x)$ の定義式で，$(x^2-1)^n$ を $(x^2-1)^{n-1}(x^2-1)$ と見なし，公式 (D.6) を用いると

$$P_n(x) = \frac{1}{2^n n!}\frac{d^n}{dx^n}\left((x^2-1)^{n-1}(x^2-1)\right)$$

$$= \frac{1}{2^n n!}\left\{\left(\frac{d^n}{dx^n}(x^2-1)^{n-1}\right)(x^2-1) + n\left(\frac{d^{n-1}}{dx^{n-1}}(x^2-1)^{n-1}\right)2x\right.$$

$$\left. + \frac{n(n-1)}{2}\left(\frac{d^{n-2}}{dx^{n-2}}(x^2-1)^{n-1}\right)2\right\}$$

$$= \frac{(x^2-1)}{2n}P'_{n-1}(x) + xP_{n-1}(x) + \frac{1}{2^n(n-2)!}\frac{d^{n-2}}{dx^{n-2}}(x^2-1)^{n-1} \tag{E.3}$$

と表せる．式 (E.3) の $2n$ 倍から式 (E.2) の n 倍を引くと，公式

$$(1-x^2)P'_{n-1}(x) = nxP_{n-1}(x) - nP_n(x) \tag{E.4}$$

が導出される．また，式 (E.1) の x 倍から式 (E.4) を引いて

$$xP'_n(x) - P'_{n-1}(x) = nP_n(x) \tag{E.5}$$

が得られる．さらに，式 (E.5) の x 倍から式 (E.1) を引くと

$$(1-x^2)P'_n(x) = nP_{n-1}(x) - nxP_n(x) \tag{E.6}$$

が導かれる．式 (E.4) において，n に $n+1$ を代入すると

$$(1-x^2)P'_n(x) = (n+1)xP_n(x) - (n+1)P_{n+1}(x) \tag{E.7}$$

となり，この式の左辺が式 (E.6) の左辺が等しいことより，漸化式 (2.87) すなわち

$$(n+1)P_{n+1}(x) - (2n+1)xP_n(x) + nP_{n-1}(x) = 0 \tag{E.8}$$

が導出される．また，式 (E.8)(式 (2.87)) の両辺を m 回微分し，式 (D.6) の微分公式を用いることにより，式 (2.88) が成り立つことが容易に確認される．

ルジャンドル多項式は微分方程式 (2.86) の解であることを確かめるには，式 (E.6) の両辺を x について微分し，式 (E.5) を代入する．すなわち

$$\begin{aligned}(1-x^2)P_n''(x)-2xP_n'(x)&=nP_{n-1}'(x)-nP_n(x)-nxP_n'(x)\\&=-n(n+1)P_n(x)\end{aligned} \tag{E.9}$$

となり，微分方程式 (2.86)

$$(1-x^2)P_n''(x)-2xP_n'(x)+n(n+1)P_n(x)=0 \tag{E.10}$$

が得られ，$P_n(x)$ はこの微分方程式を満たすことがわかる．

次に，ルジャンドル多項式 $P_n(x)$ の直交関係式を証明する．任意の 2 つの非負整数 m と n $(m<n)$ について x^m と $P_n(x)$ との積を $x=[-1,1]$ の範囲で積分し，部分積分を行うと

$$\begin{aligned}&\int_{-1}^{1}x^mP_n(x)\,dx\\&\quad=\frac{1}{2^nn!}\int_{-1}^{1}x^m\frac{d^n}{dx^n}(x^2-1)^n\,dx\\&\quad=\frac{1}{2^nn!}\left[x^m\frac{d^{n-1}}{dx^{n-1}}(x^2-1)^n\right]_{-1}^{1}-\frac{m}{2^nn!}\int_{-1}^{1}x^{m-1}\frac{d^{n-1}}{dx^{n-1}}(x^2-1)^n\,dx\end{aligned} \tag{E.11}$$

となる．ここで，$1\leq r\leq n-1$ について

$$\left[\frac{d^{n-r}}{dx^{n-r}}(x^2-1)^n\right]_{-1}^{1}=0 \tag{E.12}$$

が成り立つので

$$\int_{-1}^{1}x^mP_n(x)\,dx=-\frac{m}{2^nn!}\int_{-1}^{1}x^{m-1}\frac{d^{n-1}}{dx^{n-1}}(x^2-1)^n\,dx \tag{E.13}$$

となる．このように部分積分を繰り返し行うことにより

$$\int_{-1}^{1}x^mP_n(x)\,dx=0\quad(m<n)$$

が得られる．$P_m(x)$ は x^k $(k=1,2,\cdots,m)$ の線形結合で表されているので，これから $P_n(x)$ と $P_m(x)$ $(m \neq n)$ の直交性

$$\int_{-1}^{1} P_m(x) P_n(x)\, dx = 0 \quad (m \neq n)$$

が示される．$m=n$ のときは

$$\int_{-1}^{1} [P_n(x)]^2\, dx = \frac{1}{2^{2n}(n!)^2} \int_{-1}^{1} \frac{d^n}{dx^n}(x^2-1)^n \frac{d^n}{dx^n}(x^2-1)^n\, dx \quad \text{(E.14)}$$

と表され，この式の右辺を n 回部分積分して

$$\int_{-1}^{1} [P_n(x)]^2\, dx = \frac{(-1)^n}{2^{2n}(n!)^2} \int_{-1}^{1} (x^2-1)^n \frac{d^{2n}}{dx^{2n}}(x^2-1)^n\, dx \quad \text{(E.15)}$$

となる．$(x^2-1)^n = x^{2n} - nx^{2(n-1)} + \cdots$ であり，

$$\frac{d^{2n}}{dx^{2n} x^{2n}} = (2n)!$$

となることを用いて次式が得られる．

$$\begin{aligned} \int_{-1}^{1} [P_n(x)]^2\, dx &= \frac{(2n)!}{2^{2n}(n!)^2} \int_{-1}^{1} (1-x^2)^n\, dx \\ &= \frac{2(2n)!}{(n!)^2} \int_{0}^{1} t^n (1-t)^n\, dt \end{aligned} \quad \text{(E.16)}$$

ここで $x = 2t-1$ とおいた．さらに式 (E.16) の最右辺を n 回部分積分して

$$\int_{-1}^{1} [P_n(x)]^2\, dx = \frac{2}{2n+1} \quad \text{(E.17)}$$

が得られる．こうして，直交関係式 (2.90) が証明される．

問題の略解

第1章

1. $x_1 = x + \Delta x\ (-\varepsilon_x < \Delta x < \varepsilon_x)$ とおく．

$$y = e^{x+\Delta x} = e^x e^{\Delta x} = e^x \left(1 + \Delta x + \frac{(\Delta x)^2}{2} + \cdots\right) \cong e^x(1 + \Delta x)$$

となる．したがって，$e^x \Delta x$ 程度の誤差が見込まれる．

2. 単精度計算によれば，$s_1 = 4.5000174 \times 10^{-6}$, $s_2 = 4.5000170 \times 10^{-6}$ となる．正しい値は倍精度計算により得られ，$s_1 = s_2 = 4.50001687506 \times 10^{-6}$ となるので，単精度計算により数値計算をするときは，s_1 の計算よりも s_2 のように変形した後に数値計算するほうが正確な値が求められる．ただし，x の値によっては s_2 のように変形してもほぼ同じ精度でしか計算できないこともある．

3. 2 つの数を x, y とし，$x_1 = x + \Delta x$, $y_1 = y + \Delta y$ とおくと

$$\begin{aligned} x_1 \cdot y_1 &= (x + \Delta x)(y + \Delta y) \\ &= xy + \Delta yx + \Delta xy + \Delta x \Delta y \\ &\cong xy + \Delta yx + \Delta xy \end{aligned}$$

となる．したがって

$$\frac{x_1 y_1 - xy}{xy} \cong \frac{\Delta y}{y} + \frac{\Delta x}{x}$$

となり，これより式 (1.3) が導かれて，2 つの数の積の相対誤差は，それぞれの相対誤差の和に等しい．

4. (1) $(a + b) - a = 9.877$，相対誤差は 4.66×10^{-4}

(2) $(a + b) - a = 10.00$，相対誤差は 1.25×10^{-2}

5. 略．　**6.** 略．

7. 有理化を 2 回行い

$$f(x)=-\frac{1}{2\sqrt{1+x^{20}}(x^{10}+\sqrt{1+x^{20}})^2}$$

と変形する.

第2章

1. 偶関数 $f_e(x)=\dfrac{f(x)+f(-x)}{2}$，奇関数 $f_o(x)=\dfrac{f(x)-f(-x)}{2}$ とおくことができるので $f_e(x)+f_o(x)=f(x)$ となり，任意の関数 $f(x)$ は，偶関数と奇関数の和でかくことができる.

2. $f(x-2h)=f(x)-2hf'(x)+2h^2f''(x)-\dfrac{4}{3}h^3f^3(\zeta),\ x-2h<\zeta<x$

3. $\log(1+x)$ の第 3 項までのテイラー展開は

$$\log(1+x)=x-\frac{x^2}{2}+\frac{x^3}{3}-\cdots$$

となる．また，打ち切り誤差の上限は

$$\left|\frac{x^4}{4}\right|=2.5\times10^{-5}$$

である.

4. ラグランジュの補間公式より

$$\begin{aligned}\ln 9.2 =\ &\frac{-0.43200}{-1.00000}\times2.19722+\frac{0.28800}{0.37500}\times2.25129\\&+\frac{0.10800}{-0.50000}\times2.30259+\frac{0.04800}{3.00000}\times2.39790\\=\ &2.21920\end{aligned}$$

となる.

5. 上三角形にするのに $8n-13$ 回，x_n から順に解くのに $3n-3$ 回．合計 $11n-16$ 回の演算が必要.

6. $a=1$ がルンゲの現象が発生する臨界値となる.

7. 略.

8. スプライン補間は 2 階微分まで連続であることから明らか.

9. 直線部分と円弧を直接つなぐ曲線を考えるとよい.

10. 例えば，$\eta = \sqrt[3]{x}$，または変換公式 (3.24) $\eta = \mathrm{arcsinh}\,(x/\alpha)$ を用い，変数 η を等間隔で分布させればよい．

11. 公式 (2.68) を用いると

$$(1-x^2)T_n(x) = \frac{1}{4}\left[2T_n(x) - T_{n+2}(x) - T_{|n-2|}(x)\right]$$

となる．

12. チェビシェフ多項式の定義式 (2.60) と三角関数の加法定理を用いる．

13. 略．

第3章

1. 計算結果を下表に示す．誤差は n を倍にすると台形公式でほぼ 1/4 に，シンプソン公式でほぼ 1/16 になる．

n	台形公式	誤差	シンプソン公式	誤差
8	0.620936	1.46×10^{-3}	0.609472310	3.39×10^{-6}
16	0.609840	3.65×10^{-4}	0.609475498	2.10×10^{-7}
32	0.609566	9.12×10^{-5}	0.609475695	1.30×10^{-8}
64	0.609498	2.28×10^{-5}	0.609475707	8.17×10^{-10}

2. ガウス・ルジャンドル積分公式 ($N = 3$) により求めた結果を下に示す．

$$\int_0^2 x^5 dx = \sum_{i=1}^{3} C_i f(1+x_i) = \frac{5}{9} f\left(1 - \sqrt{\frac{3}{5}}\right) + \frac{8}{9} f(1) + \frac{5}{9} f\left(1 + \sqrt{\frac{3}{5}}\right)$$
$$= 10.6666\cdots$$

3. 積分値は 1.81280495 となる．

4. 積分値は 4/3 となる．

5. 略．　**6.** 略．

7. $\alpha > -1$ のとき積分は有限値となり，$-1 < \alpha < 0$ のとき被積分関数は端点で特異となる．$x > 0$ では $1 - x = \eta^{1/(\alpha+1)}$，$x < 0$ では $1 + x = \eta^{1/(\alpha+1)}$ と変数変換すればよい．

8. 略．

9. 0.99997733 で，0.02 % 程度の誤差となる．

第4章

1. 2分法の結果を表1に，ニュートン法の結果を表2に示す.

表1 2分法

k	$x^{(k)}$	k	$x^{(k)}$
1	0.5000000	10	0.7041015
2	0.7500000	11	0.7036132
3	0.6250000	12	0.7033691
4	0.6875000	13	0.7034912
5	0.7187500	14	0.7034301
6	0.7031250	15	0.7034606
7	0.7109375	16	0.7034759
8	0.7070312	17	0.7034683
9	0.7050781	18	0.7034645

表2 ニュートン法

k	$x^{(k)}$
0	1
1	0.733043605245445
2	0.703807786324133
3	0.703467468331797
4	0.703467422498392

2. 行列で表すと以下のようになる.

$$\begin{bmatrix} x^{(k+1)} \\ y^{(k+1)} \end{bmatrix} = \begin{bmatrix} x^{(k)} \\ y^{(k)} \end{bmatrix} + \begin{bmatrix} f_x & f_y \\ g_x & g_y \end{bmatrix}^{-1} \begin{bmatrix} -f(x^{(k)}, y^{(k)}) \\ -g(x^{(k)}, y^{(k)}) \end{bmatrix}.$$

したがって，$x^{(0)} = -1$, $y^{(0)} = -1$ とすると

$$\begin{bmatrix} x^{(1)} \\ y^{(1)} \end{bmatrix} = \begin{bmatrix} -1.0 \\ -1.0 \end{bmatrix} - \begin{bmatrix} 7.69230769 \times 10^{-2} & -5.12820513 \times 10^{-2} \\ 5.12820513 \times 10^{-2} & 7.69230769 \times 10^{-2} \end{bmatrix} \begin{bmatrix} 13.0 \\ -11.0 \end{bmatrix}$$

$$= \begin{bmatrix} -2.56410256 \\ -0.82051282 \end{bmatrix}.$$

$$\begin{bmatrix} x^{(2)} \\ y^{(2)} \end{bmatrix} = \begin{bmatrix} -2.56410256 \\ -0.82051282 \end{bmatrix}$$

$$- \begin{bmatrix} 0.112272901 & 3.92941198 \times 10^{-2} \\ -3.92941198 \times 10^{-2} & 0.112272901 \end{bmatrix} \begin{bmatrix} 1.88290430 \\ -7.61550262 \end{bmatrix}$$

$$= \begin{bmatrix} -2.47625722 \\ 0.108488816 \end{bmatrix}.$$

以下省略.

3. 次のような結果になる.

k	$x^{(k)}$	$y^{(k)}$	$f(x^{(k)}, y^{(k)})$	$g(x^{(k)}, y^{(k)})$
1	1	2	$-6.3212056 \times 10^{-1}$	-5.3316432×10
2	2.4383452	1.7200634	1.0509064	-3.9731209×10^{2}
3	2.2148120	2.0089409	2.2859486×10^{-1}	-1.8760650×10^{2}
4	1.9362804	1.9164713	2.0006593×10^{-2}	-7.7850722×10
5	1.6800757	1.6798807	1.9492992×10^{-4}	-2.9631866×10
6	1.4177531	1.4177531	1.8993900×10^{-8}	-1.0926989×10
7	1.1595879	1.1595879	0.0000000	-3.6736408
8	9.5316320×10^{-1}	9.5316320×10^{-1}	0.0000000	$-9.6129738 \times 10^{-1}$
9	8.5152307×10^{-1}	8.5152307×10^{-1}	0.0000000	$-1.2984022 \times 10^{-1}$
10	8.3306231×10^{-1}	8.3306231×10^{-1}	0.0000000	$-3.3839539 \times 10^{-3}$
11	8.3255498×10^{-1}	8.3255498×10^{-1}	0.0000000	$-2.4593117 \times 10^{-6}$
12	8.3255461×10^{-1}	8.3255461×10^{-1}	0.0000000	$-1.3011350 \times 10^{-12}$

これより，解は $(x, y) = (0.83255461, 0.83255461)$ となる．

4. 次のような結果になる．

k	$x^{(k-1)}$	$x^{(k)}$	$x^{(k+1)}$
1	3	2	1
2	2	1	$9.612669032 \times 10^{-1}$
3	1	$9.612669032 \times 10^{-1}$	$9.566247802 \times 10^{-1}$
4	$9.612669032 \times 10^{-1}$	$9.566247802 \times 10^{-1}$	$9.576368471 \times 10^{-1}$
5	$9.566247802 \times 10^{-1}$	$9.576368471 \times 10^{-1}$	$9.574914364 \times 10^{-1}$
6	$9.576368471 \times 10^{-1}$	$9.574914364 \times 10^{-1}$	$9.575051516 \times 10^{-1}$
7	$9.574914364 \times 10^{-1}$	$9.575051516 \times 10^{-1}$	$9.575039217 \times 10^{-1}$
8	$9.575051516 \times 10^{-1}$	$9.575039217 \times 10^{-1}$	$9.575040333 \times 10^{-1}$
9	$9.575039217 \times 10^{-1}$	$9.575040333 \times 10^{-1}$	$9.575040232 \times 10^{-1}$
10	$9.575040333 \times 10^{-1}$	$9.575040232 \times 10^{-1}$	$9.575040242 \times 10^{-1}$
11	$9.575040232 \times 10^{-1}$	$9.575040242 \times 10^{-1}$	$9.575040241 \times 10^{-1}$
12	$9.575040242 \times 10^{-1}$	$9.575040241 \times 10^{-1}$	$9.575040241 \times 10^{-1}$
13	$9.575040241 \times 10^{-1}$	$9.575040241 \times 10^{-1}$	$9.575040241 \times 10^{-1}$

これより，解は $x = 9.575040241$ となる．なお，この問題では式 (4.50) の根号の中が負になるので，$\lambda^{(k+1)}$ を複素数として計算し，その実部を解とする．

5. 3 根は以下のようになる.

$\sqrt[3]{9}+\sqrt[3]{3}-3,\ \sqrt[3]{9}\,e^{2\pi i/3}+\sqrt[3]{3}\,e^{4\pi i/3}-3,\ \sqrt[3]{9}\,e^{4\pi i/3}+\sqrt[3]{3}\,e^{2\pi i/3}-3.$

6. 略.

7. 次のような結果になる.

k	$x^{(k)}$	$f^{(k)}$
1	1	4.000010000
2	$-2.500000000\times 10^{-6}$	1.000005000
3	$-5.000062500\times 10^{-1}$	$2.500037500\times 10^{-1}$
4	$-7.500131251\times 10^{-1}$	$6.250343761\times 10^{-2}$
5	$-8.750265636\times 10^{-1}$	$1.562835980\times 10^{-2}$
6	$-9.375532903\times 10^{-1}$	$3.909591551\times 10^{-3}$
7	$-9.688567134\times 10^{-1}$	$9.799042987\times 10^{-4}$
8	$-9.845889050\times 10^{-1}$	$2.475018504\times 10^{-4}$
9	$-9.926188941\times 10^{-1}$	$6.448072494\times 10^{-5}$
10	$-9.969868523\times 10^{-1}$	$1.907905912\times 10^{-5}$
11	-1.000152820	$1.002335407\times 10^{-5}$
12	$-9.673582652\times 10^{-1}$	$1.075482848\times 10^{-3}$
13	$-9.838323108\times 10^{-1}$	$2.713941756\times 10^{-4}$
14	$-9.922254142\times 10^{-1}$	$7.044418489\times 10^{-5}$
15	$-9.967558282\times 10^{-1}$	$2.052465094\times 10^{-5}$
16	$-9.999191395\times 10^{-1}$	$1.000653843\times 10^{-5}$
17	-1.061794432	$3.828551789\times 10^{-3}$
18	-1.030816302	$9.596444942\times 10^{-4}$
19	-1.015245899	$2.424374492\times 10^{-4}$
20	-1.007294993	$6.321691812\times 10^{-5}$
21	-1.002962095	$1.877400495\times 10^{-5}$

これより，反復解は $x=-1$ の周りを振動することがわかる.

8. (x,y,z) 空間を考えて，2 つの曲面 $S_1 : z=f(x,y)$ と $S_2 : z=g(x,y)$ を描く．曲面 S_1 上の点 $(x^{(0)},y^{(0)},f(x^{(0)},y^{(0)}))$ における接平面 A_1 と曲面 S_2 上の点 $(x^{(0)},y^{(0)},g(x^{(0)},y^{(0)}))$ における接平面 A_2 を描く．接平面 A_1 と (x,y) 平面の交線を L_1，A_2 と (x,y) 平面の交線を L_2 とする．2 つの交線 L_1 と L_2 の交点が $(x^{(1)},y^{(1)})$ である．$J=0$ となるのは 2 つの交線 L_1 と L_2 が平行となるときである.

第5章

1. 連立方程式を行列で表す.

$$\begin{bmatrix} 1 & -1 & 2 \\ -1 & 2 & -3 \\ 3 & 1 & 1 \end{bmatrix}\begin{bmatrix} x \\ y \\ z \end{bmatrix} = \begin{bmatrix} 5 \\ -6 \\ 8 \end{bmatrix}$$

2 行 + 1 行, 3 行 − 3 × 1 行

$$\begin{bmatrix} 1 & -1 & 2 \\ 0 & 1 & -1 \\ 0 & 4 & -5 \end{bmatrix}\begin{bmatrix} x \\ y \\ z \end{bmatrix} = \begin{bmatrix} 5 \\ -1 \\ -7 \end{bmatrix}$$

3 行 − 4 × 2 行

$$\begin{bmatrix} 1 & -1 & 2 \\ 0 & 1 & -1 \\ 0 & 0 & -1 \end{bmatrix}\begin{bmatrix} x \\ y \\ z \end{bmatrix} = \begin{bmatrix} 5 \\ -1 \\ -3 \end{bmatrix}$$

これより下の式から順に解いて, z, y, x の順に求めると, $x = 1, y = 2, z = 3$ が得られる.

2. 結果は次のようになる.

$$\begin{bmatrix} 1 & 2 & 1 \\ 3 & 8 & 7 \\ 2 & 7 & 4 \end{bmatrix} = \begin{bmatrix} 1 & 0 & 0 \\ 3 & 1 & 0 \\ 2 & 3/2 & 1 \end{bmatrix}\begin{bmatrix} 1 & 2 & 1 \\ 0 & 2 & 4 \\ 0 & 0 & -4 \end{bmatrix}$$

3.

$$\begin{bmatrix} 0 & 0 & 1 \\ 0 & 1 & 0 \\ 1 & 0 & 0 \end{bmatrix} = \begin{bmatrix} 1 & 0 & 0 \\ a & 1 & 0 \\ b & c & 1 \end{bmatrix}\begin{bmatrix} p & q & s \\ 0 & r & t \\ 0 & 0 & u \end{bmatrix}$$

とおけば, $p = 0$ かつ $bp = 1$ で解なしとなるから LU 分解できない.

4.

$$\det A = \det(LU) = \det L \det U.$$

行列式の行による展開を第 1 行から順に行えば

$$\det L = l_{11}l_{22}l_{33}\cdots l_{nn},$$

行列式の列による展開を第 1 列から順に行えば

$$\det U = u_{11}u_{22}u_{33}\cdots u_{nn}.$$

これによって証明される.

5. L の (i,j) 要素を l_{ij} とする.

$$
\begin{aligned}
y_1 &= b_1/l_{11},\\
y_2 &= (b_2 - l_{12}y_1)/a_{22},\\
&\ \ \vdots\\
y_n &= (b_n - l_{n2}y_1 - \cdots - l_{n\,n-1}y_{n-1})/l_{nn}
\end{aligned}
$$

となる.

6. $x_1 = 0.533333,\ x_2 = -0.977778,\ x_3 = 0.133333,$
$x_4 = 2.35556,\quad x_5 = -0.688889.$

7. 反復は収束せず，発散する.

8. 略.

9. ヤコビ法では k が偶数のとき

$$x^{(k)} = a^k x^{(0)} + \frac{1-a^k}{1-a^2}(b-ac), \quad y^{(k)} = a^k y^{(0)} + \frac{1-a^k}{1-a^2}(c-ab)$$

となり，k が奇数のとき

$$x^{(k)} = -a^k y^{(0)} + a^{k-1}b + \frac{1-a^{k-1}}{1-a^2}(b-ac),$$

$$y^{(k)} = -a^k x^{(0)} + a^{k-1}c + \frac{1-a^{k-1}}{1-a^2}(c-ab)$$

となる．ガウス・ザイデル法では

$$x^{(k)} = a^{2k} x^{(0)} + \frac{1-a^{2k}}{1-a^2}(b-ac), \quad y^{(k)} = a^{2k} y^{(0)} + \frac{1-a^{2k}}{1-a^2}(c-ab)$$

となる．これから $|a| < 1$ のときに限って反復が収束し，ガウス・ザイデル法の収束の速さは a^{2k} で，ヤコビ法の a^k より指数の因子で 2 倍速いことがわかる.

10. $|\alpha| < 1$ となるためには，$-\dfrac{2}{a-1} < \omega < 0$ とすればよい．$\omega = -\dfrac{1}{a-1}$ で $\alpha = 0$ となる.

11. $\omega = 1.5$ における結果を p.249 の表に示す.
$\omega = 1.2$ の場合は $k = 10$ 付近で真の解と 6 桁一致している．$\omega = 1.5$ の場合は，収束の速さはガウス・ザイデル法とほとんど変わらない.

k	$x_1^{(k)}$	$x_2^{(k)}$
0	0	0
1	3.90000000	0.10000000
2	1.83000000	2.12000000
3	0.44100000	2.49900000
4	0.68070000	2.06980000
5	1.07589000	1.88921000
6	1.09500300	1.96039200
7	1.00002810	2.01977590
8	0.97625487	2.01385718
9	0.99524395	1.99782746
⋮	⋮	⋮
18	0.99998578	1.99999939
19	1.00000785	1.99999246
20	1.00000513	1.99999864

12. n 次元の行列式を計算するのに必要な乗算は $n \times n!$ 回だから

$$n \times n! \times (n+1) + n = n\{(n+1)n! + 1\} \text{ 回}$$

となり，$n \gg 1$ ではガウスの消去法と比べても天文学的に大きな回数となる．

13. $M_k M_k^{-1} = M_k^{-1} M_k = E$ を示す．

14. 略．

15. $A = LU$ とし，$L = [L_{ij}]$，$U = [U_{ij}]$ とする．ガウスの消去法により計算すると

$$L_{ii} = 1 \quad (i = 1, 2, \cdots, n), \quad U_{i\,i+1} = u_i \quad (1 = 1, 2, \cdots, n-1),$$

$$U_{11} = d_1, \quad L_{i+1\,i} = \frac{l_i}{U_{ii}} \quad U_{i+1\,i+1} = d_{i+1} - L_{i+1\,i} u_i \quad (i = 1, 2, \cdots, n-1)$$

それ以外の要素はすべて 0 となる．したがって，3 重対角行列を LU 分解してもやはり 3 重対角行列に分解される．

16. 略．　　**17.** 略．

18. A が対称行列なら，A_∞ が対角行列となることは

$$^t({}^tQ_1AQ_1) = {}^tQ_1{}^tAQ_1 = {}^tQ_1AQ_1$$

となることから明らか．A_∞ が固有値を対角成分にもつ対角行列であることから，Q_∞ の列ベクトルが固有ベクトルとなることが示される．

第6章

1. 求積解は $y = x^2\exp(-x)$．数値解は略．

2. 略．　**3.** 略．　**4.** 略．　**5.** 略．　**6.** 略．

7. $\mu \leq 0$ のときはどのような初期条件から出発しても $y = 0$ に漸近し，$\mu > 0$ のときは，初期条件により $y = \sqrt{\mu}$ または $y = -\sqrt{\mu}$ に漸近する．

8. 解が存在するのは $a = 2\sqrt{12 - \pi^2} \sim 2.92$ のとき．解 $y(x)$ は $y = ce^{-\frac{a}{2}x}\sin\frac{\sqrt{48-a^2}}{2}x$．

9. 例えば，$y'(0) = 9.378,\ 38.57$ の初期条件で与えられる解．

10. 略．

第7章

1. (1)　楕円型　　(2)　放物型　　(3)　双曲型

2. 条件より差分方程式は $u_{i,j+1} = 0.5(u_{i+1,j} + u_{i-1,j})$ となる．したがって，任意の時刻 t_j における各点 x_i における u の値は次の表のようになる．

j \ i	0	1	2	3	4
0	0	3	4	3	0
1	0	2	3	2	0
2	0	1.5	2	1.5	0
3	0	1.0	1.5	1.0	0
4	0	0.75	1.0	0.75	0
5	0	0.50	0.75	0.50	0
6	0	0.375	0.50	0.375	0
7	0	0.250	0.375	0.250	0
8	0	0.1875	0.250	0.1875	0
9	0	0.1250	0.1875	0.1250	0
10	0	0.9375	0.1250	0.9375	0

3. 条件より差分方程式は $u_{i,j+1}=u_{i-1,j}+u_{i+1,j}-u_{i,j-1}$ となる．したがって，任意の時刻 t_j における各点 x_i における u の値は下表となる．

j \ i	0	1	2	3	4
0	0	3	4	3	0
1	0	2	3	2	0
2	0	0	0	0	0
3	0	−2	−3	−2	0
4	0	−3	−4	−3	0
5	0	−2	−3	−2	0
6	0	0	0	0	0
7	0	2	3	2	0
8	0	3	4	3	0

4. 略.

5. $F(u)=u$ であるから $F'(u)=1$. 公式へ代入すると

$$u_{j,n+1}=u_{j,n}-\frac{s}{2}\left(u_{j+1,n}-u_{j-1,n}\right)+\frac{s^2}{2}\left(u_{j+1,n}-2u_{j,n}+u_{j-1,n}\right)$$

が得られる.

6. 方程式 (7.38) は $w=\partial u/\partial t,\ z=c\partial u/\partial x$ とおくことにより

$$\frac{\partial}{\partial t}\begin{bmatrix}w\\z\end{bmatrix}+\frac{\partial}{\partial x}\begin{bmatrix}-cz\\-cw\end{bmatrix}=0$$

の形となり $J=\begin{bmatrix}0&-c\\-c&0\end{bmatrix}$, $F=\begin{bmatrix}-cz\\-cw\end{bmatrix}$ である．これにラックス・ベンドロフの解法を適用すると

$$\begin{bmatrix}w\\z\end{bmatrix}_{j,n+1}=\begin{bmatrix}w\\z\end{bmatrix}_{j,n}+\frac{sc}{2}\left\{\begin{bmatrix}z\\w\end{bmatrix}_{j+1,n}-\begin{bmatrix}z\\w\end{bmatrix}_{j-1,n}\right\}$$
$$+\frac{(sc)^2}{2}\left\{\begin{bmatrix}w\\z\end{bmatrix}_{j+1,n}-2\begin{bmatrix}w\\z\end{bmatrix}_{j,n}+\begin{bmatrix}w\\z\end{bmatrix}_{j-1,n}\right\}$$

が得られる.

参考文献

[1] C.M. Bender and S.A. Orszag：Advanced Mathematical Methods for Scientists and Engineers, McGraw-Hill (1978).

[2] 高木貞治：解析概論（改訂第 3 版）軽装版，岩波書店 (1983).

[3] 森正武：数値解析第 2 版（共立数学講座 12），共立出版 (2002).

[4] 木村英紀：フーリエ–ラプラス解析，岩波書店 (2007).

[5] 桜井明（編著）：スプライン関数入門，東京電機大学出版局 (1981).

[6] 森正武：数値解析と複素関数論（数理科学シリーズ 7），筑摩書房 (1975).

[7] C.C. Dyer：A modified muller routine for finding the zeroes of a non-analytic complex function, *Journal of Computational Physics* **53** (1984) pp.530-534.

[8] 戸川隼人：共役勾配法（シリーズ新しい応用の数学 17），教育出版 (1977).

[9] 小国力（編著）：行列計算ソフトウェア（WS，スーパーコン，並列計算機），丸善 (1991).

[10] G. ストラング著，山口昌哉監訳，井上昭訳：線形代数とその応用，産業図書 (1978).

[11] 船越満明：カオス（シリーズ非線形科学入門），朝倉書店 (2008).

[12] 堀内龍太郎，水島二郎，柳瀬眞一郎，山本恭二：理工学のための応用解析学 I，朝倉書店 (2001).

[13] 堀内龍太郎，水島二郎，柳瀬眞一郎，山本恭二：理工学のための応用解析学 II，朝倉書店 (2001).

[14] 堀内龍太郎，水島二郎，柳瀬眞一郎，山本恭二：理工学のための応用解析学 III，朝倉書店 (2001).

[15] 佐武一郎：線形代数学，裳華房 (1974).

[16] 巽友正：流体力学，培風館 (1982).

[17] 森正武，室田一雄，杉原正顕：数値計算の基礎（岩波講座 応用数学 2 [方法 1]），岩波書店 (1993).

[18] Y. Saad：Iterative Methods for Sparse Linear Systems, Second Edition, SIAM (2003).

[19] LAPACK User's Guide, http://www.netlib.org/lapack/lug/ (1999).

[20] E. クライツィグ著，近藤次郎・堀素夫監訳，北川源四郎，阿部寛二，田栗正章訳：数値解析（原著第 5 版）（技術者のための高等数学 5），培風館 (1988).

[21] 田中光宏：非線形波動の物理，森北出版 (2017).

[22] N. J. Zabusky and M. D. Kruskal：Interaction of "solitons" in a collisionless plasma and the recurrence of initial states, *Physical Review Letters* **15** (1965) pp. 240-243.

[23] S. A. Orszag：Comparison of pseudospectral and spectral approximation, *Studies in Applied Mathematics* **51** (1972) pp. 253-259.

[24] 木田重雄，柳瀬眞一郎：乱流力学，朝倉書店 (1999).

[25] 名取亮：数値解析とその応用，コロナ社 (1990).

索　　引

さ 行

た 行

な 行

著者略歴

水島二郎
みずしまじろう

1975年　京都大学大学院理学研究科博士課程修了（物理学第一専攻）
現　在　同志社大学名誉教授　理学博士

柳瀬眞一郎
やなせしんいちろう

1980年　京都大学大学院理学研究科博士課程修了（物理学第一専攻）
現　在　岡山大学名誉教授　理学博士

石原　卓
いしはらたかし

1994年　名古屋大学大学院工学研究科博士後期課程修了（応用物理学専攻）
現　在　岡山大学工学部教授　博士（工学）

新・数理/工学ライブラリ [数学＝6]

理工学のための数値計算法 [第3版]

2002年9月25日 ©　初版発行
2009年7月25日 ©　第2版第1刷発行
2019年10月10日 ©　第3版発行
2023年9月25日　第3版3刷発行

著　者　水島二郎　　発行者　矢沢和俊
　　　　柳瀬眞一郎　印刷者　山岡影光
　　　　石原　卓　　製本者　小西惠介

【発行】　株式会社　数理工学社

〒151-0051　東京都渋谷区千駄ヶ谷1丁目3番25号
編集 ☎ (03)5474-8661(代)　サイエンスビル

【発売】　株式会社　サイエンス社

〒151-0051　東京都渋谷区千駄ヶ谷1丁目3番25号
営業 ☎ (03)5474-8500(代)　振替 00170-7-2387
FAX ☎ (03)5474-8900

印刷　三美印刷　　製本　ブックアート

《検印省略》

ISBN978-4-86481-061-6

PRINTED IN JAPAN